建筑节能和功能材料工程系列丛书

建筑节能工程材料及检测

主 编 吴 蓁　　**副主编**　史继超　陈 锟

同济大学 **出版社**
TONGJI UNIVERSITY PRESS
·上海·

内 容 提 要

本书是根据国务院《关于促进建材工业稳增长调结构增效益的指导意见》《关于加快发展现代职业教育的决定》和《现代职业教育体系建设规划(2014—2020年)》等文件精神编写的,旨在进一步推动现代职业教育体系建设,推广绿色建筑、建筑节能材料。全书以最新政策、法规及标准为导向,以节能设计—工程技术—施工验收为主线,介绍了建筑节能工程设计、材料选用、性能检测等应用知识,并展示了编者在建筑节能领域的部分研究工作。

本书共有8章,内容包括建筑节能发展概论、墙体节能材料、建筑节能门窗、建筑节能玻璃、其他节能材料、建筑节能技术与设计、建筑节能工程规范及建筑节能性能检测。

本书可作为应用型本科相关专业的教学用书,也可作为工程技术人员的参考用书。

图书在版编目(CIP)数据

建筑节能工程材料及检测 / 吴蓁主编. —上海:
同济大学出版社,2020.12
ISBN 978-7-5608-9608-3

Ⅰ. ①建… Ⅱ. ①吴… Ⅲ. ①节能-建筑材料-检测
Ⅳ. ①TU55

中国版本图书馆 CIP 数据核字(2020)第 236196 号

建筑节能工程材料及检测

主　编　吴　蓁　副主编　史继超　陈　锟
责任编辑　胡晗欣　责任校对　徐春莲　封面设计　潘向蓁

出版发行　同济大学出版社　　www.tongjipress.com.cn
　　　　　(地址:上海市四平路 1239 号　邮编:200092　电话:021-65985622)
经　销　全国各地新华书店
排　版　南京文脉图文设计制作有限公司
印　刷　江苏凤凰数码印务有限公司
开　本　787 mm×1092 mm　1/16
印　张　16.5
字　数　412 000
版　次　2020 年 12 月第 1 版
印　次　2024 年 2 月第 2 次印刷
书　号　ISBN 978-7-5608-9608-3

定　价　66.00 元

前　言

　　建筑节能,指在建筑材料生产、房屋建筑和构筑物施工及使用过程中,在满足同等需要或达到相同目的的条件下,尽可能降低能耗。通过在建筑物的规划、设计、新建(改建、扩建)、改造和使用过程中,执行节能标准,采用节能型的技术、工艺、设备、材料和产品,提高保温隔热性能以减少建筑使用能耗,是建筑节能工程师的主要工作和任务。

　　通过多年的建筑节能推进发展,一方面,通过科技研发、成果应用,使建筑围护结构节能技术、建筑用能设备能效提升技术、可再生能源建筑应用技术等都体现出长足的发展和不断进步的趋势;另一方面,各类建筑节能政策也日益精准,社会各界的认识、节能行为和知晓度不断提升。这些成果体现在国家节能减排的实效上,很大程度减缓了建筑能耗总量增长的速度。

　　"建筑节能工程材料及检测"是建筑节能材料专业方向一门重要的专业课,主要介绍最新的节能法规、政策、管控与标准,节能墙体、门窗、玻璃等建筑材料及其他隔热保温建材,建筑节能技术与设计、工程规范、性能检测等概念与知识。本书根据国家现行的标准和规范,以建筑建材行业转型升级需求为基本依据,以就业为导向,以应用型本科学生为主体,在内容上注重与岗位实际要求紧密结合,符合我国高等教育对技能型人才培养的要求。为体现教学的科学性与实用性相结合的特色,本书突出节能建材的应用、建筑节能工程设计和技术指标检测,为学生在建筑节能领域上岗奠定基础。

　　本书由吴蓁担任主编并统稿,史继超、陈锟担任副主编。具体编写人员及分工如下:王君若(第1章),陈锟(第2章),史继超(第3,4章),庄燕(第5章),童伟(第6章),李德荣(第7,8章);吴蓁、陈锟对全书进行了校核。

　　本书的编写得到了上海应用技术大学上海市应用型本科试点专业、中本贯通教育培养试点专业建设的支持。编写过程中参阅了国内同行的多部著作,得到了上海市材料工程学校的支持,上海市建筑科学研究院、上海市建筑建材业市场管理总站的工程技术人员的帮助,在此一并表示衷心的感谢!限于编者的学识、专业水平和实践经验,加之时间仓促,本书难免存在疏漏和不足之处,真诚地欢迎广大读者批评指正。

编　者

2020年7月于上海

目　录

第 1 章

建筑节能发展概论

1.1 建筑节能概念及发展简述

1.1.1 建筑节能概念

要了解建筑节能,首先要了解有关建筑节能的一些术语及定义,主要包括以下内容。

1. 民用建筑

民用建筑包括居住建筑和公共建筑。居住建筑主要是住宅、非住宅类的养老院、福利院、宿舍楼等。公共建筑主要是国家机关办公建筑、办公建筑、旅游饭店、商场、医院、学校、文化体育设施等。

2. 民用建筑节能

《民用建筑节能条例》第二条明确:民用建筑节能是指在保证民用建筑使用功能和室内热环境质量的前提下,降低其使用过程中能源消耗的活动。

2017 年《工业建筑节能设计统一标准》(GB 51245—2017)发布,意味着工业建筑也有节能要求。

3. 使用功能

使用功能是指人们工作和日常生活所需的功能。

4. 室内热环境

室内热环境是指影响人体冷热感觉的环境因素,主要包括室内空气温度、空气湿度、气流速度、人体与周围环境之间的辐射换热。保证室内热环境质量,意味着要维持适宜的室内空气温度、湿度、气流速度,以及环境热辐射适当,使人体易于保持热平衡,从而感到舒适。

5. 国家机关办公建筑和大型公共建筑

国家机关办公建筑和大型公共建筑都是公共建筑,前者是提供给政府机构办公使用的公共建筑;后者是单体建筑面积超过 2 万 m^2 的公共建筑。一般单体建筑面积超过 10 万 m^2 的建筑是超大型公共建筑。

6. 民用建筑能耗

民用建筑能耗包括建筑材料生产和运输用能、房屋建造和维修拆除用能、建筑使用用能。其中建筑使用能耗约占 80%。

7. 建筑运行能耗

建筑运行能耗就是建筑使用能耗。建筑运行能耗包括照明、采暖、空调、动力、使用各类电器、生活热水、炊事等各类能耗。

8. 气候带

从北往南分为严寒、寒冷、夏热冬冷、温和、夏热冬暖五个气候带。

1.1.2 建筑节能发展历程

1. 国外建筑节能发展历程

（1）欧盟。

欧盟在 2002 年颁布的《建筑能效法案》(*Energy Performance of Buildings Directive*, EPBD)，是欧洲各成员国在建筑能源利用方面所遵循的主要政策，其要求在充分考虑室内舒适度要求和成本效果的前提下，提高建筑物的能源利用效率。一是提出了建筑物整体能源性能的计算方法，二是提出了对新建建筑能源利用效率的最低要求，三是提出了对需进行较大规模改造的大型既有建筑能源利用效率的最低要求以及建筑物能源性能证书。一直到 2010 年，大部分欧盟国家都依据实际情况执行该法案。

2010 年欧盟发布了 EPBD 修订版，最重要的改变就是提出了 2020 年近零能耗建筑目标，将建筑领域的节能目标从提高效率转变为控制最终能耗。2010 年 2 月欧盟出台《近零能耗建筑计划》，要求 2020 年 12 月 31 日前所有的新建建筑需要达到近零能耗水平，2018 年 12 月 31 日前所有公共建筑达到近零能耗水平。为此欧盟成员国需要制定 2015 中期计划，对于既有建筑，需采取措施使之成为近零能耗建筑。

以德国为例，其鼓励制定建筑节能相关法规和标准，能耗标准平均每三年更新一次，规定新建和既有建筑改造以及建筑物买卖都必须出具建筑能源证书。

（2）美国。

美国在 1992 年颁布了《1992 年能源政策法案》，针对建筑领域的主要目标包括照明能效提高、电器效率提高、联邦政策运行管理能效提升等。其建筑节能标准是由在该领域起主要作用的非政府组织制定，由各州地方政府采用。主要标准有：《居住建筑节能标准》，由国际规范委员会于 1998 年制定，每三年更新一次；《公共建筑节能标准》，由美国供暖、制冷与空调工程师协会（American Society of Heating, Refrigerating and Air-Conditioning Engineers, ASHRAE)制定，即 ASHRAE90.1。两个标准的主要作用是提高建筑本身和建筑内各用能系统的效率，并给出具体做法和指导意见。美国使用"能源之星"作为产品能效的标识。

（3）日本。

日本建筑节能的基本出发点是提高效率，同时推进建筑节能技术。主要标准有《居住建筑设计与建造能源合理化利用导则》和《公共建筑用户能源合理化利用标准》。日本采用"领跑者"制度对电器类产品提出性能要求。

2. 国内建筑节能发展历程

（1）国家层面。

我国建筑节能工作起始于 20 世纪 80 年代，首先制定北方集中供暖地区（严寒、寒冷地区）居住建筑节能设计标准。从 2000 年起逐步扩大到中部（夏热冬冷地区）及南部（夏热冬暖地区）的居住建筑。从 2002 年起开始推出公共建筑节能设计标准，主要规定围护结构的性能指标、供暖和空调的能耗限值指标。我国民用建筑从 1986 年起实施 30% 的节能设计标准，1995 年起逐步实施 50% 的节能设计标准，从 2002 年起开始推出公共建筑节能设计标准。目前大部分地区执行 65％的节能设计标准,北方部分地区已经执行 75％的节能设计标准。

住房和城乡建设部(以下简称住建部)每年组织对各省、自治区、直辖市的建筑节能工作进行考核,考核内容主要包括新建建筑节能、既有建筑节能改造、能耗监管系统建设和管理、可再生能源建筑应用等多个方面。对考核结果发文予以反馈,这些措施不断提升了建筑节能工作的水平,推进了建筑节能工作向纵深发展。

(2)地区层面(以上海市为例)。

建筑节能背景:1999 年上海市的建筑能耗已占全市总能耗的 16.2％,且每年以 1％的速度增长。2001 年 7 月国家发布《夏热冬冷地区居住建筑节能设计标准》(JGJ 134—2010),上海市的建筑节能工作正式启动。2002—2004 年,主要开展建筑节能工程试点。2005 年 6 月,上海市政府颁发《上海市建筑节能管理办法》,上海的建筑节能工作全面推进。

建筑节能节点:上海市的建筑节能工作起始于 21 世纪初,全面实施起始于“十一五”(2006—2010 年),规模化推进于“十二五”(2011—2015 年),持续发展于“十三五”(2016—2020 年)。

建筑节能领域:新建建筑、既有建筑节能改造和可再生能源建筑应用三大领域。自 2005 年起新建建筑全面执行节能设计标准。《居住建筑节能设计标准》(DGJ 08—205)和《公共建筑节能设计标准》(DGJ 08—107)已经修编三次,目前执行的是 2015 版本。

建筑节能措施:新建民用建筑全部执行建筑节能设计标准。每年通过政府发文,将当年度建筑节能任务目标分解到各区,任务主要有既有公共建筑节能改造、可再生能源建筑应用、能源审计、能耗公示等内容,次年初由相关部门组织考核。这项制度有序推进了上海市的建筑节能工作,在全国范围内,上海市建筑节能工作位于前列。

建筑节能数据:每年持续推进不少于 200 万 m^2 的公共建筑节能改造。2011—2018 年累计完成公共建筑节能改造 2 086 万 m^2,可再生能源建筑应用 3 044 万 m^2。

建筑节能总结:建立管理政策体系,健全完善技术标准体系,培育产业市场,理顺推进和监管机制。单体建筑向建筑群延伸,从新建建筑拓展到既有建筑改造,从常规能源和资源的节约使用向可再生能源应用发展。

1.2　建筑节能管理政策

1.2.1　国家层面

支撑建筑节能工作的上位法主要有《中华人民共和国节约能源法》《中华人民共和国可再生能源法》《中华人民共和国建筑法》《民用建筑节能条例》《公共机构节能条例》。

《民用建筑节能条例》于 2008 年 7 月 23 日国务院第 18 次常务会议通过,自 2008 年 10 月 1 日起施行。该条例共 6 章、45 条,涉及新建建筑节能、既有建筑节能、建筑用能系统运行节能等内容。

1.2.2　上海市

1. 概述

除了国家层面的法律法规,上海市级支撑建筑节能工作的还有《上海市节约能源条例》

和《上海市建筑节能条例》。

《上海市建筑节能条例》于 2010 年 9 月 17 日上海市第十三届人民代表大会常务委员会第二十一次会议通过,自 2011 年 1 月 1 日起施行。

2. 激励政策

上海市关于建筑节能的激励政策主要有《上海市节能减排专项资金管理办法》、《上海市节能减排(应对气候变化)专项资金管理办法》、《上海市可再生能源和新能源发展专项资金扶持办法》、《上海市工业节能和合同能源管理项目专项扶持办法》、《上海市建筑节能项目专项扶持暂行办法》(2009 年颁布)、《上海市建筑节能项目专项扶持办法》(2012 年颁布)、《上海市建筑节能和绿色建筑示范项目专项扶持办法》(2016 年颁布,2020 年修订)、《关于组织申报上海市公共建筑节能改造重点城市示范项目的通知》等。

3. 上海市建筑节能条例

《上海市建筑节能条例》共 8 章、52 条,涉及新建建筑节能、既有民用建筑节能、民用建筑节能设施维护和能耗监管、激励措施等。一些主要条款列举如下:

第八条 市建设行政管理部门可以根据本市气候条件和经济发展水平,按照技术先进、经济合理的原则,在建筑围护结构、建筑用能系统、可再生能源建筑应用技术、既有民用建筑节能改造等领域,组织制定优于国家标准或者行业标准的地方建筑节能标准,并向社会公布。

第十条 本市鼓励发展用于建筑节能的新型建设工程材料,鼓励推广施工节能的新技术、新工艺。

第十一条 本市鼓励开展太阳能、地热能、风能、生物质能等可再生能源在建筑中的应用研究、示范和推广。

第二十八条 鼓励国家机关办公建筑节能改造优先采用合同能源管理。

第三十条 实施既有民用建筑节能改造的,应当制定节能改造方案,优先选用建筑外遮阳、门窗改造、幕墙抗热辐射等经济合理的节能技术措施。

第三十三条 新建国家机关办公建筑和大型公共建筑,或者既有国家机关办公建筑和大型公共建筑进行节能改造的,建设单位应当同步安装与本市建筑能耗监管信息系统联网的用能分项计量装置。

4. 《民用建筑节能条例》和《上海市建筑节能条例》的主要区别

《上海市建筑节能条例》对建筑节能的定义:"在民用建筑的建设、改造、使用过程中,以及在工业建筑和城市基础设施施工过程中,按照有关法律、法规、技术标准的要求,采取有效措施,降低能源消耗,提高能源利用效率的活动。"可见,该条例在适用范围上涵盖了施工节能,而《民用建筑节能条例》不涉及施工节能。

5. 有关规划

上海每五年编制专项规划推进建筑节能工作发展。

(1)上海市节能和应对气候变化"十三五"规划。

总体目标:能源消耗、碳排放总量和强度得到有效控制,为本市尽早达到碳排放峰值奠定基础;主要用能领域的能源利用效率进一步提高,用能强度明显下降;主要工业产品单位能耗达到国际或国内先进水平;能源结构进一步低碳化,天然气和非化石能源占比持续上升;节能低碳技术应用加快推进,节能低碳产业快速发展;碳汇能力进一步增长;适应气候变化能力明显增强。

2020 年目标:控制节能减排总量与强度,全市"十三五"能源消费总量净增量控制在 970 万吨标准煤以内,2020 年能源消费总量控制在 1.2357 亿吨标准煤以内;二氧化碳排放总量控制在 2.5 亿吨以内;单位生产总值能耗和单位生产总值二氧化碳排放量分别比 2015 年下降 17% 和 20.5%。公共机构和大型公共建筑能效水平显著提升。本地风电、光伏装机容量分别达 140 万 kW 和 80 万 kW。工业、交通、建筑、能源等领域推广先进适用的节能低碳技术;培育一批国内领先的节能低碳龙头企业,成为我国重要的节能低碳技术创新中心和产业高地。

（2）上海市建筑行业转型发展"十三五"规划。

总体目标:至 2020 年,科技创新和管理创新成为上海建筑业转型发展的关键驱动力,全市建筑工业化、信息化和绿色化水平明显提升。

分目标:绿色建筑质量发展保持全国领先,规模持续扩大。所有新建建筑全部执行绿色建筑标准,其中大型公共建筑、国家机关办公建筑按照绿色建筑二星级及以上标准建设。低碳发展实践区、重点功能区域内新建公共建筑按照绿色建筑二星级及以上标准建设的比例不低于 70%。

（3）其他相关的"十二五"规划

"十二五"期间有《上海市节能和应对气候变化"十二五"规划》《上海市"十二五"建筑节能专项规划》《上海市可再生能源建筑应用专项规划》等指导开展建筑节能工作。

1.3　建筑节能技术法规

建筑节能工作需要技术法规的支撑、指导、指引,才能保证建筑节能措施落到实处,有可操作性。

1.3.1　技术标准

按照建设环节分类,设计方面的技术标准有《居住建筑节能设计标准》《公共建筑节能设计标准》;施工验收方面的技术标准有《建筑节能工程施工质量验收规程》;可再生能源方面的技术标准有《太阳能热水系统应用技术规程》《民用建筑太阳能应用技术规程(光伏发电系统分册)》《地源热泵系统工程技术规程》;检测方面的技术标准有《建筑围护结构节能现场检测技术规程》《建筑能效标识技术标准》《可再生能源建筑应用测试评价标准》;既有建筑改造方面的技术标准有《既有公共建筑节能改造技术规程》《既有居住建筑节能改造技术规程》《建筑改造项目节能量核定标准》;用能监测方面的技术标准有《公共建筑用能监测系统工程技术标准》;保温系统技术方面的技术标准有《岩棉板(带)薄抹灰外墙外保温系统应用技术规程》《泡沫玻璃板保温系统应用技术规程》《发泡水泥板保温系统应用技术规程》《保温装饰复合板墙体保温系统应用技术规程》《热固改性聚苯板保温系统应用技术规程》等。

1.3.2　合理用能指南

合理用能指南规定了建筑的使用能耗,根据建筑类型主要有《星级饭店建筑合理用能指南》(DB31/T 551—2019)、《市级医疗机构建筑合理用能指南》(DB31/T 553—2012)、《综合建筑合理用能指南》(DB31/T 555—2014)、《高等学校建筑合理用能指南》(DB31/T 783—2014)、《大型公共文化设施建筑合理用能指南》(DB31/T 554—2015)、《机关办公建筑合理用能指南》(DB31/T 550—2015)、《大中型体育场馆建筑合理用能指南》(DB31/T 989—2016)、《大型商业建筑合理用能指南》(DB31/T 552—2017)、《养老机构建筑合理用能指南》(DB31/T 1080—2018)。其中星级饭店建筑合理用能指南和机关办公建筑合理用能指南都已经修编过。

1.3.3　设计软件

建筑节能设计标准目前离不开软件的模拟计算,各种应用软件很多,上海市使用免费的政府公益软件,可从上海市住房和城乡建设管理委员会官网下载使用。

1.3.4　技术目录和应用指南

技术目录和应用指南是因地制宜、拾遗补阙的技术文件。近年来主要有《上海市建筑遮阳推广技术目录(2013 年版)》《上海市民用建筑太阳能热水系统应用推广技术目录(2014—2015 年)》《上海既有公共建筑节能改造技术目录(2018 版)》《上海市既有居住建筑节能改造技术目录(2018 版)》《建筑外墙外保温防火隔离带技术指南》等。

1.4　建筑节能技术

1.4.1　围护结构

建筑外墙、建筑外窗和建筑屋面组成了建筑的围护结构。建筑围护结构的节能技术也是围绕这三部分进行的。居住建筑改造主要以围护结构为主,如更换外窗、小区整治、涂刷隔热涂料,有条件的做外墙外保温等。

1. 建筑外墙节能技术

建筑外墙节能技术的核心主要就是外墙保温系统,外墙保温系统选择的原则是:安全和适宜性、易维护和易替换、工业化和装配式。按照保温部位可分为外墙外保温系统、外墙内保温系统、外墙夹心保温系统及外墙自保温系统。

(1) 外墙外保温系统。

外墙外保温系统是由保温层、防护层和固定材料构成,并固定在外墙外表面的非承重保温构造总称。其基本组成:墙体＋保温层＋抹面层＋饰面层(图 1-1)。抹面层＋饰面层又称为防护层。

保温层的主要材料有板材类和浆料类。板材类主要有模塑聚苯板(EPS 板)、挤塑聚苯板(XPS 板)、岩棉板、泡沫玻璃板、聚氨酯板及真空绝热板。浆料类主要有无机保温砂浆和

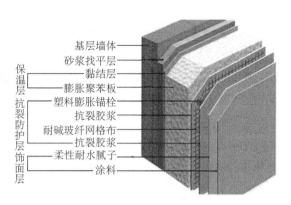

基层墙体
砂浆找平层
黏结层
保温层　膨胀聚苯板
塑料膨胀锚栓
抗裂防护层　抗裂胶浆
耐碱玻纤网格布
抗裂胶浆
柔性耐水腻子
饰面层　涂料

图 1-1　外墙外保温系统示意

胶粉聚苯颗粒砂浆。此外,还有发泡聚氨酯,其又可分为硬泡聚氨酸与软泡聚氨酯。

模塑聚苯板:由可发性聚苯乙烯珠粒经加热预发泡后在模具中加热成型而制得的具有闭孔结构的聚苯乙烯塑料板材,包含 033 和 039 两个级别,简称 EPS 板。

挤塑聚苯板:以聚苯乙烯树脂或其共聚物为主要成分,加入少量添加剂,通过加热挤塑成型而制得的具有闭孔结构的硬质泡沫塑料板材,简称 XPS 板。

岩棉板:以玄武岩或其他天然火成岩为主要原料,经高温熔融、离心喷吹制成的矿物质纤维,加入适量的热固性树脂胶黏剂、憎水剂等,经摆锤法压制、固化并裁割而成的纤维平行于板面的板状保温材料。

泡沫玻璃板:由废玻璃、发泡剂、改性添加剂、石英砂等材料在工厂经球磨、高温发泡、退火及切割制成的无机不燃闭孔轻质保温板材。

聚氨酯板:以硬泡聚氨酯为芯材,双面带有界面层的工厂制作的板材。

真空绝热板:以芯材和吸气剂为填充材料,使用复合阻气膜作为包裹材料,经抽真空、封装等工艺制成的建筑保温用板状材料。

无机保温砂浆:由无机轻质骨料、胶凝材料、矿物掺合料、保水增稠材料、憎水剂、纤维增强材料以及其他功能添加剂组成,按一定比例在专业工厂混合的干混材料,在使用地点按规定比例加水拌和使用,根据胶凝材料不同分为水泥基无机保温砂浆和石膏基无机保温砂浆。

胶粉聚苯颗粒砂浆:由可再分散胶粉、无机胶凝材料、外加剂等制成的胶粉料与作为主要骨料的聚苯乙烯颗粒复合而成,可直接作为保温层材料。

硬泡聚氨酯:由多亚甲基多苯基多异氰酸酯和多元醇及助剂等反应制成的以聚氨基甲酸酯结构为主的硬质泡沫塑料。

(2)外墙内保温系统。

外墙内保温系统由保温层和防护层组成,用于外墙内表面起保温作用的系统。其基本组成:墙体+保温层+抹面层+饰面层。抹面层+饰面层又称为防护层。

外墙内保温系统主要有复合板系统,保温砂浆,喷涂硬泡聚氨酯,玻璃棉、岩棉、喷涂聚氨酯龙骨固定等四种类型。

复合板系统即面板+保温板,面板主要有纸面石膏板、无石棉硅酸钙板、无石棉纤维水泥平板等;保温板主要有模塑聚苯板、挤塑聚苯板、硬泡聚氨酯板、无机轻集料保温板、憎水性膨胀珍珠岩保温板等。

纸面石膏板：以建筑石膏为主要原料，掺入适量添加剂与纤维做板芯，以特制的板纸为护面，经加工制成的板材。

无石棉硅酸钙板：以硅质、钙质材料为主要胶结材料，非石棉类无机矿物纤维或纤维素纤维为增强材料，经成型、加压（或非加压）、蒸压养护制成的板材。

无石棉纤维水泥平板：以水泥为胶凝材料，有机合成纤维、非石棉类无机矿物纤维或纤维素纤维为增强材料，经成型、加压（或非加压）、蒸压（或非蒸压）养护制成的板材。

保温砂浆主要有无机保温砂浆和胶粉聚苯颗粒砂浆。

无机轻集料防火保温板：以膨胀珍珠岩、膨胀玻化微珠等无机材料为轻集料，以水泥或其他无机胶凝材料为胶黏剂，掺加功能性添加剂，在专业化工厂经配料、成型、养护等工序生产的板材。

憎水性膨胀珍珠岩保温板：以膨胀珍珠岩为主体材料，与非泡花碱类无机胶凝材料、外加剂等混合后，经压制、养护生产工艺制成的保温板材。

玻璃棉：将熔融玻璃纤维化，形成棉状的材料，其化学成分属玻璃类，是一种无机质纤维。

（3）外墙夹心保温系统。

在墙厚方向，采用内外预制，中间夹保温材料，通过连接件相连而成的钢筋混凝土复合墙板。

（4）外墙自保温系统。

使用的墙体围护结构材料本身具有一定的保温隔热性能，由此构成的墙体能够满足节能标准的要求。本市比较常见用于外墙自保温系统的墙体材料主要是蒸压加气混凝土砌块和混凝土自保温模卡砌块。

蒸压加气混凝土砌块是以硅质和钙质材料为主要原料，经加水搅拌、以铝粉（膏）为发气剂，经浇注、静停、切割且经蒸压养护等工艺过程而制成且强度等级不应小于 A5.0 的砌块材料。

混凝土模卡砌块是以普通混凝土或轻骨料混凝土为原料，经机械振动加压强制成型并养护，砌块周边设有卡口，内有垂直孔，上、下面有水平凹槽的砌块。

混凝土保温模卡砌块是在混凝土模卡砌块孔洞中加入保温材料，使砌块具有自保温性能的混凝土模卡砌块。

2. 建筑外窗节能技术

用于建筑节能的外窗，常用的主要是铝合金（隔热型材）外窗和塑料外窗，其他还有铝木复合外窗和玻纤增强聚氨酯外窗。

玻纤增强聚氨酯型材是指采用拉挤工艺生产，将连续的玻璃纤维粗纱浸渍混合好的聚氨酯胶液，在拉挤成型机组牵引力作用下加热固化成型的门窗型材。

3. 屋面节能技术

屋面常用保温材料主要有挤塑聚苯板、加气混凝土砌块、泡沫混凝土、轻骨料混凝土、水泥膨胀珍珠岩等。

4. 其他围护结构节能技术

建筑遮阳是常用的围护结构节能技术，是指采用建筑构件或安装设施以遮挡或调节进入室内的太阳辐射的措施。以安装部位分,有外遮阳、中置遮阳、内遮阳;以是否活动分,有活动遮阳装置和固定遮阳装置。

建筑遮阳技术主要以与建筑一体化的方式存在,如外遮阳、中置遮阳、构件遮阳等。

1.4.2　设备

设备主要包括供暖、空调和通风设备,照明、电力、水泵、电梯,热水系统、生活给水系统等。应当选择符合节能设计标准指标要求的设备。

公共建筑节能改造主要以设备为主,如制冷采暖设备替换或变频,使用高效灯具、空气源热泵、太阳能利用、智能群控、电梯势能反馈等。

1.4.3　可再生能源

上海市建筑适宜使用的可再生能源是太阳能和地热能。

1. 太阳能热水系统

太阳能热水系统是指将太阳能转换成热能以加热水的系统。通常包括太阳能集热器、贮热水箱、泵、连接管道、支架、配电、配合使用的辅助能源及控制系统、防雷设施等。

建筑一体化太阳能热水系统是指太阳能热水系统作为建筑的组成部分,与建筑成为一个整体,与建筑同步设计、同步施工、同步验收。

2. 太阳能光伏发电系统

太阳能光伏发电系统是指利用光伏电池的光生伏打效应,将太阳辐射能直接转换成电能的发电系统,包括光伏组件和配套部件。

3. 地源热泵系统

地源热泵系统是指以岩土体、地下水或地表水为低温热源,由水源热泵机组、地热能交换系统、热泵机房辅助设备组成的冷热源系统。根据地热能交换系统形式的不同,地源热泵系统分为地埋管地源热泵系统、地下水地源热泵系统和地表水地源热泵系统。

1.4.4　管理

要实现建筑节能,理念、技术和管理三个要素,缺一不可。建筑运行的管理措施非常重要,一般有运营过程中的设备调适、优化,智能管理系统使用中良好的节能习惯,以及分时电价的错峰使用等。

1.5　建筑能耗管理

1.5.1　能耗监测系统

依据《关于加强国家机关办公建筑和大型公共建筑节能管理工作的实施意见》(建科〔2007〕245 号)、《民用建筑节能条例》、《公共机构节能条例》、《关于切实加强政府机关办公建筑节能管理工作的通知》(建科〔2010〕90 号)、《关于进一步推进公共建筑节能工作的通知》(财建〔2011〕207 号)、《上海市建筑节能条例》、《上海市人民政府印发〈关于加快推进本

市国家机关办公建筑和大型公共建筑能耗监测系统建设实施意见〉的通知》(沪府发〔2012〕
49号)等文件精神,启动上海市国家机关办公建筑和大型公共建筑能耗监测系统建设工作。

《上海市人民政府印发〈关于加快推进本市国家机关办公建筑和大型公共建筑能耗监测
系统建设实施意见〉的通知》(沪府发〔2012〕49号)明确:构建"1+17+1"的全市统一、分级
管理、互联互通的市、区两级平台。1万 m² 以上的国家机关办公建筑和2万 m² 以上的大型
公共建筑纳入能耗监测平台。

至2018年12月31日,上海市累计共有1 687栋公共建筑完成用能分项计量装置的安
装并实现与能耗监测平台的数据联网,覆盖建筑面积7 833.1万 m²,其中国家机关办公建筑
184栋,占监测总量的10.9%,覆盖建筑面积约374.2万 m²;大型公共建筑1 503栋,占监测
总量的89.1%,覆盖建筑面积约7 458.9万 m²。2018年,能耗监测平台新增联网建筑共计
95栋,建筑面积合计约402.4万 m²,其中办公建筑数量最多,达40栋;教育建筑增幅最大,
达27.1%,其次是综合建筑增幅,达14.6%,其他各类型建筑联网量增幅在0~7%不等。

2018年联网能耗监测平台的公共建筑单位面积年平均用电量为108 kW·h/m²,与
2017年用电水平基本持平。从历年能耗监测平台建筑年用电强度与总用电量变化情况分
析,公共建筑用电强度体现增幅趋缓的势态,这与上海市在能耗监测、能源审计、节能改造、
能效提升等监管工作的持续推进以及广大楼宇业主节能意识的提高不无关系。为此,通过
建设国家机关办公建筑和大型公共建筑能耗监测平台,可以对国家机关办公建筑和大型公
共建筑节能运行进行有效监管。

1.5.2 能耗统计

能耗统计是指对建筑能耗状况和相关信息进行收集、整理、分析的活动。

《民用建筑节能条例》第32条规定:县级以上地方人民政府建设主管部门应当对本行政
区域内国家机关办公建筑和大型公共建筑用电情况进行调查统计和评价分析。国家机关办
公建筑和大型公共建筑的所有权人或者使用权人应当对县级以上地方人民政府建设主管部
门的调查统计工作予以配合。

《上海市建筑节能条例》第34条规定:国家机关办公建筑和大型公共建筑的产权人或者
受委托的物业服务企业应当定期向市建设行政管理部门报送上一年度的能源利用状况报
告。能源利用状况报告应当包括上一年度能源消耗总量及分类明细、节能管理的相关制度、
采取的能源节约措施及效果。

根据住建部《民用建筑能耗统计报表制度》文件,上海市持续开展年度民用建筑能耗统
计调查工作。保障数据采集汇聚畅通,提升建筑用能数据的完整性和准确性,按时保质完成
数据上报工作。

1.5.3 能源审计

能源审计是指专业的能源审计机构受政府主管部门或业主的委托,对建筑的部分或全
部能源使用情况进行检查、诊断和审核,对能源利用的合理性做出评价,并提出改进措施的
活动。根据审计程度分为一般能源审计和深度能源审计。一般能源审计应对被审计单位的
部分或全部能源使用情况进行检查、诊断、审核;对能源利用的合理性做出评价,并提出改进

措施的建议。深度能源审计除应达到一般能源审计要求外,还应对提出的节能改造建议测算其节能量,同时对实施节能改造所需的费用和回收期等进行概算,根据被审计单位实际情况需要,深度能源审计还应开展针对性的专项检测工作。

《上海市建筑节能条例》第 35 条规定:市和区、县建设行政管理部门可以通过能源审计等方式对民用建筑运行能耗情况进行检查,建筑产权人或者受委托的物业服务企业应当予以配合。

1.5.4　能效测评

能效测评是指通过计算、核查与必要的检测,评估建筑物能源消耗量、建筑物热工性能与用能系统性能的活动。

建筑能效实测评估是指建筑物在能效测评完成且建筑用能设备正常运转后,对建筑物实际使用能耗进行实测,并对建筑物用能系统效率进行现场检测与判定的活动。

建筑能效标识包括建筑能效测评标识和建筑能效实测评估标识。

《民用建筑节能条例》第 21 条规定:国家机关办公建筑和大型公共建筑的所有权人应当对建筑的能源利用效率进行测评和标识,并按照国家有关规定将测评结果予以公示,接受社会监督。

《上海市建筑节能条例》第 12 条规定:新建以及实施节能改造的国家机关办公建筑和大型公共建筑竣工验收一年内,建设单位应当委托建筑能效测评机构进行能效测评,并根据能效测评结果在建筑的明显位置张贴能效测评标识。

1.5.5　能耗公示

《民用建筑节能条例》第 32 条规定:县级以上人民政府建设主管部门应当对本行政区域内国家机关办公建筑和公共建筑用电情况进行调查统计和评价分析。国家机关办公建筑和大型公共建筑采暖、制冷、照明的能耗消耗情况应当依照法律、行政法规和国家其他有关规定向社会公布。

《上海市建筑节能条例》第 35 条规定:市和区、县建设行政管理部门可以通过能源审计等方式对民用建筑运行能耗情况进行检查,建筑产权人或者受委托的物业服务企业应当予以配合。检查结果应当按照相关规定向社会公布。

1.6　主要节能成效

以上海市为例,其主要节能成效体现在:

(1) 建立健全因地制宜的建筑节能标准体系。新建民用建筑全部执行 65% 的节能设计标准。新建公共建筑用能监测系统要求全能耗计量。建筑节能工程质量验收、可再生能源建筑应用(太阳能热水系统和地源热泵系统)、各类外墙保温系统技术均使用本市地方标准。

(2) 率先完成 400 万 m^2 既有公共建筑节能改造。上海是全国第一个完成任务的城市,相关实施、验收等做法获得住建部高度评价,形成可复制、可推广、可操作的一整套管理机制、模式、技术等,在示范城市范围内被广泛推广。

（3）能耗监测平台全国领先。至 2018 年底监测平台监测楼宇 1 683 栋,建筑面积 7 818 万 m^2,其规模数量、运行管理、技术含量、发展水平居全国乃至全球领先水平。成为政策制定、领导决策的依据,编制标准、节能改造的技术支撑。

（4）成功创建国家级生态城区。虹桥商务区、奉贤南桥新城被评为住建部绿色生态示范城区,国际旅游度假区(迪士尼)也通过了住建部评审,上述三个项目均在评审批次中排名前列。虹桥商务区已被住建部评为国家三星级绿色生态城区。

（5）唯一使用公益性节能设计软件的城市。上海是全国第一家由管理部门组织开发并运维公益性节能设计软件、供免费使用的城市,适应优化营商环境的发展。

1.7 建筑节能发展趋势

通过多年的建筑节能推进发展,一方面,通过科技研发、成果应用,使建筑围护结构节能技术、建筑用能设备能效提升技术、可再生能源建筑应用技术等都体现出长足的发展和不断进步的趋势;另一方面,各类建筑节能政策也日益精准,社会各界的认识、节能行为和知晓度不断提升。这些成果体现在国家节能减排的实效上,很大程度减缓了建筑能耗总量增长的速度。

但是我们也应清醒认识到,总体上随着城市化进程加快、经济发展加速,建筑总能耗呈持续增加的态势不可避免。从单一建筑分析,随着生活水平提高,人们更加注重室内环境,同时建筑服务水平的提高和建筑内用能设备的增加等都会造成单位面积能耗不断攀升,如果不加以控制,必然给国家能源供应安全带来极大的压力。因此建筑节能势在必行,有很长的路要走。我们要继续加大科研投入,研发建筑节能新材料、新产品、新技术和新设备。要继续从我做起,养成节约能源的好习惯。

第 2 章

墙体节能材料

2.1　墙体节能材料概述

墙体材料是指在建筑中起承重、围护或分隔作用的材料。它们与建筑物的功能、自重、成本、工期以及建筑能耗均有着直接的关系。随着社会生产力的发展,墙体材料也在发展当中。目前已经出现了多种新型墙体材料,是通过先进的加工方法,制成具有轻质、高强、多功能等适合现代化建筑要求的建筑材料。

其中,由于对能源危机的愈加重视,墙体节能材料应运而生。例如,就墙砖的使用来讲,从资源、能源、环境以及贯彻可持续发展战略角度来考虑,实心砖的生产与应用已受到了一定限制甚至被淘汰。我国是一个人多地少、人均自然资源十分紧缺的国家,占全世界 7% 的土地,却要养活占世界 22% 的人口。我国国土面积有 960 万 km^2,但可耕地面积只有 99.34 万 km^2。人均占地约 800 m^2,只占世界人均占地的 1/4,在全世界 26 个人口超过 5 000 万的国家中,人均占地仅高于日本和孟加拉国,排名 24 位。受多种因素影响,近年来,我国耕地面积还以每年 2% 的速度递减。不仅如此,由于几千年来的传统习惯,黏土实心砖(红砖)的生产还要毁掉大量的耕地和农田,按目前全国 5 000 亿块标准砖的产量规模计算,每年毁田近 10 万亩(1 亩=666.67 m^2),砖厂占用和抛荒耕地 600 多万亩。

除此之外,我国的能源也十分紧张,总需求大于总供给的矛盾日趋加剧,每年都要进口大量的燃料、燃油,烧砖在毁损田亩的同时,每年能耗也超过 5 000 万吨标准煤,再加上建筑采暖、降温超 1 亿吨标准煤的能耗,两项合计占全国能源消耗总量的 27% 以上。建筑能耗如此之高,与发达国家相比,有很大的差距,其主要表现为建筑保温状况的差距,以现有的黏土实心砖墙的模式,外墙的单位能耗是发达国家的 4～5 倍。其他的如屋顶单位能耗是发达国家的 2.5～5.5 倍,外窗单位能耗为 1.5～2.2 倍,门面气密性仅为发达国家的 1/6～1/3。因此,开发和使用轻质、高强度、大尺寸、耐久、多功能(保温隔热、隔声、防潮、防水、防火、抗震等)、节土、节能和可工业化生产的新型墙体材料显得十分重要。

2.1.1　新型墙体材料的特点

新型墙体材料一般具有保温隔热、轻质、高强、节土、节能、利废、保护环境、改善建筑功能和增加房屋使用面积等一系列优点,能够适应建筑产品工业化、施工机械化、减少施工现场湿作业、改善建筑功能等,满足现代建筑业发展要求,其中相当一部分品种属于绿色建材。而且建筑行业的发展,对新型墙体材料的性能特点提出了更高的要求。"十二五"发展规划对新型墙体材料提出的发展重点是生产出砌块建筑板材和多功能复合一体化产品,轻质化、空心化产品。

从建筑结构来讲,墙体是建筑的最重要组成部分,也是关系建筑物性能和使用寿命的关键因素,而新型墙体建筑材料的使用在很大程度上能促进建筑节能,减轻建筑物自重,对于房屋结构设计以及提高建筑经济性具有重要的意义。

新型墙体材料有诸多传统材料所不具备的优点,尤其在绿色、环保、节能方面更是突出,这是当今低碳社会所要求的。但是,新型墙体材料在应用过程中也遇到了诸多困惑,具体表现为其保温隔热性能不佳,墙体容易产生裂缝或空鼓脱落等弊病,这些都值得我们深思。要想新型墙体材料走得更远,我们应该在引入国外先进技术的同时加大自主开发力度,提高墙体材料标准,加大落后墙体材料的淘汰率,在节能减排的新形势下,把墙体材料更新工作做得更精彩、更广泛、更彻底。

2.1.2　新型墙体材料的分类

新型墙体材料在我国发展的历史较短,现处于发展初期,因此产品的品种多而杂,规格也参差不齐,性能上的差异也很大。新型墙体材料的品种有近 20 种,但其名称和归类还缺乏统一规范的划分。现在往往按照墙体材料的形状及尺寸来分类,即将墙体材料分为板材、砌块和砖三大类。

2.1.3　新型墙体材料的发展趋势

近年来,随着国家对建筑节能的重视及建筑行业自身可持续发展的要求,新型墙体材料得到快速发展。而且伴随着科技的进步,我国逐步推行了可持续的发展战略,越来越重视新型墙材的研发与应用。追寻新型、绿色环保的墙材已经成为发展的必然趋势,它能保障人们在长期稳定的生存中必然会产生的需求。因此,伴随着建筑行业的发展,许多科研工作者与工程师研发节能新型的墙材以达到实现节约资源和保护环境的目的。该类型墙体材料在国内建筑行业中的应用有了较大的进步,突破了建筑在发展中的模式。应用新型墙材不仅很好地节约了材料成本,同时也提供给社会群众相对健康与高质量的生存环境。国内建筑行业节能新型的墙材相继经历了漫长的发展过程,其特点主要表现为无毒、低能耗、防火及阻燃等,进而不断适应着现代社会建筑施工的节能需求。

2.1.4　发展新型墙体材料的意义

据联合国可持续发展委员会 2014 年以后公布的一些能耗方面的数据来看,建筑能源的消费量巨大,且在近年来不断成指数级增加,建筑能耗的增长幅度也是在所有耗能产业中占比最大的。在建筑产品生产和建筑施工的过程中会排放大量的二氧化碳,这也是全球变暖的一个重要原因,与此同时,能源节约和能源充分利用问题在世界能源领域引起了激烈的讨论。清华建筑节能研究中心建立了通过能耗强度和数量进行自下而上的计算,并由统计数据进行宏观验证的中国常用的建筑能耗模型。应用该模型,得出 2006 年我国建筑总商品能源消耗为 5.63 亿 tce(标准煤发电煤耗),占当年社会总能耗的 23.1%。2012 年我国建筑总商品能源消耗为 7 亿 tce,占当年全社会一次能源消耗的 25%。在 2015 年,随着我国经济的发展以及城市化进程的迅速推进,我国的能源生产已经跃居为世界第三,能源消费已经跃居为世界第二,特别是建筑行业,每年的新建建筑面积已经跃居世界第一,而建筑生产的过程当中,其建筑能耗占据全部能源消耗的 51%。建筑运行产生的能耗所占比重最大约为 30%,这样的能耗比是建筑在建造的过程中和建造完成之后暖通设备正常运转时所消耗的能源比例,若是再加上建设时所需的建材生产和运输时所需要的能源,即全周期建筑能耗将达到社会总能耗的 46.7%,这意味着建筑能耗在社会总能耗中位居首位。近年来我国建筑业的快速发展,对能源需求大幅度增加,尤其是在采暖和空调的消耗上。基于目前资源紧缺的大环境,为了满足节约资源和保护环境的实际需求,研发节能新型的墙材就具有重要意义。节能新型墙体材料目前已成为节能建筑的重要物质基础,是建筑节能的根本途径。在建筑中使用各种节能新型墙体材料的发展有利于生态平衡、环境保护和节约能源,既要符合国家产业政策要求,又要能改善建筑物的使用功能,同时坚持"综合利废、因地制宜、市场引导"的原则。

2.1.5　新型墙体材料与建筑节能

新型墙体材料相比于传统墙体材料,一般具有保温隔热、隔声、防潮、防水、防火、抗震等功能,其中保温隔热功能能够促进建筑节能领域的发展。因为建筑室内的热量与冷量有 2/3 是通过墙体等围护结构散失到室外的,墙体保温性能的好坏直接关系采暖和制冷的能耗,也正是因为这样,建筑节能的突破口就在墙体材料的保温性能上。为了促使新型墙体材料具备足够的保温隔热功能,已经开始采用一些墙体节能材料,如混凝土空心砌块、多孔黏土砖、加气混凝土等,不仅减少了墙体自重,节省了建筑材料,还由于空气的保温作用,大大提高了节能效果。

此外,随着节能意识的提高和技术的发展,由不同材料组合成的复合墙体逐渐得到了发展,该类墙体材料主要是采用岩棉、矿渣棉、玻璃棉、泡沫聚苯乙烯、泡沫聚氨酯、膨胀珍珠岩等保温材料复合制成的复合材料,由于其既能承重又能保温,而且墙体厚度增加不大,已在现代建筑墙体中居于主导地位。

为了使墙体材料能够产生建筑节能效果而采取的一些具有一定实际效益的措施,包括适度提高空心化率、控制孔洞结构、控制含水率与制备复合材料。下面将对这些措施与不同种类墙体材料的结合成果以及应用情况进行详细介绍。

2.2　墙砖

砖的种类很多。按照原材料可分为黏土砖、页岩砖、煤矸石砖、粉煤灰砖、灰砂砖和炉渣砖等;按生产工艺可分为烧结砖和非烧结砖,其中烧结砖又分为烧结普通砖、烧结多孔砖、烧结空心砖,非烧结砖又可分为蒸压灰砂砖、粉煤灰砖、炉渣砖等;按有无孔洞可分为空心砖、实心砖和多孔砖。

墙砖的空心化是节能建材的发展趋势和基本要求。多孔砖、空心砖与实心砖相比,由于空心化,使空心砖较为节省原料、质轻、烧结时间短,因此能节约大量能源,并因空心砖内空气热阻的作用,其导热系数比实心砖低 20%～35%,使其热工性能得到显著改善。空心砖的这些优点促进了它的广泛生产和应用,空心砖取代实心砖已成为必然趋势。

2.2.1 烧结空心砖

因为墙砖的导热系数是决定其绝热性能的一项重要参数,绝热性能优异的墙体材料能够产生更好的保温隔热效果,进而产生节能效益。一般密实无机非金属材料的导热系数均在 1.0 W/(m·K) 以上,空气的导热系数约为 0.023 W/(m·K),前者的导热能力远大于后者,其密度越大,导热系数越大,保温性能就越差。因此,应发展烧结空心砖,降低材料密度,以增强其保温性能,产生实际的经济效益。

烧结空心砖(图 2-1)是以黏土、页岩、煤矸石等为主要原料,经过原料处理、成形、烧结制成。空心砖的孔洞总面积占其所在砖面积的百分率,称为空心砖的孔洞率,一般应在 40% 以上。孔的尺寸大而数量少,孔洞的展布方向与大面平行。由于空心砖主要用于填充墙和隔断墙,只承受自重而无需承受建筑的结构荷载,因此,对其大面抗压强度和条面抗压强度要求比较低,主要将其用于非承重部位。空心砖与实心砖相比,可节省黏土、节约燃料、减轻运输质量、减轻制砖和砌筑时的劳动强度。生产和使用烧结多孔砖和空心砖可节约黏土 25% 左右,节约燃料 10%~20%。用空心砖砌墙比用实心砖墙可减轻自重1/4~1/3,提高工效 40%,降低造价 20%,并改善了墙体热工性能,可加高建筑层数,降低造价。正是由于以上优点,空心砖发展十分迅速,成为普通砖的发展方向。

图 2-1　烧结空心砖

1. 生产工艺

烧结空心砖生产的简易工艺流程如图 2-2 所示。

黏土 / 水 → 炼泥 → 挤出 → 切条 → 切坯 → 干燥 → 烧制 → 空心砖制品

图 2-2　烧结空心砖生产的简易工艺流程

2. 主要技术性能

1) 力学性能

烧结空心砖的力学性能主要是抗压强度,直接影响了墙体特别是承重墙的强度和安全性。其主要影响因素如下:

(1) 烧结空心砖的外壁壁厚。一般来说,在同样孔洞率的条件下,小孔、多孔空心砖比大孔、少孔空心砖的抗压强度和抗折强度高。例如,当大孔、少孔的承重空心砖孔洞外壁壁厚小于 20~25 mm 时,其强度显著下降;而小孔、多孔承重空心砖外壁壁厚为 20 mm,15 mm,12 mm 时,其强度基本一致。为保证空心砖具有良好的力学性能,小孔、多孔空心砖的外壁壁厚可以薄一些;而大孔、少孔空心砖的外壁厚度则要厚一些。

（2）烧结空心砖的孔洞方向。空心砖垂直于孔洞方向的强度较平行于孔洞方向的强度低 60%～80%（这就是承重空心砖的孔洞大多为垂直孔，而非承重空心砖的孔洞大多为水平孔的原因）。所以承重空心砖在使用时应注意要使孔洞的方向垂直于地面。

（3）空心砖的孔洞率。当空心砖的孔洞率小于 35% 时，垂直孔空心砖的抗压强度相当于实心砖。当孔洞率为 35%～40% 时，对抗压强度仅有轻微影响。因为孔洞率的增加，使挤出砖坯的压力增加，从而使空心砖的内外壁密度增加，补偿了由于增加孔洞率所减少的抗压强度。当孔洞率为 40%～50% 时，砌筑后的墙体强度会有所下降。

空心砖的抗折强度一般是随着孔洞率的增加而降低的，但是当空心砖的厚度较大时，其对抗折强度影响不大。但应注意要使孔洞互相错开排列。

2）保温性能

空心砖的保温隔热性能（主要指导热率），直接影响建筑物的居住条件。主要影响因素如下：

（1）空心砖的孔洞率。一般空心砖的热导率与其孔洞率成反比。孔洞率越大，其热导率越小，保温性能也越好。

（2）空心砖材料的密度（表 2-1）。空心砖的材料密度越小（即材料中孔隙度越大），其热导率越小，保温性能也越好。

表 2-1　不同空心砖的密度、孔隙率和热导率

砖的名称	密度/(kg·m^{-3})	孔隙率/%	热导率 λ/[W·(m·K)$^{-1}$]	与最大热导率之比/%
干压砖	1 900	27	0.814	100
密实的机制砖	1 800	31	0.768	94
疏孔砖	1 400	46	0.523	64
有孔砖	1 200	54	0.442	54
多孔砖	800	69	0.291	36

（3）空心砖的孔形。在空心砖外壁和内壁厚度相同的条件下，不同的孔形对空心砖的热导率影响也较大（表 2-2），矩形孔的热导率最小，其余从小到大依次为菱形孔、方形孔和圆形孔。

表 2-2　不同孔形对空心砖热导率的影响

孔形	平均热导率/[W·(m·K)$^{-1}$]
矩形孔	0.24
菱形孔	0.42
方形孔	0.47
圆形孔	0.49

（4）空心砖的孔洞大小。在同样孔洞率的空心砖中,小型孔洞的热导率较大型孔洞低,其保温隔热效果好。这也是微孔空心砖保温隔热性能优异的原因。

（5）空心砖的孔洞排列。在同样孔洞率的条件下,孔洞多排排列(小孔、多排)的热导率比单排排列(大孔、单排)的低。

（6）空心砖的砌筑方法。一般空心砖的顺向和顶向的热导率是不一样的。如果空心砖采用露颊法砌筑墙体,则应选用在颊头方向热导率较小的空心砖;如果采用的是露头法,则应选用在露头方向热导率较小的空心砖;如果是混合砌法(即露头和露颊均有),则应选用在砖颊方向和砖头方向的热导率相近的空心砖。

3. 品种及规格

1）品种

空心砖的应用范围十分广泛,品种也很多。其品种一般有两种分类方法。

（1）按空心砖的用途分大致可分为 10 种:承重空心砖、非承重空心砖、拱壳空心砖、楼板空心砖、檩条空心砖、梁空心砖、墙板空心砖、配筋空心砖、吸声空心砖和花格空心砖。

（2）按制作空心砖的材料分大致可分为4种:黏土空心砖、煤矸石空心砖、页岩空心砖和粉煤灰空心砖。如图 2-3 所示为粉煤灰空心砖。

图 2-3　粉煤灰空心砖

2）规格

（1）承重空心砖的主要规格有三种,如表 2-3 所示。

表 2-3　承重空心砖的主要规格　　　　　单位:mm

代号	长	宽	高
KM1	190	190	90
KP1	240	115	90
KP2	240	185	115

目前,我国生产的承重空心砖的规格较多,孔形也较多(如圆形、椭圆形、矩形、方形、菱形、三角形)。承重空心砖绝大多数为垂直孔(表 2-4)。

表 2-4 承重空心砖的规格和孔形

序号	名称	（长/mm）×（宽/mm）×（高/mm）	孔数	孔形	孔洞率/%
1	20 孔承重空心砖	240×115×90	20	圆形孔	23
2	17 孔承重空心砖	240×115×90	17	圆形孔	18
3	26 孔承重空心砖	240×115×115	26	圆形孔	24
4	26 孔承重空心砖	240×115×90	26	圆形孔	24
5	25 孔承重空心砖	240×180×115	25	圆形孔,椭圆形孔	25
6	7 孔承重空心砖	240×180×115	7	矩形孔,椭圆形孔	24
7	3 孔承重空心砖	240×115×115	3	矩形孔,椭圆形孔	20
8	单孔承重空心砖	240×115×115	1	矩形孔,椭圆形孔	24
9	21 孔承重空心砖	240×115×90	21	条形孔	25
10	42 孔承重空心砖	240×115×86	42	菱形孔	25.7

（2）非承重空心砖（又称烧结空心砖）。国内生产的非承重空心砖规格较多，孔形也较多，但主要为方形和矩形。非承重多孔砖绝大多数为水平孔。其主要规格有两种，如表 2-5 所示。

表 2-5 非承重空心砖的主要规格　　　　　　　　　　　　　　单位:mm

规格分类	长	宽	高
主规格	240	240	115
副规格	115	240	115

空心砖的主要技术要求应符合《烧结空心砖和空心砌块》（GB 13545—2003）中的各项规定：

① 形状与规格尺寸。烧结空心砖为直角六面体，其长度（L）不超过 390 mm，宽度（B）不超过 240 mm，高度（D）不超过 115 mm，超过上述尺寸者则称为空心砌块。

② 强度等级与产品等级。烧结空心砖根据其大面和条面的抗压强度分为 MU10.0，MU7.5，MU5.0，MU3.5，MU2.5 五个强度等级，同时又按其表观密度分为 800，900，1 000，1 100 kg/m³ 四个密度级别。

③ 强度、密度、抗风化性能和放射性物质合格的砖和砌块，根据尺寸偏差、外观质量、孔洞排列、结构、泛霜、石灰爆裂和吸水率分为优等品（A）、一等品（B）和合格品（C）三个质量等级。各产品的等级对应的强度等级及指标要求如表 2-6 所示，各密度级别指标如表 2-7 所示。

非承重水平孔烧结空心砖的孔数少、孔径大、孔洞率高（一般在 35% 以上），其表观密度为 800~1 100 kg/m³，这种空心砖具有良好的热绝缘性能，在多层建筑中用于隔断或框架结构的填充墙。

（3）拱壳空心砖。拱壳空心砖是我国在 20 世纪 70 年代研制成功的，它的一端有钩，另一端带凹槽,施工时利用砖与砖之间的拊钩悬砌,砌筑砖拱壳不用模板支撑,而只要一个简单的样架控制曲线。拱壳空心砖是一种适宜砌筑拱和薄壳的新型建筑材料,其规格如表2-8所示。拱壳空心砖是一种结构材料,建筑物的防水、隔热需采用另外的措施来解决。此外,在地震区和有强烈震动的建筑物中,在未采取有效措施前也不宜采用。

表2-6　烧结空心砖强度等级及指标要求

强度等级	抗压强度平均值 f	变异系数 $\delta \leqslant 0.21$ 时强度标准值 f_k	变异系数 $\delta > 0.21$ 时单块最小抗压强度值 f_{min}	密度等级范围/ $(kg \cdot m^{-3})$
MU10.0	≥10.0	≥7.0	≥8.0	≤1 100
MU7.5	≥7.5	≥5.0	≥5.8	
MU5.0	≥5.0	≥3.5	≥4.0	
MU3.5	≥3.5	≥2.5	≥2.8	
MU2.5	≥2.5	≥1.6	≥1.8	≤800

表2-7　烧结空心砖密度级别指标

密度级别	五块砖表观密度平均值/ $(kg \cdot m^{-3})$
800	≤800
900	801～900
1 000	901～1 000
1 100	1 001～1 100

表2-8　拱壳空心砖规格

序号	名称	(长/mm)×(宽/mm)×(高/mm)	孔数	孔形	孔洞率/%	单块重/kg
1	3孔拱壳空心砖	—	3	三角形	—	—
2	4孔拱壳空心砖	220×95×90	4	方形	40	1.99
3	5孔拱壳空心砖	—	5	方形	—	—
4	6孔拱壳空心砖	240×120×90	6	方形	35	2.98
5	7孔拱壳空心砖	90×120×120	7	方形	23	1.75
6	12孔拱壳空心砖	190×120×90	12	圆形	23	2.73

　　(4)楼板空心砖。楼板空心砖是黏土砖与钢筋混凝土的组合构件。在这种构件中,仍然由钢筋混凝土的肋承受弯曲力,砖块在板中虽然部分参与了承压,但它主要起着填充和模板支撑,以节约水泥、木材的作用,这就充分地发挥了砖材的各种优势。

　　国内生产过的几种楼板空心砖品种及性能如表2-9所示。

表 2-9　楼板空心砖品种及性能

序号	名称	(长/mm)×(宽/mm)×(高/mm)	密度/(kg·m⁻³)	孔形	孔洞率/%	单块重/kg
1	10 孔空心楼板砖	460×160×290	950	方形孔	49	17.6
2	4 孔空心楼板砖	270×240×140	—	方形孔	—	—
3	5 孔空心楼板砖	260×180×160	—	方形孔	35	4.5
4	5 孔空心楼板砖	270×240×100	900	方形孔	50	6
5	6 孔空心楼板砖	270×240×140	1 080	方形孔	40	9
6	6 孔空心楼板砖	270×240×140	990	方形孔	45	10

4. 应用

烧结空心砖的自重较轻、强度较低，多用于建筑物非承重部位的墙体，如多层建筑的内隔墙或框架结构的填充墙等。该材料发展迅速，与烧结多孔砖联合互补，在建筑领域得到广泛应用，并已逐渐取代烧结实心砖的使用。

2.2.2　烧结多孔砖

对于含有孔隙的材料，其导热性能决定于材料的孔隙率与孔隙特征。一般情况下，孔隙率越大，密度越低，导热系数越小。但在密度相同的条件下，孔洞尺寸越大，导热系数就越大；孔隙相互连通比封闭而不连通的导热系数要高，这是因为空气产生对流，会使材料的热导性提高。因此，烧结多孔砖能够通过控制合理的孔洞结构来起到建筑节能的效果。

烧结多孔砖(图 2-4)，是以黏土、页岩、煤矸石或粉煤灰等为主要原料，经过原料处理、成形、烧结而制成的。多孔砖的孔洞率等于或大于 25%，孔洞形状为圆形或非圆形，孔的尺寸小而数量多。孔洞的分布与大面垂直，这种结构形态决定了其较高的抗压强度，故主要用于建筑的承重结构。烧结多孔砖可分为烧结黏土多孔砖、烧结页岩多孔砖、烧结煤矸石多孔砖、烧结粉煤灰多孔砖以及烧结装饰多孔砖。同样，多孔砖与实心砖相比具有可节约黏土等制砖原材料、节省烧砖能耗、提高劳动生产率、减

图 2-4　烧结多孔砖

少运输费用、提高砌筑效率、节约砌筑砂浆等一系列优点，并且多孔砖的建筑具有良好的保温隔热性能。鉴于其众多优良性能，多孔砖在新型墙体材料中发展迅速。

1. 规格

砖的孔洞尺寸，要求圆孔直径不大于 22 mm，非圆孔直径不大于 15 mm，手抓孔尺寸为(30~40)mm×(75~85)mm。

我国目前生产的多孔砖分为 P 型和 N 型两类。P 型砖外形尺寸为 240 mm×115 mm×90 mm，N 型砖外形尺寸为 190 mm×190 mm×90 mm。二者的孔形设置和孔洞率控制没有区别。

按主要原料，烧结多孔砖分为黏土砖(N)、页岩砖(Y)、煤矸石砖(M)和粉煤灰砖(F)等品种。砖的规格尺寸应选自下列数值：290，240，190，180，175，140，115，90 mm。

烧结多孔砖的尺寸允许偏差如表 2-10 所示。

表 2-10　烧结多孔砖尺寸允许偏差　　　　　　　　　　　单位：mm

尺寸	优等品		一等品		合格品	
	样品平均偏差	样本极差	样品平均偏差	样本极差	样品平均偏差	样本极差
290，240	±2.0	≤6	±2.5	≤7	±3.0	≤8
190，180，175，140，115	±1.5	≤5	±2.0	≤6	±2.5	≤7
90	±1.5	≤4	±1.7	≤5	±2.0	≤6

表 2-11　烧结多孔砖的外观质量要求　　　　　　　　　　单位：mm

外观质量要求	优等品	一等品	合格品
颜色(一条面和一顶面)	一致	基本一致	—
完整面不得少于	一条面和一顶面	一条面和一顶面	—
缺棱掉角的三个破坏尺寸不得同时大于	15	20	30
大面上深入孔壁 15 mm 以上宽度方向及其延伸到条面的长度	60	80	100
大面上深入孔壁 15 mm 以上长度方向及其延伸到顶面的长度	60	100	120
条顶面上的水平裂纹	80	100	120
杂质在砖面上造成的凸出高度	≤3	≤4	≤5

注：1. 为装饰面施加的色彩、凹凸纹、拉毛、压花等不算缺陷。
　　2. 凡有下列缺陷之一者，不能称为完整面：
　　①缺损在条面或顶面上造成的破坏面尺寸同时大于 20 mm×30 mm；
　　②条面或顶面上裂纹宽度大于 1 mm，其长度超过 70 mm；
　　③压陷、焦花、粘底在条面或顶面上的凹陷或凸出超过 2 mm，区域尺寸同时大于 20 mm×30 mm。

2. 生产技术要求

烧结多孔砖的技术要求符合《烧结多孔砖和多孔砌块》(GB 13544—2011)的规定。

3. 性能要求

目前使用的烧结多孔砖一般能够满足建筑外围护结构的保温隔热性能，因为一般的烧结多孔砖的自身热阻 R 不小于 0.6 m^2·K/W，能够满足使外围护结构中外墙的传导系数 $K \leq 1.5$ W/(m^2·K)，能够满足建筑节能 65% 的要求。

烧结多孔砖的强度等级分为 MU30，MU25，MU20，MUl5，MU10 五级。强度和抗风化性能合格的砖根据尺寸偏差、外观质量、孔形及孔洞排列、泛霜、石灰爆裂分为优等品（A）、一等品（B）和合格品（C）三个质量等级。

烧结多孔砖的强度等级规定如表 2-12 所示。

表 2-12　烧结多孔砖的强度等级规定

强度等级	抗压强度平均值/MPa，≥	变异系数 $\delta \leqslant 0.21$ 时强度标准值/MPa，≥	变异系数 $\delta > 0.21$ 时单块最小抗压强度值/MPa，≥
MU30	30.0	22.0	25.0
MU25	25.0	18.0	22.0
MU20	20.0	14.0	16.0
MU15	15.0	10.0	12.0
MU10	10.0	6.5	7.5

烧结多孔砖的抗风化性能，要求严重风化区中的黑龙江、吉林、辽宁、内蒙古、新疆五地区必须进行冻融试验，其他地区砖的抗风化性能应符合表 2-13 中的有关规定，否则必须进行冻融试验。冻融试验后，每块砖样不允许出现裂纹、分层、掉皮等冻坏现象。

表 2-13　烧结多孔砖的抗风化性能

砖种类	严重风化区				非严重风化区			
	5 h 煮沸吸水率/%，≤		饱和系数，≤		5 h 煮沸吸水率/%，≤		饱和系数，≤	
	平均值	单块最大值	平均值	单块最大值	平均值	单块最大值	平均值	单块最大值
黏土砖	21	23	0.85	0.87	23	25	0.88	0.90
粉煤灰砖	23	25			30	32		
页岩砖	16	18	0.74	0.77	18	20	0.78	0.80
煤矸石砖	19	21			21	23		

注：粉煤灰掺入量（体积比）小于30%时按黏土砖规定判定。

4. 工程应用

烧结多孔砖可用于砌筑 6 层以下建筑物的承重墙或者高层框架结构的填充墙。由于其多孔构造，不宜用于基础墙、地面以下或室内防潮层以下的建筑部位。中等泛霜的砖不得用于潮湿的部位。

2.3　墙用砌块

砌块是用于砌筑的、形体大于砌墙砖的人造块材。它是一种新型节能墙体材料，可以充分利用地方资源和工业废渣，并可节省黏土资源和保护环境，具有生产工艺简单、原料来源广、适应性强、制作及使用方便、可改善墙体功能等特点,因此发展较快。

砌块的分类方法很多,若按用途可分为承重用实心或空心砌块、彩色或壁裂混凝土装饰砌块、多功能砌块和地面砌块四大类。按材料可分为混凝土小型砌块、人造骨料混凝土砌块、硅酸盐砌块、加气混凝土砌块和复合砌块等。按产品主规格尺寸可分为大型砌块(高度大于 980 mm)、中型砌块(高度为 380~980 mm)和小型砌块(高度为 115~380 mm)。砌块高度一般不大于长度或宽度的 6 倍,长度不超过高度的 3 倍,根据需要也可生产各种异形砌块。

目前,我国各地生产的小型空心砌块包括普通水泥混凝土小型空心砌块(占全部产量的70%)、天然轻骨料或人造轻骨料(包括粉煤灰陶粒、黏土陶粒、页岩陶粒、膨胀珍珠岩等)小型空心砌块、工业废渣(包括煤矸石、窑灰、粉煤灰、炉渣、煤渣、增钙渣、废石膏等)小型空心砌块,后两种占全部产量的 25%左右。此外,我国还开发生产了一些特种用途的小型空心砌块,如饰面砌块、铺地砌块、护坑砌块、保温砌块、吸声砌块和花格砌块等。

2.3.1 混凝土小型空心砌块

混凝土小型空心砌块(图 2-5)是以水泥为胶结料,砂、碎石或卵石、煤矸石、炉渣为骨料,加水搅拌,经振动、振动加压或冲压成形,并经养护而制成的小型(主规格为 390 mm×190 mm×190 mm)并有一定空心率的墙体材料。

按其骨料的不同,混凝土小型空心砌块可分为普通混凝土小型空心砌块和轻骨料混凝土小型空心砌块两类。普通混凝土小型空心砌块以天然砂、石作骨科,多用于承重结构。轻骨料混凝土小型空心砌块通常以火山渣、浮石、膨胀珍珠岩、煤渣、水淬矿渣、自然煤矸石以及各种陶粒等为骨料,可使用轻砂,构成全轻混凝土;也可以使用天然砂,构成砂轻混凝土。根据骨料的类型,可

图 2-5　混凝土小型空心砌块

分为天然轻骨料(如浮石、火山渣)混凝土小型砌块、人造轻骨料(如黏土陶粒、页岩陶粒、粉煤灰陶粒等)混凝土小型砌块和工业废渣轻骨料(如煤渣、自然煤矸石)混凝土小型砌块等,常结合骨料名称命名,如煤渣混凝土小型空心砌块、浮石混凝土小型空心砌块等。多用于非承重结构,如工业与民用建筑的砌块房屋、框架结构的填充墙及一些隔声工程等。由于轻质砌块具有许多独特的优点,如自重轻、热工性能好、抗震性能好,不仅可用于非承重墙,较高强度等级的轻质砌块也可用于多层建筑的承重墙。可充分利用我国各种丰富的天然轻骨料资源和一些工业废渣为原料,对降低砌块生产成本和减少环境污染具有良好的社会和经济双重效益。故轻质混凝土空心砌块在各种建筑墙体,尤其在保温隔热性要求较高的围护结构中得到广泛应用。随着轻骨料混凝土小型砌块产品强度的提高及框架结构建筑的增多,普通混凝土小型空心砌块将逐步被轻骨料混凝土小型砌块所替代。在砌体建筑中,轻骨料混凝土小型砌块将成为我国最具发展前景的砌体材料。

与传统的黏土砖相比,混凝土小型空心砌块具有材料来源广、生产工艺简单、生产效率高、不必焙烧或蒸汽养护、节约土地、降低能耗、保护环境、利用工业废渣、改善建筑功能和提高建筑施工工效等许多优点。混凝土小型空心砌块建筑比黏土砖建筑可降低造价 3%~

10%,因此具有良好的经济效益。而且其在施工方面具有适应性强、自重较轻、组合灵活、施工较黏土砖简便和快速等特点。

1. 生产工艺

混凝土小型空心砌块的生产工艺流程如图 2-6 所示。

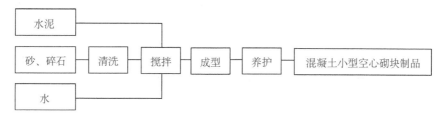

图 2-6　混凝土小型空心砌块的生产工艺流程

2. 主要技术性能

混凝土砌块的热导率随混凝土材料、孔形和空心率的不同而有差异。普通水泥混凝土小型砌块,当其空心率为 50% 时,其热导率约为 0.26 W/(m·K)。

砌块因失水而产生的收缩会导致墙体开裂,为了控制砌块建筑的墙体裂缝,《普通混凝土小型空心砌块》(GB 8239—1997)对砌块的相对含水率作了规定,按有无要求分为 M 级和 P 级两种级别,P 级无相对含水率要求,M 级相对含水率的要求如表 2-14 所示。

$$相对含水率 = \frac{发货时的含水率}{吸水率} \tag{2-1}$$

表 2-14　小型空心砌块的相对含水率

级别	使用地点的平均温度		
	>75 ℃	50～75 ℃	<50 ℃
M	≤45%	≤40%	≤35%

通常对用于承重墙和外墙的砌块干缩率要求小于 0.05%,非承重墙或内墙干缩率应小于 0.06%。

砌块的抗渗性根据《混凝土小型空心砌块试验方法》(GB/T 4111—1997)所规定的方法试验,按有无要求分为 S 级和 Q 级两种级别,Q 级表示无抗渗要求,S 级的要求为三块中任意一块水面下降高度不大于 10 mm。

3. 规格、等级、性能指标

(1) 砌块的分类、产品等级与规格形状。混凝土小型空心砌块分为承重砌块和非承重砌块两类,按其外观质量分为一等品和二等品两个产品等级。砌块的规格如表 2-15 所示。

(2) 砌块的强度等级。砌块的抗压强度是用破坏荷载除以砌块受压面的毛面积求得的。根据《普通混凝土小型空心砌块》(GB 8239—1997)中规定,砌块的抗压强度分为 MU15.0,MU10.0,MU7.5,MU5.0,MU3.5 五个强度等级,具体指标如表 2-16 所示。砌块外观质量如表 2-17 所示。

表 2-15　混凝土小型空心砌块的规格

分类	规格	外观尺寸/mm			每块质量/kg
		长	宽	高	
承重	主规格	390	190	190	18～20
	辅助规格	290	190	190	14～15
		190	190	190	9～10
		90	190	190	6～7
非承重	主规格	390	90～190	190	10～20
	辅助规格	190	90～190	190	5～10

表 2-16　混凝土小型空心砌块的强度等级

强度等级	抗压强度/MPa	
	五块平均值	单块最小值
MU3.5	3.5	2.8
MU5.0	5.0	4.0
MU7.5	7.5	6.0
MU10.0	10.0	8.0
MU15.0	15.0	12.0

注：非承重砌块在有实验数据条件下，强度等级可降低至 MU2.8。

表 2-17　砌块的外观质量　　　　　　　　　　　　单位：mm

检验项目		合格指标	
		一等品	二等品
允许尺寸偏差	长	±3	±3
	宽	±3	±3
	高	±3	−4～+3
最小外壁厚		30	30
最小肋厚		25	25
弯角		≤2	≤3
掉棱掉角个数		≤2	≤2
裂纹延伸的投影尺寸累计		≤20	≤30

（3）标记方法。标记顺序为外观质量、强度等级、相对含水率、抗渗性。标记示例：混凝土空心砌块的外观质量为一等品，强度等级为 MU7.5，相对含水率为 M 级，抗渗性为 S 级，表示为 1/7.5/M/S。

4. 应用

混凝土小型空心砌块可用于低层或中层建筑的内墙和外墙,如图 2-7 所示。使用砌块作墙体材料时,应严格遵照有关部门所颁布的设计规范与施工规程。

混凝土小型空心砌块在砌筑时一般不宜浇水,但在气候特别干燥炎热时,可在砌筑前稍喷水湿润。砌筑时尽量采用主规格砌块,并应清除砌块表面的污物和孔洞的底部毛边。采用反砌(即砌块底面朝上),砌

图 2-7　混凝土小型空心砌块的应用

块之间应对孔错缝搭接。砌筑灰缝宽度应控制在 8~12 mm,所埋设的拉结钢筋或网片必须设置在砂浆层中。承重墙不得用砌块和砖混合砌筑。

小型空心砌块在建筑中可用于:

(1) 各种墙体:承重墙、隔断墙、填充墙、具有各种色彩花纹的装饰性墙、花园围墙、挡土墙等。

(2) 独立柱、壁柱等。

(3) 保温隔热墙体、吸声墙体及声障等。

(4) 抗震墙体。

(5) 楼板及屋面系统。

(6) 各种建筑构造:气窗、压顶、窗台、圈梁、阳台栏杆等。

5. 注意事项

混凝土小型空心砌块存在块型种类多、块体相对较重、易产生收缩变形、易破损、不便加工等弱点,若处理不当,砌体易出现开裂、漏水、热工性能降低等质量问题。因此在砌块生产、设计、施工以及质量管理等方面均应注意保证其特殊要求。

砌块出厂必须达到规定的出厂强度。砌块装卸和运输应平稳,装卸时,应轻拿轻放,避免撞击,严禁倾卸重掷。装饰砌块在装运过程中,不得弄脏和损伤饰面。砌块应按不同规格和等级分别整齐堆放,堆垛上应设标志,堆放场地必须平整,并做好排水,地面上宜铺垫一层煤渣屑或石屑、碎石,最好铺 100 mm 高垫木或垫块。轻质砌块产品提前出厂时,砌块抗压强度不得小于 28 d 龄期规定值的 75%,且至 28 d 龄期时应达到规定值的 100%。砌块应按密度等级、强度等级和质量等级分批堆放,不得混杂。混凝土小型空心砌块的堆叠高度不超过 1.6 m,开口端应向下放置。堆垛间应保留适当通道,并采取防止雨淋措施。

混凝土小型空心砌块砌体结构的设计与施工执行《混凝土小型空心砌块建筑技术规程》(JGJ/T14—2004)。本规程适用于非抗震设防地区和抗震设防烈度为 6~8 度地区,以混凝土小型空心砌块为墙体材料的砌块房屋建筑的设计与施工。混凝土小型空心砌块建筑的设计与施工,除应符合本规程外,尚应符合有关强制性标准的规定。

2.3.2　加气混凝土砌块

轻质加气混凝土(Autoclaved Lightweight Concrete, ALC)技术于 1934 年诞生于瑞典,20 世纪 60 年代初传入日本。ALC 制品内部由互不连通的微小气孔组成,导热系数为

0.13 W/(m·K),其保温隔热性能大幅优于普通混凝土。该产品为不燃硅酸盐物料,体积稳定性好,热迁移慢,具有很好的耐火性。其立方体抗压强度可达 4 MPa。无放射性,无有害物质。

加气混凝土砌块,如图 2-8 所示,是以钙质材料(水泥或石灰)和硅质材料(砂或粉煤灰等)为基本原料,以铝粉为发气剂,经过蒸压养护等工艺制成的一种轻质多孔、保温隔热、防火性能良好、可钉、可锯、可刨并具有一定抗震能力的新型建筑材料,也是具有绿色环保等优点的多孔轻质新型墙体材料。加气混凝土砌块的表观密度为 300~1 000 kg/m³,抗压强度为 1.5~10.0 MPa。按养护方法分为蒸养加气混凝土砌块和蒸压加气混凝土砌块两种。根据原材料的种类,蒸压加气混凝土砌块主要分为蒸压水泥-石灰-砂、蒸压水泥-石灰-粉煤灰、

图 2-8　加气混凝土砌块

蒸压水泥-矿渣-砂、蒸压水泥-石灰-尾矿、蒸压水泥-石灰-沸腾炉渣、蒸压水泥-石灰-煤矸石、蒸压石灰-粉煤灰等 7 个品种。上述各种蒸压加气混凝土砌块统称为加气混凝土砌块。

加气混凝土砌块具有轻压、保温、耐火、抗震、足够的强度和良好的可加工性能,与传统的黏土砖相比,蒸压加气混凝土砌块可以节约土地资源、改善建筑墙体的保温隔热效应、提高建筑节能效果。由于上述一系列优点,加气混凝土砌块可大大减轻建筑物的自重,提高抗震能力,改善墙体、屋面的保温性能,因此是一种理想的轻质新型建材。目前我国加气混凝土产品的主要类型为建筑砌块,用于砌筑建筑内外墙体,也可制成板材,用作墙体或屋面材料。另外,加气混凝土以粉煤灰、矿渣、火山灰、其他工业尾矿粉以及水泥窑灰等工业废弃物为原料,有利于综合利用工业二次资源以及保护和治理环境,故属国家大力提倡和扶植的新型建筑材料之一。并且加气混凝土由于其轻质、保温隔热、耐火等优良性能符合我国目前建筑节能的规范要求,是高层建筑中用作围护结构和填充墙材料的首选产品。因此大力开发和应用蒸压加气混凝土砌块可以取得良好的经济效益和社会效益,在建筑中应用非常广泛,具有广阔的发展前景。目前该材料最普遍的应用是框架结构的填充墙,以及低层建筑的墙体(承重墙和非承重墙),也可与现浇钢筋混凝土密肋组合成平屋面或楼板,有时也可用作吸声材料。例如,可用作框架结构、现浇混凝土结构建筑的外墙填充、内墙隔断,也可应用于抗震圈梁构造多层建筑的外墙或保温隔热复合墙体,还可用于建筑屋面的保温和隔热,如

图 2-9　加气混凝土砌块在工程中的应用

图 2-9 所示。

加气混凝土是多孔结构材料,孔隙率可高达 70%~80%,因此使其表观密度大大降低,为 300~800 kg/m³,我国目前加气混凝土制品的表观密度一般为 500~700 kg/m³,较之其他常用建材,其表观密度仅为黏土砖的 1/3、钢筋混凝土的 1/5,故可使建筑物的自重大大减轻。

加气混凝土材料内部存在的大量微小气孔,使其热导率大大降低[λ 值为 0.105~0.267 W/(m·K)]。

表观密度为 500 kg/m^3 的加气混凝土,其热导率仅为 0.14 W/(m·K),故保温性能良好。在建筑中,200 mm 厚的加气混凝土墙的保温效果与 490 mm 厚的黏土砖墙的保温效果相当。因此,使用加气混凝土材料不仅可以提高建筑物的热工性能、保温节能和使用功能,而且能节省建材,提高建筑物的有效使用面积。

加气混凝土具有较高的强度和比强度,较小的表观密度,具有轻质材料良好的抗震性能。在装配式建筑施工中,可根据所需尺寸对材料进行锯切和黏结,拼装成各种规格的构件,这就给建筑设计规格的多样化提供了良好条件。与普通混凝土制品相比,其在该方面的优点更为突出。加气混凝土本身属不燃物质,即使在高温下也不会产生有害气体;耐火性能良好,并且由于较大的孔隙率,还具有较好的吸声性能。

1. 生产工艺

加气混凝土有多种生产工艺,如由于原材料不同、生产设备不同或外加剂不同就要求不同的生产工艺。但其主要的生产工序及主要的生产原理是相同的,主要是将钙质材料、硅质材料、发气剂(主要是铝粉)、调节剂、稳定剂和水按配比混合搅拌、发气、浇筑成形、蒸养而成。本节着重介绍加气混凝土生产原理和工艺的基本知识。

生产工艺流程一般可分为原材料加工、配料浇筑、坯体静置、切割、蒸压养护、脱模加工、成品堆放包装这几个阶段。

在原材料加工阶段,生石灰应在球磨机中干磨至规定的细度,矿渣、砂及粉煤灰可以干磨也可以湿磨至规定的细度。如果有条件,还可以在配料后将几种主要的原材料一起加入磨机中混磨,更有利于改善制品性能。经过加工的各种原材料分别存放在储料库或缸中,各种原材料、外加剂、废料浆和已经脱脂工序处理的铝粉悬浮液依照规定的顺序分别按配合比计量加入浇筑车中。

浇筑车是配料浇筑的主要设备,主要由浆料搅拌浇筑机构、铝粉悬浮液缸、外加剂缸、电气自动控制部分、电动行走机构等组成(如果是定点浇筑则不用浇筑车,而是把有关装置安装在浇筑台上)。

浇筑车一边搅拌料浆,一边行走到浇筑地点,逐模浇筑料浆(定点浇筑则是模具在浇筑后移动至静置处)。料浆浇筑有一定的温度要求,有时需要通入蒸汽加温或保温。料浆在模具中发气膨胀形成多孔坯体。模具是用钢板制成的,由可拆卸的侧模板和底模组成。常用的模具规格有的 600 mm×1 500 mm×600 mm 和 600 mm×900 mm×3 300 mm 等,一般浇筑高度为 600 mm。采取若干措施后,可把浇筑高度提高至 1.2 m,1.5 m,甚至 1.8 m。

浇筑过程中料浆的浇筑稳定性是否良好,直接影响制品的质量。铝粉发气膨胀的速度与料浆稠化速度是否相适应是浇筑稳定性的关键。从料浆开始浇筑到料浆失去流动性的时间称为稠化时间。浇筑中有时会出现料浆发气膨胀不足、坯体高度不够、坯体下沉收缩、冒泡塌陷等质量事故。应当从铝粉发气速度、料浆稠化速度、原材料质量、外加剂品种及加入量、料浆温度、机械设备及模具质量等环节去分析原因,及时调整,以保证产品质量。

刚浇筑成形的坯体,必须经过一段时间静停,使坯体具有一定的强度,然后才能进行切割。静停时间应经试验确定,常温下一般静置 2~8 h。

大中型工厂有专用切割机切割坯体,小厂则用人工切割。

加气混凝土制品生产流程如图 2-10 所示。蒸压养护要在专用压力容器——蒸压釜内进行,切割好的坯体连同底模一起送入蒸压釜。蒸压釜有厚钢板制成的筒体,两端有钢制门盖可以开闭,釜底有轨道,釜内有蒸汽管道,常用的规格有 2 850 mm×25 600 mm 和 1 950 mm×21 000 mm 两种。

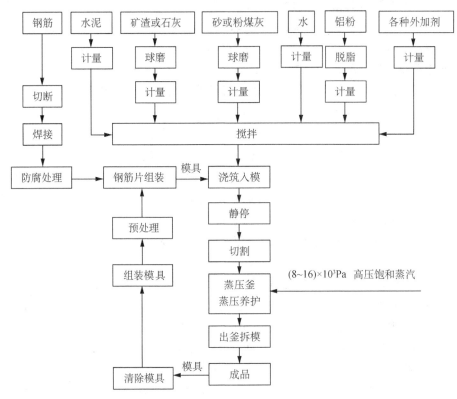

图 2-10 加气混凝土制品生产流程

坯体入釜后,关闭釜门。为使蒸汽渗入坯体,强化养护条件,通蒸汽前要先抽真空,真空度约达 800 102 Pa,然后缓缓送入蒸汽并升压。常见的升压制度:$(0.2\sim2)\times10^5$ Pa 用时 30~50 min,$(2\sim11)\times10^6$ Pa 用时 90~150 min。蒸汽来自高压锅炉,生产用蒸汽压力为 $(8\sim16)\times10^5$ Pa,最好为 11×10^5 Pa,这是制品质量的可靠保证。

当蒸汽压力为 $(8\sim10)\times10^5$ Pa,相当蒸汽温度为 175~203 ℃时,为了使水热反应有足够的时间,要维持一定的时间恒压养护。蒸汽压力较高,恒压时间就可相对缩短。8×10^5 Pa 压力下需恒压 12 h;10×10^5 Pa 压力下需恒压 10 h;15×10^5 Pa 压力下缩短至恒压 6 h。恒压养护结束,逐渐降压,逐渐排出蒸汽,恢复常压,打开釜门,拖出装有成品的模具。

成品出釜后,使用电动行车及适当夹具从模具上夹走成品。有的制品还需要经过铣槽、倒角等工序加工或补修,最后全部送到成品堆场。用过的模具要转运至使用前原来的工位,经过清洗、重新组装后涂刷脱模剂、埋设钢丝、涂抹模缝灰浆,预处理好的模具又可重复使用。

对于生产配筋加气混凝土板材的生产线,在原材料加工的同时,还要对钢筋进行加工。钢筋经除锈、调直、切断工序,然后把各种规定尺寸的钢筋点焊成设计形状的网片。钢筋网片要经过防腐处理,涂刷防腐剂或把网片放在防腐浸渍槽内浸涂防腐剂,涂后烘干。为了使防腐涂层有一定的厚度(0.6 mm 左右),往往还要经过第二次浸涂。处理好的钢筋网片在模具中组装就位,即可将模具送到浇筑工序使用。

使用生石灰的加气混凝土料浆,生石灰遇水消解成氢氧化钙,在蒸压条件下,氢氧化钙与硅质材料中的二氧化硅发生反应,生成高碱性水化硅酸钙,这些水化物又与尚未反应的二氧化硅继续反应生成低碱性水化硅酸钙,最后生成低钙水化硅酸钙和托勃莫来石。

加气混凝土制品的生产也可以采用常压蒸汽养护的方法,但其性能不如蒸压加气混凝土。加气混凝土的抗压强度一般为 0.5~1.0 MPa。

由于加气混凝土能利用工业废料,产品成本较低,能大幅度降低建筑物自重,生产率较高,保温性好,因此具有较好的经济技术效果。

2. 主要性能

(1)保温隔热。加气混凝土为多孔材料,其热导率为 0.14~0.28 W/(m·K),保温隔热性能好。用作墙体可降低建筑物的采暖、制冷等使用能耗。

(2)轻质。加气混凝土砌块的表观密度小,一般仅为黏土砖的 1/3,作为墙体材料,可使建筑物自重减轻 2/5~1/2,从而降低造价。由于地震时建筑物受力大小与建筑物的自重成正比,所以蒸压加气混凝土砌块等轻质墙体可提高建筑物的抗震能力。

(3)隔声。用加气混凝土砌块砌筑的 150 mm 厚的墙加双面抹灰,对 100~3 150 Hz 的平均隔声量为 43 dB。

(4)耐火。加气混凝土砌块是非燃烧材料,故其耐火性好。

此外,加气混凝土砌块的可加工性能好(可钉、可锯、可刨、可黏结)、施工方便、效率高,制作加气混凝土砌块还可以充分利用粉煤灰等工业废料。既降低成本又利于环境保护。

3. 品种、规格和性能

(1)品种、规格。加气混凝土砌块按其原料的组成可分为水泥-石灰-煤灰、水泥-矿渣-砂和水泥-石灰-砂。砌块的规格如表 2-18 所示。

表 2-18 蒸压加气混凝土砌块规格　　　　　　　　　单位:mm

规格	尺寸
长	600
宽	100,120,125,180,200,240,250,300
高	200,240,250,300

砌块的标记顺序为产品名称、强度、体积密度、长度、高度、宽度、质量等级、标准号。标记示例:强度级别为 A3.5、干密度级别为 B05、优等品、规格尺寸为 600 mm×200 mm×250 mm 的蒸压加气混凝土砌块,其标记为:ACB A3.5 B05 600×200×250A GB 11968。

(2)性能。根据《蒸压加气混凝土砌块》(GB 11968—2006)规定,砌块按外观质量、尺寸偏差分为优等品(A)、合格品(B)两个产品等级。按砌块立方体抗压强度分为 A1.0, A2.0, A2.5, A3.5, A5.0, A7.5, A10.0 七个级别。按干密度分为 B03, B04, B05, B06, B07, B08 六个级别。表 2-19 为蒸压加气混凝土砌块的体积密度级别指标,表 2-20 为其强度等级、干缩值、抗冻性指标要求。

表 2-19　蒸压加气混凝土砌块体积密度级别指标

体积密度级别		03	04	05	06	07	08
干密度 /(kg·m⁻³)	优等品(A)	≤300	≤400	≤500	≤600	≤700	≤800
	合格品(B)	≤326	≤425	≤525	≤625	≤725	≤825

表 2-20　蒸压加气混凝土砌块的强度等级、干缩值、抗冻性指标要求

强度等级			A1.0	A2.0	A2.5	A3.5	A5.0	A7.5	A10
立方体抗压强 /MPa	平均值		≥1.0	≥2.0	≥2.5	≥3.5	≥5.0	≥7.5	≥10
	最小值		≥0.8	≥1.6	≥2.0	≥2.8	≥4.0	≥6.0	≥8.0
干密度级别			B03	B04	B05		B06	B07	B08
干缩值	快速法	mm/m	≤0.8						
	标准法		≤0.5						
抗冻性	质量损失/%		≤5.0						
	强度损失/%		—						

4. 应用

加气混凝土砌块具有轻质、保温、耐火、抗震、足够的强度和良好的可加工性能，因此，在建筑中应用非常广泛。一般干密度等级为 05 级，强度为 3.5 MPa 的砌块用于横墙承重的房屋时，其层数不得超过三层，总高度不超过 10 m；干密度等级为 07 级，强度为 5.0 MPa 的砌块不宜超过五层，总高度不超过 16 m。加气混凝土砌块不得用于建筑物基础和处于浸水、高温或有化学侵蚀的环境（如强酸、强碱或高浓度二氧化碳）中，也不能用于承重制品表面温度高于 80 ℃ 的建筑部位。

在建筑工程中，加气混凝土砌块可用作承重和非承重砌筑材料以及绝热材料。用作框架结构填充墙，无论是钢筋混凝土框架结构，还是钢结构建筑，在国内外应用都非常广泛。

加气混凝土砌块轻质和良好的保温绝热性能，使其可以作为保温材料使用，在一般的工业与民用建筑物中作屋面保温层，也可用作某些特殊建筑（如冷库、管道及恒温车间、实验室等）的保温材料。

蒸压加气混凝土砌块应存放 5 d 以上方可出厂。加气混凝土砌块本身强度较低，搬运和堆放过程要尽量减少损坏。砌块储存堆放应做到场地平整，同品种、同规格、同等级做好标记，整齐稳妥，宜有防雨措施。产品运输时，宜成垛绑扎或有其他包装。绝热用产品必须捆扎加塑料薄膜封包。运输装卸宜用专用机具，严禁抛掷、倾倒翻卸。

承重加气混凝土砌块墙体，不宜进行冬季施工。无有效保障措施情况下，以下建筑部位不得使用加气混凝土砌块：①建筑物外墙防潮层以下；②长期处于浸水或经常受干湿交替部位；③受酸碱化学物质侵蚀的部位；④承重制品表面温度高于 80 ℃ 的部位。

加气混凝土砌块建筑的设计、施工及质量控制执行《蒸压加气混凝土建筑应用技术规

范

程》(JGJ 17—2008),同时应符合《砌体结构工程施工及验收规范》(GB 50203—2011)、《砌体结构设计规范》(GB 50003—2011)以及《建筑抗震设计规范》(GB 50011—2010)的相关规定。

2.4　墙用板材

墙用板材是框架结构建筑的组成部分。墙板起围护和分隔作用。墙用板材一般分为内板材和外板材两种。内板材大多为各种石膏板材、石棉水泥板材和加气混凝土板材等。外用板材大多为加气混凝土、复合板及各种玻璃钢板等。

2.4.1　水泥类墙用板材

水泥类墙用板材作为墙用板材建筑材料,具有较好的力学性能和耐久性,生产技术成熟,产品质量可靠,可用于承重墙、外墙和复合墙板的外层面。其主要缺点是体积密度大、抗拉强度低(大板在起吊过程中易受损)。生产中可制作预应力空心板材,以减轻自重,改善隔声、隔热性能,除此之外,也可制作以纤维等增强的薄型板材,还可以在水泥类板材上制作具有装饰效果的表面层(如花纹线条装饰、露骨料装饰、着色装饰等)。下面以蒸压加气混凝土条板为例进行介绍。

1. 生产工艺

蒸压加气混凝土条板是以水泥、石灰、硅砂等为主要原料,根据结构要求配置添加不同数量经防腐处理的钢筋网片的一种轻质多孔新型的绿色环保建筑材料(图 2-11),可分为屋面板、外墙板和隔墙板。粉煤灰加气混凝土砌块是以粉煤灰为主要材料,以水泥、石灰、石膏为辅助材料,用铝粉作发气剂,经配料、搅拌、浇注、发气、切割、高压蒸汽养护制成的蒸压加气混凝土砖。砂加气混凝土砌块是以砂为主要材料,以水泥、石灰、石膏为辅助材料,用铝粉作发气剂,经配料、搅拌、浇注、发气、切割、高压蒸汽养护制成的蒸压加气混凝土砖。

图 2-11　蒸压加气混凝土条板

2. 性能

(1)保温隔热。该类板材的导热系数为 0.11 W/(m·K),其保温、隔热性是玻璃的 6 倍、黏土的 3 倍、普通混凝土的 10 倍。

(2)轻质高强。该类板材的比重为 0.5,为普通混凝土的 1/4、黏土砖的 1/3,比水还轻,和木材相当;立方体抗压强度不小于 4 MPa。特别是在钢结构工程中采用蒸压加气混凝土条板作围护结构就更能发挥其自重轻、强度高、延性好、抗震能力强的优越性。

(3)耐久性好。蒸压加气混凝土条板是一种硅酸盐材料,不存在老化问题,也不易风化,是一种耐久的建筑材料,其正常使用寿命完全可以和各类永久性建筑物的寿命相匹配。

(4)抗震性能好。在震级为 7.8 级的唐山丰南等地的地震中,据震后考察,加气混凝土建筑只新出现了几条裂缝,而砖混结构建筑几乎全部倒塌,使这两栋相距不远、结构相同而材料不同的建筑形成了鲜明的对照。分析认为,这是因为加气混凝土容重轻、整体性能好、地震时惯性力小,所以具有一定的抗震能力。这对于我们这个多地震国家来讲是有很大益处的。

(5)加工性能好。加气混凝土具有很好的加工性能。能锯、能刨、能钉、能铣、能钻,并且能在制造过程中加钢筋,给施工带来了很大的方便与灵活性。

(6)具有一定耐高温性。加气混凝土在温度为 600 ℃以下时,其抗压强度稍有增长,在 600 ℃左右时,其抗压强度接近常温时的抗压强度,所以作为建筑材料的加气混凝土的防火性能达到国家一级防火标准。

(7)隔声性能好。从加气混凝土气孔结构可知,由于加气混凝土的内部结构像面包一样,均匀地分布着大量的封闭气孔,因此具有一般建筑材料所不具有的吸声性能。

(8)有利于机械化施工。就目前的情况来看,预制加气混凝土拼装大板可节省成品堆放场地、节约砌筑人工、减少湿作业、加快现场施工进度、提高施工效率。

(9)适应性强。可根据当地不同原材料、不同条件来量身定造。原材料可选择河砂、粉煤灰、矿砂等多种,因地制宜。并且可以废物利用,有利于环保。

(10)绿色环保材料。蒸压加气混凝土条板没有放射性,也没有有害物质溢出。

3. 规格

蒸压加气混凝土条板选用时应考虑的主要技术指标有干体积密度、立方体抗压强度、气干导热系数、干燥收缩、抗冻性、板内钢筋黏着力以及隔声、耐火极限。而该类板材的规格则应满足《蒸压加气混凝土板》(GB 15762—2008)与《蒸压加气混凝土建筑应用技术规程》(JGJ/T 17—2008)中的相关要求(表 2-21)。例如,精确板材宽度为 600 mm,厚度分别为 50,75,100,120,150,175,200 mm,每块(内部配有钢筋网加强)的长度可达 4~6 m。板材因为是根据图纸进行的二次设计而下的生产计划,因此到达施工现场的是可以直接进行现场组装拼接的成品,故工人安装施工速度很快。

表 2-21 加气混凝土制品的规格尺寸 单位:mm

公称尺寸			制作尺寸		
长度 L	宽度 B	高度 H	长度 L_1	宽度 B_1	高度 H_1
600	100	200	$L-10$	B	$H-10$
	125				
	150				
	200	250			
	250				
	300				
	120	300			
	180				
	240				

4. 应用

蒸压加气混凝土条板适用于很多方面。其适用于工业与民用建筑的新建、改建或扩建的钢结构和钢筋混凝土结构；适用于非抗震设计及抗震设防烈度为 6~8 度的地区；产品可用作外墙板、隔墙板、屋面板、三层以下及加层楼板，钢梁钢柱外包防火板，也可作饰面板和外墙保温板。

蒸压加气混凝土条板的应用性仍存在一定的局限。例如，处于高湿环境的墙体，不宜采用蒸压加气混凝土条板；蒸压加气混凝土条板墙面不宜直接安装饰面石板或金属饰面板，应另设金属骨架，将饰面板材安装在金属骨架上；在蒸压加气混凝土条板墙的两面，不应同时满做不透气的饰面。

2.4.2 复合墙板

单独一种材料制作的墙板很难同时满足墙体的物理和节能性能要求，因此常常采用几种不同材料制成复合墙板，以满足建筑物内、外隔墙的综合功能要求。复合板材一般为复合保温隔热材料（由绝热材料与墙体本体复合构成）。其中，绝热材料主要为聚苯乙烯泡沫塑料、岩棉、玻璃棉、矿棉、膨胀珍珠岩、加气混凝土等，根据各自的规格与性能，能够应用在墙体中的不同位置，由于复合墙板和墙体品种繁多，下面介绍混凝土岩棉复合外墙板。

混凝土岩棉复合外墙板是以混凝土饰面层、岩棉保温层和钢筋混凝土结构层三层连成的具有保温、隔热、隔声、防水等多功能的复合外墙板。

混凝土岩棉复合外墙板按构造分，可分为承重混凝土岩棉复合外墙板和非承重薄壁混凝土岩棉复合外墙板。非承重薄壁混凝土岩棉复合外墙板（简称薄壁混凝土岩梯复合外墙板）按规格分，又可分为整开间复合外墙板和大开间复合外墙板。承重混凝土岩棉复合外墙板主要用于大模和大板高层建筑，薄壁混凝土岩棉复合外墙板可用于框架轻板体系和高层大模体系建筑的外墙工程。

1. 结构及规格

承重混凝土岩棉复合外墙板由 150 mm 厚的钢筋混凝土结构承重层、50 mm 厚的岩棉保温层和 50 mm 厚的混凝土外装饰保护面层组成；薄壁混凝土岩棉复合外墙板由 50 mm（或 70 mm）厚的钢筋混凝土结构层、80 mm 厚的岩棉保温层和 30 mm 厚的混凝土外装饰面层组成。保温层的厚度可根据各地气候条件和热工要求予以调整。

承重混凝土岩棉复合外墙板可采用多种形式，一是门窗洞口无混凝土肋，墙板接缝防水采用单腔带斜槽的构造防水；二是门窗洞口有 40 mm 宽的混凝土肋，在墙板边肋上附贴 20 mm 厚聚苯板；三是板边无混凝土肋，岩棉保温层向外延伸至墙板边界并凸出 15 mm，接缝采用材料防水。

薄壁混凝土岩棉复合外墙板的构造形式采用不带肋全切断三层复合板。

墙板的结构层、保温层、面层三层的连接采用钢筋连接件，钢筋连接件可采用镀锌钢筋或不锈钢，也可采用涂刷防腐涂料（如环氧煤沥青）的钢筋。钢筋连接件有三角形和 L 形，约每 0.4 m² 设一个，连接件要分布均匀。

混凝土岩棉复合外墙板的规格参量如表 2-22 所示。

表 2-22 混凝土岩棉复合外墙板规格 单位:mm

类型		规格尺寸					
		高度	宽度	厚度	岩棉	墙板结构内层混凝土	外层混凝土
混凝土岩棉复合外墙板	檐墙板	2 690	2 680	250	50	150	50
		2 490	3 280	250	50	150	50
		2 490	3 880	250	50	150	50
	山墙板	2 690	2 680	250	50	150	50
		2 690	2 380	250	50	150	50
	阳台板	2 690	2 500	250	50	150	50
	大角板	2 690	2 600	250	50	150	50
薄壁混凝土岩棉复合外墙板	檐墙板	2 830	2 970	160	80	50	30
		3 030	3 270	160	80	50	30
	山墙板	2 830	2 070	160	80	50	30
		3 030	2 848	160	80	50	30
		3 030	2 852	160	80	50	30
大开间薄壁混凝土岩棉复合外墙板	檐墙板	2 830	2 670	180	100	50	30
		2 830	3 270	180	100	50	30
		2 830	3 570	180	100	50	30
		2 830	3 705	180	100	50	30
	山墙板	2 830	4 965	180	100	50	30
	整间板	2 700	5 400~6 600	180	100	50	30
				200	80	70	50
	条形板	1 200~1 800	6 000~7 200	200	80	70	50
				180	80	50	50

注:其他规格尺寸和岩棉厚度,由设计确定。

2. 性能

混凝土岩棉复合外墙板具有优良的保温、隔热性能,其导热系数一般为 0.03 W/(m·K),与丹麦使用的建筑节能墙体的导热系数较为接近,其冬季保温性能相当于 370 mm 厚的砖墙。

下面介绍混凝土岩棉复合外墙板的物理力学性能的测试。

1) 岩棉吸湿性

(1) 岩棉处理。将岩棉切成 150 mm×150 mm×80 mm 的方块,用精度 0.01 g 天平称其质量并编号,为防止岩棉表层粘接水泥浆,外面用纱布包裹备用。

(2) 试件成型。以一定配合比拌好拌和物,调整坍落度为 30~50 mm,先在 150 mm×150 mm×150 mm 的立方试模中装入 35 mm 厚的拌和物,振动密实,然后放入岩棉,上面再加约 35 mm 厚的拌和物,再次振动密实。

（3）试验过程。将成型好的试件放在不同养护条件下进行养护,养护一定时间后打开模子,取出岩棉,称其湿重,再放入烘箱中烘干至恒重,计算岩棉的吸湿性。

2）岩棉压缩性

将岩棉切成 270 mm×245 mm×80 mm 的方块,放入 270 mm×245 mm×160 mm 的有机玻璃盒中,再将拌和物装入盒中,经振动,量取岩棉在混凝土厚度下的厚度。

3）小板抗冲击性

（1）试件制作。抗冲击试验小板和结构试验用小板同时成型,所用材料完全相同。

（2）抗冲击试验。将板平放在地面,四边简支,用特制的冲击锤由一定高度自由落下,砸击在板的外表面上。打击部位选两处,每个打击部位打三个点,每个点用同一高度的自由落体打击三次,三个点的选用高度分别为 800 mm, 1 200 mm, 1 600 mm;冲击加荷架。

3. 应用

混凝土岩棉复合外墙板发展到目前为止,应用范围已十分广泛。如北材总厂建成了一条年产 3 万 m² 墙板的中线。生产线上设有固定热模 15 个,其平台尺寸为 4 250 mm× 4 410 mm,3 个钢平台尺寸为 4 250 mm×7 680 mm。除此之外,该材料在北京地区应用也十分广泛。由于北京地区的多层砖混住宅很多,其外墙以 370 mm 厚砖墙为主,由于黏土砖的热阻值小,故保温效果差。如采用该材料做围护结构,则其优点是:重量轻,自重约为 370 mm 厚砖墙的 37%,可减少基础的投资费用;墙体薄,厚度仅为 370 mm 厚砖墙的 43%,可增加房屋的使用面积;隔热性能优于 370 mm 厚砖墙,可大量节约供暖费用。以北京地区一个采暖季为例,节约标准煤可达 40% 以上,可收到较好的经济效益和节能效果。

2.5　结语

通过对墙体节能材料的性能、规格、生产工艺与应用的介绍,了解了墙体节能材料的发展情况与使其能够应用于建筑节能领域中的要点。墙体节能材料已应用到建筑领域中的各个结构中,产生了非常可观的实际效益。由此可见,建筑节能材料将成为未来建筑业发展的主要方向,并且,包括信息技术、智能技术以及纳米技术等先进的科学技术也将参与节能建筑材料在建筑领域的使用。

随着经济的发展和人们对建筑节能要求的提高,不仅要不断地开发多种节能墙体材料,还要掌握各种节能墙体材料的性能特点以及应用范围,对建筑节能设计有一个全面的、相应的规划和掌握,才能有效地促进我国建筑节能材料产业的发展。

第3章

建筑节能门窗

3.1 建筑节能门窗概述

3.1.1 建筑门窗的发展历史

建筑门窗在我国有着悠久的历史,可以追溯到三千多年前的商、周时期。建筑门窗作为我国古代灿烂建筑文明的组成部分,堪称中华文化宝库中一颗璀璨的明珠。我国境内已知的最早人类的住所是天然岩洞。"上古穴居而野处",无数奇异深幽的洞穴为人类提供了最原始的家,洞穴口的草盖大约便是最早的门。图3-1便是半坡仰韶文化人造居处。

进入奴隶社会后,我国出现了最早的规模较大的木架夯土建筑和庭院,从而出现了具体定义的门窗。门的主要形式为版门,在商代铜器方禹中可以见到版门的记载。它用于城门或宫殿、衙署、庙宇、住宅的大门,一般都是两扇。在汉代记载中强调皇帝王尊,九道壮丽的门才足以显其威:①关门;②远郊门;③近郊门;④城门;⑤宫门;⑥库门;⑦雉门;⑧应门;⑨骆门。这种门的形式一直延续,在汉徐州画像石和北魏宁懋石室中都可见到,唐宋以后的资料更多(图3-2)。一般作建筑的外门与内部隔断,每间可用4,6,8扇,每扇门的宽与高之比在1:3至1:4。宋朝《营造法式》规定每扇门的宽与高之比为1:2,最小不得小于2:5。版门又分两种,一种是棋盘版门,先以边梃与上、下抹头组成边框,框内置穿带若干条,后在框的一面钉板,四面平齐不起线脚,高级的再加门钉和铺首。另一种是镜面版门,门扇不用门框,完全用厚木板拼合,背面再用横木连系。宋、金时期一般用4抹头,明、清时期则以5、6抹头为常见。唐代花心常用直棂或方格,宋代又增加了柳条框、毯纹等,明、清的纹式更多。框格间可糊纸或薄纱,或嵌以磨平的贝壳。

图3-1 半坡仰韶文化人造居处
(图片来自网络)

图3-2 唐宋时代的门窗
(图片来自网络)

从代表地位的城门到看家护院的院门,再到现在作为空间的分割与出入的房门,门在建筑史上一直作为重点存在。

由门发展出的窗,也同样经历了一段发展史。最早的直棂窗在汉墓和陶屋明器中就有,唐、宋、辽、金时期的砖、木建筑和壁画亦有大量表现。唐代以前以直棂窗为多,固定不能开启,因此功能和造型都受到限制。宋代起开关窗渐多,在类型和外观上都有很大发展。宋代大量使用格子窗,除方格之外还有球纹、古钱纹等,改进了采光条件,增加了装饰效果。宋代槛窗已适用于殿堂门两侧各间的槛墙上,是由格子门演变而来的,所以形式相仿,但只有格眼、腰花板和无障水板。从明代起,直棂窗在重要建筑中逐渐被槛窗取代,但在民间建筑中仍有使用。支摘窗最早见于广州出土的汉陶楼明器。清代北方的支摘窗也用于槛墙上,可分为两部,上部为支窗,下部为摘窗,二者面积相等。南方建筑因夏季需要较多通风,支窗面积较摘窗面积大 1 倍左右,窗格的纹样也很丰富。明、清时期门窗式样基本承袭宋代做法(图 3-3),在清代中叶玻璃开始应用在门窗上。

我国现代建筑门窗(图 3-4)是从 20 世纪发展起来的,以钢门窗为代表的金属门窗在我国已经有 90 年的历史。但是,中国当代建筑门窗发展的黄金时代,是 1981—2001 年的 20 年。1911 年来自英国、比利时、日本的钢门窗传入中国,集中在上海、广州、天津、大连等沿海口岸城市的"租界"。1925 年我国上海民族工业开始小批量生产钢门窗,到新中国成立前,也只有 20 多间作坊式手工业小厂。新中国成立后,上海、北京、西安等地钢门窗企业建起了较大的钢门窗生产基地,在工业建筑和部分民用工程中得到了广泛的应用。20 世纪 70 年代后期,国家大力实施"以钢代木"的资源配置政策,全国掀起了推广钢门窗、钢脚手、钢模板(简称"三钢代木")的高潮,大大推进了钢门窗的发展。80 年代是传统钢门窗的全盛时期,市场占有率一度(1989 年)达到 70%。铝合金门窗于 70 年代传入我国,但是仅在外国驻华使馆及少数涉外工程中使用。而随着国民经济发展,铝门窗系列也由 80 年代初的 4 个品种、8 个系列,发展到 40 多个品种、200 多个系列,形成较为庞大的铝门窗产品体系,确立了其支柱产品地位。

图 3-3　明、清时期的门窗
（图片来自网络）

图 3-4　现代门窗
（图片来自网络）

现代建筑中使用的门,依据实际使用功能的不同,按开启形式分类,主要可分为平开门、弹簧门、推拉门、旋转门、卷帘门、上翻门、折叠门、升降门及自动门等;按制作材料区分类,可分为木门、金属门、玻璃门及塑料门。

现代建筑中窗的开启形式主要取决于窗扇转动的方式和五金配件的位置,一般分为平开窗、翻窗、旋转窗、推拉窗、滑轴窗、固定窗及百叶窗等。窗框、扇的常用材料有木、钢、铝合金及塑钢等。

门窗艺术经历了开启形式、材质、装饰等方面的历代变迁后,在现代建筑中仍是设计的点睛之笔、重中之重。

3.1.2 国内外建筑节能门窗发展历史

欧美等国建筑门窗主要是木、塑、铝窗。铝窗早在 20 世纪 30 年代就在欧美等发达国家开始试制应用。第二次世界大战后,铝工业技术的进步给铝门窗和幕墙的发展提供了丰富的建筑材料,从而使铝门窗自 20 世纪 50 年代开始得到了系统的发展。铝合金以其优良的特性成为现代建筑业中,除钢以外应用最广泛的金属材料,铝门窗成为主要的建筑金属门窗。

塑料窗是联邦德国于 20 世纪 50 年代开始研制、60 年代投产、70 年代世界能源危机后发展成熟的高分子化学建材门窗。美、日等大部分国家的塑窗技术主要是从德国引进的,德国塑料窗的质量和产量居世界第一。塑料窗近几十年来在欧美国家迅速发展,除其本身材料特性外,主要原因有三:一是 1973 年中东战争引发世界石油危机,使石油和木材价格飞涨,塑料的生产能耗低;二是塑窗保温节能好;三是各国采取经济补贴政策鼓励和刺激塑窗行业发展,塑窗价格比铝窗便宜 30% 左右。

我国传统的实腹、空腹钢门窗因其综合性能差而正在被逐步淘汰,研发的多种满足不同需要的彩板门窗、不锈钢门窗和带断热结构的节能彩板门窗已被广泛使用,总体来讲,钢门窗的使用正在大量减少。

铝门窗在我国是 20 世纪 70 年代末改革开放后从欧、美、日等国引进技术,于 80 年代发展起来的新一代金属门窗。由于日本地理位置和气候条件与我国近似,其产品的技术、经济综合性较好,所以,我国铝门窗引进日本窗型较多,产品标准、门窗物理性能分级及检测、铝型材标准等主要也是参照日本标准制定的。而铝门窗的专用生产设备则主要是引进德国等欧洲国家的。我国铝门窗产业经过 20 多年的发展,已能够开发设计出适合中国国情的各种档次的新产品。

塑料门窗在我国是 20 世纪 80 年代中期引进德国、奥地利、美国等欧美国家技术设备,经历了多年来几起几落的过程,于 90 年代发展起来的。我国塑料门窗的型材配方、产品结构形式等部分照搬欧式体系,行业标准、国家标准、检测项目和检测方法等都是等效采用德国标准。目前,国内已有一部分有能力开发设计适合中国国情的塑窗产品的企业,国内自主设计试制的部分品种系列还有待进一步发展和完善。

3.1.3 建筑节能门窗的功能和意义

1. 门窗的基本功能

门窗是建筑的重要组成部分,不仅是建筑的"眼睛",更是建筑的"五官"。它承担着室内与室外不同功能与作用的相互矛盾的任务:既要采光日照,又要遮阳防晒;既要通风换气,又要防风、雨、尘、虫;既要屏蔽视线保护隐私,又要隔绝噪声;既要冬季保温,又要夏季隔热等。

随着生活水平的提高,人们对室内环境的舒适性要求越来越高,通常采用空调来调节室内温度,冬季一般在 18~20 ℃,夏季一般在 26~27 ℃。门窗是薄壁的轻质构件,也是建筑保温隔热的薄弱环节,因此,门窗会造成耗能增加。门窗耗能占建筑耗能的40%以上,因此,门窗节能是建筑节能的重中之重。

2. 建筑节能门窗的概念和功能

节能门窗是一个相对的概念,具体地说,节能门窗就是保温性能(传热系数)和空气渗透性能(气密性)这两项物理性能指标达到或高于所在地区《民用建筑节能设计标准(采用部分)》(JGJ 26—1995)以及各省、市、区实施细则技术要求的建筑门窗。

建筑节能门窗主要就是实现通风、采光、保温、隔热、遮阳、隔声、防风雨、疏散、防盗及防火等作用,是建筑中很重要的构件。在当前节能理念中,实现节能门窗就需要不断地加强其理念的完善,确保建设工程的良好,实现良好的设计,同时采用科学合理的方式,实现节能减排。

门窗的能量损失主要来自三方面,即对流、传导和辐射。对流就是在门窗空隙间的冷热气流运动,导致热量交换,反映的是门窗的气密性;传导是通过玻璃和窗用型材将一面的热量传导到另一面,由分子运动进行热量传递;辐射是通过太阳辐射的红外波传递得热。传导和辐射反映的是门窗的保温性和隔热性。保温是指阻止室内向室外传递热量,而隔热是指阻止室外向室内传递热量。隔离辐射得热(遮阳系数 SD)和阻止系数 K 值越小,反映其隔热性和保温性越好。如能将对流、传导和辐射三种热交换形式进行有效的阻断,则可称得上是最好的节能门窗。

3.1.4 建筑节能门窗的发展意义

自人类有了用于栖身的建筑,便有了门窗,门是建筑的出入口,窗户是建筑的"眼睛",二者是建筑不可或缺的重要组成部分。随着人们对居住质量要求的提高,建筑的舒适性日趋重要。在建筑业蓬勃发展的今天,高节能环保建筑逐渐发展起来,而门窗在节能隔热方面是建筑中相对比较薄弱的环节,因此,节能型门窗特别是节能型建筑外窗是现代建筑发展的必然趋势。

门窗、墙体、屋面、地面是建筑围护结构的四大部件,其中门窗的保温隔热性能是最差的,通过门窗损失的热量最大。因此,门窗是影响建筑能耗的主要因素之一。在建筑中门窗既要具有采光、通风、装饰等功能,又要具有较好的保温隔热性能,这样才是理想的建筑构件。就我国住宅主要的围护部件来说(表3-1),门窗的能耗约为墙体的5倍、屋面的5倍、地面的20多倍,占建筑围护部件总能耗的40%~50%。据统计,在空调或采暖的条件下,夏季通过门窗进入室内的太阳辐射热消耗的冷量占空调负荷的20%~30%,冬季则有30%~50%的供热负荷是由于门窗热量的损失。

表 3-1　我国主要围护部件的传热系数

构造形式	传热系数 $K/[\mathrm{W}\cdot(\mathrm{m}^2\cdot\mathrm{K})^{-1}]$
黏土实心砖240 mm厚	1.95
混凝土屋面	1.45
土壤	0.30
单玻璃金属窗	6.40
金属门	6.40

自 20 世纪 70 年代发生全球性的能源危机后,世界各国政府通过对能源利用情况进行全面的分析后得出,建筑能耗是能源危机重要的组成部分,一致认为必须实行建筑节能工作的推进,人们对门窗节能的要求也越来越高。能源危机爆发前,西方的建筑设计师在设计门窗时,主要考虑的是通风、采光、美观等功能,采取的门窗构造以单层玻璃为主,热工性能较差;能源危机爆发后,则更多考虑的是节能上的要求,在保证门窗使用功能的同时,注重其保温隔热性能的设计。表 3-2 为 20 世纪国外节能门窗的功能性要求和技术变化。

表 3-2　国外节能门窗的功能性要求和技术变化

年代	20 世纪 70 年代以前	20 世纪 70 年代	20 世纪 80 年代	20 世纪 90 年代
功能要求	透光、挡风遮雨	限制能耗	节能、舒适	高效节能舒适
窗户构造	单玻	单框双玻璃 空气层 6～12 mm	单框中空玻璃 单玻＋镀膜玻璃	单玻＋低辐射玻璃
传热系数 K $/[W \cdot (m^2 \cdot K)^{-1}]$	5.4～6.4	3.0～4.4	2.3～2.8	1.8
特点	绝热性能差, 能耗大	绝热性能明显增强	绝热好, 采光较差	绝热、采光性能有 进一步改善

因此,研究节能门窗在设计和施工中存在的问题,以增强门窗的保温隔热性能和减少门窗能耗,对提高建筑节能水平和改善室内热环境有很重要的意义。

3.2　建筑节能门窗的结构和材料

3.2.1　节能门窗的基本结构

节能门窗体系通常由门窗框材、玻璃、密封材料及五金配件构成。由于门窗的大小、所处的环境以及使用目的和要求的不同,在材料的选择上也各有差异。不同性能的材料组成,门窗的性能也是不同的。因此,在进行门窗的节能设计时,首先需要了解各种材料的性能。

门窗的窗框材料和玻璃是其主要组成材料。目前,我国门窗常用的型材以木、塑、钢、铝、玻璃钢等为主,不同材料的传热系数如表 3-3 所示,采用这些材料制造成的窗户的保温性能如表 3-4 所示。

表 3-3　不同材料的传热系数

材料名称	传热系数 $K/[W \cdot (m^2 \cdot K)^{-1}]$	材料名称	传热系数 $K/[W \cdot (m^2 \cdot K)^{-1}]$
松木	0.17	玻璃	0.81
PVC	0.30	钢材	110.9
空气	0.046	铝材	203
玻璃钢	0.27	—	—

表 3-4　各类窗户的保温性能

窗框材料	窗户类型	传热系数 $K/[\mathrm{W} \cdot (\mathrm{m}^2 \cdot \mathrm{K})^{-1}]$
木窗	单玻木窗	4.5
	单框双玻木窗	2.5
	双层木窗	1.76
钢窗	单玻钢窗	6.5
	单框双玻窗	3.9～4.5
	双层窗	2.9～3.0
普通铝合金窗	单玻铝窗	6.5
	双玻铝窗	3.9～4.5
	单框中空玻璃窗	3.5
断热铝合金窗	单玻窗	5.7
	一般中空玻璃窗	2.7～3.5
塑料窗	单框单玻窗	4.7
	单框双玻窗	3.0～3.5
	单框中空玻璃窗	2.6～3.0
玻璃钢窗	单框中空玻璃窗	2.3～2.8
	单框单玻窗	4.0

目前,国内建筑市场用量最多的是塑料门窗、铝合金门窗,其主要窗型为推拉窗、平开窗和固定窗。

3.2.2　窗用型材是节能门窗的基础

窗用型材是门窗的基础材料,它除了关系窗户抗风压性能外,还关系窗户气密性、水密性、保温性等其他指标。窗用型材占外窗洞面积的 15％～30％,是建筑外窗中能量流失的另一个薄弱环节。因此,窗用型材的选用也是至关重要的。

1. 木门窗

由于木材的导热系数低,所以木材门窗框具有十分优异的隔热保温性能。同时木材的装饰性好,在我国的建筑发展中,木材有着特殊的地位,早期在建筑中使用的都是木窗,包括窗框和镶嵌材料使用的都是木材,所以在我国木门窗也得到了很大的发展。现在所说的木门窗主要是指框由木材制造,木门窗框是我国目前主要的品种之一。但由于其耗用木材较多,易变形,易引起气密性不良,同时也易引起火患,所以现在很少作为节能门窗的材料。

2. 塑料门窗

塑料框材的传热性能低,因此塑料门窗的隔热保温性能十分优良,节能效果突出,同时气密性、装饰性也好。其传热系数如表 3-5 所示。

表 3-5　塑料门的传热系数 K

门框材料	类型	玻璃比例/%	传热系数 K/$[W \cdot (m^2 \cdot K)^{-1}]$
塑(木)类	单层板门	—	3.5
	夹板门、夹芯门	—	2.5
	双层玻璃门	不限制	2.5
	单层玻璃门	<30	4.5
	单层玻璃门	30～60	5.0

　　塑料窗框由于自身的强度不高且刚性差,与金属材料窗框相比较,其抗风压性能较差,因此,以前很少使用单纯的塑料窗框。随着科技发展,目前塑料窗框通过在型材内腔增加金属加强筋,或加工成塑钢复合型材,明显提高了其抗风压性,适应一般气象条件(风速)的要求。但具体设计时,特别是在风速较大的地区或高层建筑中,必须按照《建筑外门窗气密、水密、抗风压性能检测方法》(GB/T 7106—2019)中的相关规定进行计算,确定型材选型、加强筋尺寸等有关参数,这样能保证其抗风压性能符合要求。

3. 金属门窗

　　金属门窗框主要有钢型和铝合金型。钢和铝合金在性能上有一定的相似性,由于它们传热性都较好,所以其保温隔热性能都较差。当然经过特殊加工(断热处理)后,可明显提高其保温隔热性能。表 3-6 和表 3-7 分别是金属门和钢窗的传热系数。

表 3-6　金属门的传热系数

门框材料	类型	玻璃比例/%	传热系数 K/$[W \cdot (m^2 \cdot K)^{-1}]$
金属	单层板门	—	6.5
	单层玻璃门	不限制	6.5
	单框双玻门	<30	5.0
	单框双玻门	30～70	4.5
无框	单层玻璃门	100	6.5

表 3-7　钢窗的传热系数

窗框材料	窗户类型	空气层厚度/mm	窗框、窗洞面积占比/%	传热系数 K/$[W \cdot (m^2 \cdot K)^{-1}]$
普通钢窗	单框双玻璃	6～12	12～30	3.9～4.5
		16～20		3.6～3.8
	双层窗	100～140		2.9～3.0
	单框中空玻璃窗	6		3.6～3.7
		9～12		3.4～3.5

（续表）

窗框材料	窗户类型	空气层厚度/mm	窗框、窗洞面积占比/%	传热系数 K/$[W \cdot (m^2 \cdot K)^{-1}]$
普通钢窗	单框双玻窗	100～140		2.4～2.6
彩板钢窗	单框双玻窗	6～12	12～30	3.4～4.0
		16～20		3.3～3.6
	双层窗	100～140		2.5～2.7
	单框中空玻璃窗	6		3.1～3.3
		9～12		2.9～3.0
	单框单玻＋单框双玻窗	100～140		2.3～2.4

　　建设部建设机械研究院门窗研究所早在 1997 年上半年就对全国不锈钢门窗型材生产厂家进行了调研,并收集了大量的外国资料,借助原有设计经验,实现了结构设计、断面设计方面质的突破。新推出了 GrN90 和 GrNi70 系列一材两用(保温型普通型)高性能不锈钢推拉窗。

　　与钢门窗框比较,铝合金门窗框有更大的优点,从表 3-8 可见,铝合金在中空断热玻璃窗的保温性能比不断热的提高约 30%,并且又具有良好的耐久性和装饰性,故在门窗框使用上很受欢迎。同时铝合金门窗框的抗风压性能也较好。

表 3-8　铝合金窗的传热系数

窗框材料	窗户类型	空气层厚度/mm	窗框、窗洞面积占比/%	传热系数 K/$[W \cdot (m^2 \cdot K)^{-1}]$
普通铝合金	单框双玻璃	6～12	20～30	3.9～4.5
		16～20		3.6～3.8
	双层窗	100～140		2.9～3.0
	单框中空玻璃窗	6		3.6～3.7
		9～12		3.4～3.5
	单框单玻＋单框双玻窗	100～140		2.4～2.6
中空断热	单框双玻窗	6～12		3.1～3.3
		16～20		2.7～3.1
	单框中空玻璃窗	6		2.7～2.9
		9～12		2.5～2.6

4. 复合型门窗

　　复合型门窗框主要由两种或两种以上单一材料构成,是一类综合性能俱佳的新型门窗。从表 3-3 也可看出金属材料钢、铝和非金属材料呈现出明显的互补性,其中钢、塑尤为明显,互相弥补了各自性能的不足。因此,如果能够制成金属与非金属复合的门窗框架,其门窗性能一定会得到全面优化。由于塑料具有可塑性,可以充分利用塑料型材制成复杂断面,从而为安装密封条和镶嵌卡条提供最佳断面,以大幅度地提高门窗制品的气密性和水密性。在具体的门窗框设计中,可以将金属框材面向室外,将塑料框朝向室内。这不仅可满足建筑外观的要求,同时还可使室内侧免于暴露金属表面,有利于防止结露和避免触摸时冰凉的不适感。塑料框材布置在室内可避免阳光直射,减少老化,延长寿命。塑料型材还可制成多种颜色,由于无阳光直射之虞,可充分满足室内装修要求。而金属框架的设计可以充分考虑其刚性,发挥其防盗、防火的优越性,从而弥补全塑料门窗框在这方面的不足。

当然两种型材的复合工艺随金属材料的不同而改变,一般钢塑型材复合多采用机械和化学综合方法,而铝塑型材复合多以插接压锁工艺为主。复合型材要求连接缝隙严密防水,在受力时又能起共同抗弯作用,效果良好。钢塑窗的性能如表3-9所示。

表 3-9 钢塑窗的综合性能

窗型	抗风强度/kPa	保温性/$[W \cdot (m^2 \cdot K)^{-1}]$	气密性/$[m^3 \cdot (m \cdot h)^{-1}]$	水密性/Pa	防火性	防盗性
高保温窗型(三玻或两玻一膜)	>3.5(Ⅰ级)	2.3(Ⅰ~Ⅱ级)	<0.5(Ⅰ级)	Ⅱ~Ⅲ级	优	优
中保温窗型(双玻璃)	>3.5(Ⅰ级)	3.0(Ⅱ级)	<0.5(Ⅰ级)	Ⅱ级	优	优
低保温窗型(双玻璃)	>3.0(Ⅱ级)	3.3(Ⅱ级)	1.40(Ⅱ级)	Ⅱ~Ⅲ级	优	优

国家科研项目对节能门窗的研究表明,复合型门窗框能有效起到节能的作用。其中钢塑复合门窗已有高、中、低三个系列,在不同地区的热工实测证明其性能稳定,保温节能效果良好。目前,在门窗框的选用上,木、塑、钢、铝门窗产品性能均受到其框材性能的制约,性能方面都存在不同的缺陷。从建筑节能的角度看,注重门窗的保温隔热性能固然十分重要,但也要考虑其他性能,根据工程的实际情况来选择综合性能相适宜的门窗类型,多采用复合材料,既发挥各材料的优点,又能弥补各自的不足。在门窗的设计中应当提倡材料的多样互补性,例如钢塑组合、铝塑组合、合金与塑料组合等多种复合材料的门窗框。根据经济性和节能效果来说,复合型门窗框是推广节能项目中很好的材料。

3.2.3 玻璃是节能门窗的前提

玻璃的面积占整个窗户的70%~80%,通过玻璃的辐射热损失占窗户总损失的2/3左右,因此,降低玻璃的导热系数和遮阳系数是节能的关键。

门窗玻璃目前主要有透明玻璃、吸热玻璃(着色玻璃)、热反射镀膜玻璃、低辐射(Low-E)玻璃、安全玻璃(钢化玻璃)以及由上述玻璃制成的中空玻璃等。

由表3-10可见,不同种类的玻璃,其透光率、遮阳系数、传热系数是大不相同的。导热性和遮阳性,有着双重性。对于冬天,我们希望太阳辐射得到热量,使室内温度升高,但夏天又希望减少太阳辐射的热传导进入室内。因此,对于不同地区,应选择相应传热系数和遮阳系数的玻璃。

表 3-10　几种常用玻璃的主要光热参数

玻璃名称	种类结构	透光率/%	遮阳系数 SD	传热系数 K/ $[W \cdot (m^2 \cdot K)^{-1}]$
单片透明玻璃	6c	89	0.99	5.58
单片热反射玻璃	6CTS140	40	0.55	5.06
透明中空玻璃	6c+12A+6c	81	0.87	2.72
热反射镀膜中空玻璃	6CTS140+2A+6c	37	0.44	2.54
低辐射 Low-E 中空玻璃	6CEB12+2A+6c	39	0.31	1.66

注:6c 表示 6 mm 厚的透明玻璃,CTS140 为热反射镀膜玻璃型号,CEB12 是 Low-E 玻璃型号。

3.2.4　五金配件是节能门窗的心脏

　　门窗是靠五金配件来完成开启、关闭功能的,是建筑外窗中最易磨损和持续活动的部分,其功能的有效性不仅直接导致安全问题,而且影响建筑门窗的保温性、水密性和气密性。五金配件主要包括执手、滑撑、撑挡、拉手、窗锁、滑轮等。如果没有高性能的五金件配件,也无法制作出高性能的节能门窗。

3.2.5　密封条是节能门窗的关键

　　门窗的缝隙有三种。其一是门窗与墙之间的缝隙,一般宽 10 mm,用岩棉、聚苯等保温材料填塞,两侧用砂浆封严,待砂浆硬化后,用密封胶密封砂浆收缩张开的缝隙。遗憾的是大量的住宅窗户既不填缝,也不密封,质量很难保证。

　　其二是玻璃与门窗框之间的缝隙。国家标准要求玻璃两边均角密封胶条镶嵌,但有些厂家只在一面加密封条,另一面靠在结构材料上,不仅气密性差,而且失去了防水能力。使用的密封胶条是小厂生产的再生胶,其弹力差、易老化、四角开口,形成风洞,会有很多冷空气进入。合格的密封条应由国家定点厂家生产。用于铝合金门窗的橡胶密封条由氯丁、顺丁和天然橡胶硫化制成,具有均匀一致、弹力高、耐老化等优点。用于塑料门窗的密封条是以丁腈橡胶和聚氯乙烯树脂挤压成形,具有较高的强度和弹性、适当的硬度和抗老化性能。

　　其三是开启扇和门窗框之间的缝隙。平开扇和上悬扇应在窗框嵌入弹性好、耐老化的空腔式橡胶条,关窗后挤压密封。用户应注意观察是否有密封条或是否已老化断裂,应及时更换。推拉扇是靠条刷状密封条(俗称毛条)密封的,市场使用的毛条弹力差、容易倒毛、密封效果差,推拉扇空气渗透量大,与这种毛条的质量不无关系。

　　现在也多采用橡胶与 PVC 树脂共混技术生产密封条,使门窗的密封效果有了明显改善。橡塑密封条一般是以 PVC 树脂为主料,加入一定比例与 PVC 相容的橡胶品种和热稳定剂、抗老化剂、增塑剂、润滑剂、着色剂及填料等,经严格按配比计量、高速搅拌、混炼/共混造粒和挤出成型等工艺过程,制造成符合截面尺寸要求并达到国家质量标准的密封条。橡塑密封条充分体现了配方中各种材料的优越性,其主要性能特点是:密封条有足够的拉伸性能、优良的弹性和热稳定性、较好的耐候性,可以配成各种颜色,表面光泽富有装饰性,成本较低,生产工艺简单,产品质量易于控制,耐用年限可达 10 年以上。

目前门窗用密封材料主要有密封膏和密封条两类。

1. 密封膏

(1) 单组分有机硅建筑密封膏。具有使用寿命较长、便于施工等特点。

(2) 双组分聚硫密封膏。以混炼研磨等工序配成聚硫橡胶基基料和硫化剂两组分,灌装于同一个塑料注射筒中的一种密封膏。按颜色分,有白色、驼色、孔雀蓝、铁丸色、浅灰色、黑色等多种颜色。另外以液体聚硫橡胶为基料配制而成的双组分室温硫化建筑用密封膏,具有良好的耐气候、耐燃烧、耐湿热、耐水和耐低温等性能。工艺性良好,材料黏度低,两种组分容易混合均匀,施工方便。

(3) 水乳丙烯酸密封膏。以丙烯酸乳液为基料,加入增塑剂、防冻剂、稳定剂、颜料等经搅拌研磨而成。水乳丙烯酸密封膏具有良好的弹性、低温柔性、耐老化性、延伸率大、施工方便等特点,并具有各种色彩,可与密封基层配色。

(4) 橡胶改性聚醋酸密封膏。以聚醋酸乙烯乳液为基料,配以丁腈橡胶及其他助剂配制成的单组分建筑用密封膏。其特点是快干、黏结强度较高、溶剂型,不受季节、温度变化的影响,不用打底,不用保护,在同类产品中价格较低。

(5) 单组分硫化聚乙烯密封膏。以硫化聚乙烯为主要原料,加入适量的增塑剂、促进剂、硫化剂和填充剂等,经过塑炼、配料、混炼等工序制成的建筑密封材料。硫化后能形成具有橡胶状的弹性坚韧密封条,耐老化性能好,适应接缝的伸缩变形,在高温下均保持柔韧性和弹性。

2. 密封条

(1) 铝合金门窗橡胶密封条。以氯丁、顺丁和天然橡胶为基料,利用剪刀机头冷喂料挤出连续硫化生产线制成的橡胶密封条。规格多样(有 50 多个规格),均匀一致,强力高,耐老化性能优越。

(2) 丁腈胶-PVC 门窗密封条。以丁腈橡胶和聚氯乙烯树脂为基料,通过一次挤出成型工艺生产的门窗密封条。具有较高的强度和弹性、适当的硬度、优良的耐老化性能。规格有塔形、U 形、掩窗形等系列,还可根据要求加工成各种特殊规格和用途的密封条。

(3) 彩色自黏性密封条。以丁基橡胶和三元乙丙橡胶为基料制成的彩色自黏密封条。具有较优的耐久性、气密性、黏结力及延伸率。

密封材料对于现代节能型门窗有着非常重要的作用,要发挥节能型门窗的功效,优良的密封材料是不可缺少的。

3.3 门窗关键性能的检测

门窗是建筑的重要组成部分。一方面,门窗可以保护人们的隐私,防御外界的风险;另一方面,门窗还有装饰功能,能够有效提升建筑物的美观性。门在保护人们隐私和安全的基础上,还方便人的出入;窗户还具备通风和采光的功能,便于人们观察窗外的情况。由此可见门窗的重要性。随着建筑行业的蓬勃发展,人们对于居住环境的要求也越来越高。特别是现代社会是能源问题突出的时代,通过建筑门窗造成的能耗问题越来越受重视,对门窗节能效果的要求也越来越高。

因此,门窗的性能检测越来越被重视。而如何衡量所生产的门窗质量,依据现代科学理论,已给出了一整套完备的建筑门窗的性能检测技术和方法。在《建筑幕墙、门窗通用技术条件》(GB/T 31433—2015)中,我们能够看到里面总共列出了与建筑门窗、幕墙相关的标准有 30 个,其中将门窗的性能分为 4 个关键类别:①安全性;②节能性;③适用性;④耐久性;如表 3-11 所示。这其中门窗的气密性能、水密性能和抗风压性能是体现门窗性能和使用效果最关键的几个性能指标,通常被称为门窗的"三性"。而保温性能是检测和衡量门窗节能效果的最关键指标。下文依据最新的相关标准,介绍门窗各种性能的概念、检测原理和检测方法等内容。

表 3-11　幕墙、门窗性能分类及选用

分类	性能及代号	门		窗			高墙	
							不透光	
		外门	内门	外窗	内窗	透光	密闭式	开缝式
安全性	抗风压性能	◎	—	◎	—	◎	◎	◎
	平面内变形性能	◎	◎	—	—	◎	◎	◎
	耐撞击性能	◎	○	◎	○	◎	◎	◎
	抗风携碎物冲击性能	○	—	○	—	○	○	○
	抗爆炸冲击波性能	○	—	○	—	○	○	○
	耐火完整性	○	○	○	○	—	—	—
节能性	气密性能(q_1, q_2)	◎	○	◎	○	◎	◎	—
	保温性能(K)	◎	○	◎	○	○	◎	—
	遮阳性能(SC)	○	—	◎	○	○	○	—
适用性	启闭力(F)	◎	◎	◎	◎	—	—	—
	水密性能(Δp)	◎	—	◎	—	○	◎	○
	空气声隔声性能(R_w+C_w; R_w+C)	◎	○	◎	○	◎	◎	○
	采光性能(T)	○	—	◎	○	◎	—	—
	防沙尘性能	○	—	○	—	○	—	—
	耐垂直载荷性能	○	—	○	○	—	—	—
	抗静扭曲性能	○	—	○	—	—	—	—
	抗扭曲变形性能	○	○	—	—	—	—	—

（续表）

分类	性能及代号	门		窗			高墙	
							不透光	
		外门	内门	外窗	内窗	透光	密闭式	开缝式
适用性	抗对角线变形性能	○	○	—	—	—	—	—
	抗大力关闭性能	○	○	—	—	—	—	—
	开启限位	—	—	○	—	○	—	—
	撑档实验	—	—	○	—	○	—	—
耐久性	反复启闭型	◎	◎	◎	◎	◎	—	—
	热循环性能	—	—	—	—	—	—	○

注：1. "◎"为必需性能；"○"为选择性能；"—"为不要求。

2. 平面内变形性能适用于抗震设防设计烈度6度及以上的地区。

3. 启闭力性能不适用于自动门。

3.3.1　门窗三性检测标准

我国自20世纪80年代首次制定了《建筑外门窗气密、水密、抗风压性能分级及检测方法》（GB/T 7106），最新的修订工作已于2019年完成，并于2020年11月1日正式实施。

1. 门窗三性的概念

建筑门窗的三性指的是气密性、水密性和抗风压性，这三种性能直接考察门窗的主要物理性能，是评价门窗使用性能和效果的关键内容。

气密性指的是可开启部分在正常锁闭状态时，外门窗阻止空气渗透的能力。门窗的空气渗透效果，具体考察当门窗处于闭合状态时其通气性能。如果门窗的气密性较高，那么室内、室外冷热量的交换就比较慢，这种情况下外部温度对室内的温度影响较小，室外温度不易对室内温度带来较大波动；当气密性较低时，门窗就无法有效阻碍空气的渗透，导致室内、室外冷热量交换频繁，室内冷热量会在这个过程中大量损失，导致室内温度受外部环境影响较大。近几年来，随着室外空气的进一步恶化，空气质量下降，人们对于室内空气的要求更高，在这种情况下需要一个气密性良好的门窗来保证室内空气效果。

水密性指的是可开启部分在正常锁闭状态时，在雨水同时作用下，外门窗阻止雨水渗漏的能力。如果门窗的水密性较差，遇到下雨天气时，雨水就会顺着门窗浸入室内，对室内环境产生严重影响。因此水密性是门窗性能中非常关键的一个性能。

抗风压性指的是可开启部分在正常锁闭状态时，在风压作用下，外门窗变形不超过允许值且不发生损坏或功能障碍的能力。也就是说在强风的作用下，门窗不会出现破损、脱落等情况。抗风压性实质就是检验挠度值情况下的风压值，也就是检测门窗在外力作用下的变形情况。对于那些容易出现大风天气的区域，门窗的抗风压性往往具有关键性作用，如果其抗风压性较差，往往容易出现严重损坏，不利于保证房屋的安全。

2. 门窗三性检测原理和装置

（1）检测原理。采用模拟静压箱法，对安装在压力箱上的试件进行气密性、水密性和抗风压性检测。气密性检测即在稳定压力差状态下通过空气收集箱收集并测量试件的空气渗透量;水密性检测即在稳定压力差或波动压力差作用下,同时向试件室外侧淋水,测定试件不发生渗漏的能力;抗风压性能检测即在风荷载标准值作用下测定试件不超过允许变形的能力,以及风荷载设计值作用下试件抗损坏和功能障碍的能力。

（2）检测装置由压力箱、空气收集箱、试件、安装框架、供压(包括供风设备、压力控制装置)、淋水装置及测量装置(包括空气流量测量装置、差压测量装置及位移测量装置)组成。检测装置的构成如图 3-5 所示。

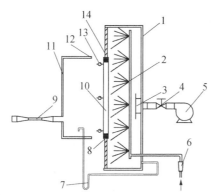

1—压力箱;2—淋水装置;3—进气口挡板;4—压力控制装置;5—供风设备;6—水流量计;
7—差压测量装置;8—安装框架;9—空气流量测量装置;10—试件;11—空气收集箱;
12—密封条;13—位移测量装置;14—封板

图 3-5　建筑门窗风压性能试验室检测装置示意

3. 门窗三性检测的过程

1) 气密性检测

在实际检测中,我们会分为两种情况:①定级检测,即为所测试试件产品进行性能分级;②工程检测,即为保障已建、在建、将建的建筑工程安全,在建设全过程中对与建筑物有关的地基、建筑材料、施工工艺、建筑结构进行测试的一项重要工作。下文以定级检测为例进行讲解。

进行气密性检测之前,需要先对建筑门窗进行预备加压,即分别施加三个压力脉冲,压力差绝对值为 500 Pa,加载速度约为 100 Pa/s。压力稳定作用时间为 3 s,泄压时间不少于 1 s。待压力归零后,将试件上所有可开启部分开关 5 次,最后关紧。其次进行附加空气渗透量检测,检测前应采取密封措施,充分密封试件上可开启部分的缝隙,逐级正负加压。目的是得到除试件以外的仪器设备的空气渗透量。再次进行总渗透量检测,在除去试件上的密封件后,检测方法同附加空气渗透量检测。检测过程如图 3-6 所示。

气密性能检测中常见的问题及解决方法:

（1）常见问题:检测仪器为试件上部及试件一侧是可活动并根据试件尺寸拼接而成,造成仪器与试件接触线长、密封难度大。解决方法:侧边拼装板连接处每次都要重新用胶带密封,检查使用的密封用胶条,如果失去性能或开胶断裂,则需要及时更换并仔细密封仪器与试件。

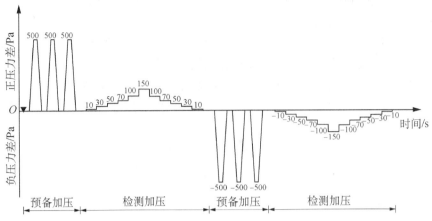

▼表示将试件的可开启部分启闭不少于5次。

图 3-6　定级检测气密性能加压顺序示意

（2）常见问题：风机与箱体的连接方式，包括管径尺寸、距离、弯头多少及传感器安装位置出现问题。解决方法：减少弯头使用，尽量使风机与设备在同一水平并距离较近，经常检查风管连接的可靠度及在风管上安装的传感器。

气密性定级：依据测试获得空气渗透量，按相应的数据处理方法，计算出分级指标依据。而在最终的定级中，取三樘试件的 $\pm q_1$ 值或 $\pm q_2$ 值的最不利值，依据《建筑幕墙、门窗通用技术条件》（GB/T 31433—2015），确定按照开启峰长和面积各自所属等级。最后取二者中的不利级别为该组试件所属等级，正负压分别定级。依据《建筑幕墙、门窗通用技术条件》（GB/T 31433—2015），门窗气密性共分 9 级，详见表 3-12。

表 3-12　门窗气密性能分级

分级	1	2	3	4	5	6	7	8
分级指标值 q_1 /[m³·(m·h)⁻¹]	$4.0 \geqslant q_1 > 3.5$	$1.5 \geqslant q_1 > 3.0$	$3.0 \geqslant q_1 > 2.5$	$2.5 \geqslant q_1 > 2.0$	$2.0 \geqslant q_1 > L5$	$1.5 \geqslant q_1 > 1.0$	$1.0 \geqslant q_1 > 0.5$	$q_1 \leqslant 0.5$
分级指标值 q_2 /[m³·(m·h)⁻¹]	$12 \geqslant q_2 > 10.5$	$10.5 \geqslant q_2 > 9.0$	$9.0 \geqslant q_2 > 7.5$	$7.5 \geqslant q_2 > 6.0$	$6.0 \geqslant q_2 > 4.5$	$4.5 \geqslant q_2 > 3.0$	$3.0 \geqslant q_2 > 1.5$	$q_2 \leqslant 1.5$

注：第 8 级应在分级后同时注明具体分级指标值。

2）水密性检测

水密性检测方法分为稳定加压法和波动加压法，检测加压顺序分别如图 3-7 和图 3-8 所示。工程所在地为热带风暴和台风地区的工程检测，应采用波动加压法；定级检测和工程所在地为非热带风暴和台风地区的工程检测，可采用稳定加压法。已进行波动加压法检测的可不再进行稳定加压法检测。水密性检测最大压力峰值应小于抗风压检测压力差值 P_3 或 P_3'。热带风暴和台风地区的划分按照《建筑气候区划标准》（GB 50178—1993）的规定执行。

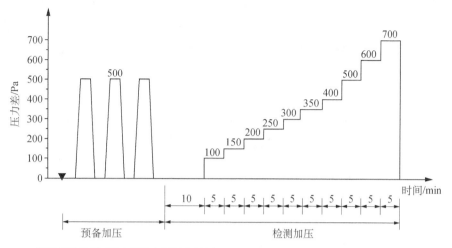

▼ 表示将试件的可开启部分启闭不少于5次。

图 3-7　稳定加压顺序示意

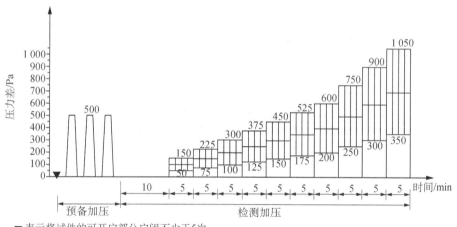

▼ 表示将试件的可开启部分启闭不少于5次。

图 3-8　波动加压顺序示意

门窗水密性检测前,对受检建筑门窗施加三个压力脉冲,压力差绝对值为 500 Pa。方法同气密检测。检测分为稳定加压法和波动加压法。稳定加压法检测步骤:①淋水,对整个门窗试件均匀地淋水,淋水量为 2 L/(m² · min);②加压,在淋水的同时施加稳定压力;③观察记录,在逐级升压及持续作用过程中,观察并记录渗漏状态及部位。

水密性检测中常见问题及解决方法:

(1)常见问题:喷水压力不足及不能均匀淋水。解决方法:保持水箱淋水、水箱内无杂质、水源清洁,水泵前要安装滤网,喷头每年拆下清洗水垢,调节喷头出水,进行水泵后两阀门调节,直到压力符合。

(2)常见问题:未加压只淋水时试件渗漏。解决方法:检查试件是否留有出水口,检查试件是否因安装位置低而遮挡出水口。

水密性定级:记录每个试件的渗漏压力差值。以渗漏压力差值的前一级检测压力值作为该试件的水密性检测值。以三樘试件中水密性检测值的最小值作为水密性定级检测值,并依据《建筑幕墙、门窗通用技术条件》(GB/T 31433—2015)进行定级,共分为 6 级,见表 3-13。

表 3-13　门窗水密性能分级　　　　　　　　　　单位:Pa

分级	1	2	3	4	5	6
分级指标值 ΔP	$100 \leqslant \Delta P < 150$	$150 \leqslant \Delta P < 250$	$250 \leqslant \Delta P < 350$	$350 \leqslant \Delta P < 500$	$500 \leqslant \Delta P < 700$	$\Delta P \geqslant 700$

3)抗风压性能检测

抗风压性能检测包括变形检测、反复加压检测和安全检测。定级检测的安全检测包括产品设计风荷载标准值 P_3 检测和产品设计风荷载设计值 P_{max}(P_{max} 取 $1.4P_3$)检测。工程检测的安全检测包括风荷载标准值 P_3' 检测和风荷载设计值 P_{max}'(P_{max}' 取 $1.4W_k$)检测,风荷载标准值 W_k 应按《建筑结构荷载规范》(GB 5009—2012)规定的方法确定。

具体检测门窗抗风性能预备加压方法同气密性检测。然后根据试件类型确定测点和安装位移计,先进行正压检测,后进行负压检测。不同类型试件变形检测时对应的最大面法线挠度应符合要求。检测压力绝对值最大不宜超过 2 000 Pa。得到 P_1 值后进行反复加压检测,这时要取下位移计,施加安全设施。反复加压测试($P_2 = 1.5 \times P_1$)分别为定级检测和工程检测。反复加压后,将试件可开启部分开关 5 次,最后关紧。记录试验过程。定级检测或工程检测时的安全检测,定级检测时($P_3 = 2.5 \times P_1$)正、负压分别进行,之后将试件可开启部分开关 5 次,最后关紧。记录试验过程。工程检测时压力加至工程设计值,之后将试件可开启部分开关 5 次,最后关紧。记录试验过程。整体测试过程如图 3-9 所示。

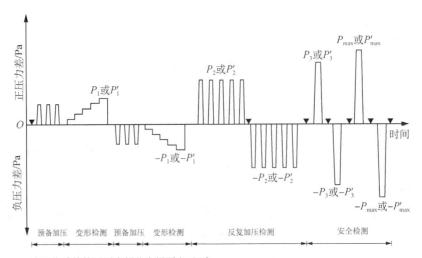

▼表示将试件的可开启部分启闭不少于5次。

图 3-9　检测加压顺序示意

抗风压性能检测中常见问题及解决方法如下：

（1）常见问题：P_3 压力值仪器无法到达。解决方法：检查试件与仪器密封是否可靠,风管是否漏风。

（2）常见问题：试件组装工艺及配件质量存在问题。解决方法：试件整体质量关系检测过程安全,故需要引起足够重视,加强安全防护。

抗风压性能定级：抗风压性能定级检测给出了 P_1,P_2,P_3,P_{max} 值及所属级别。《建筑幕墙、门窗通用技术条件》(GB/T 31433—2015)也给出了抗风压性能级别,共分 9 级,具体见表 3-14。

表 3-14　抗风压性能分级　　　　　　　　　　　　　　　单位:kPa

分级	1	2	3	4	5	6	7	8	9
分级指标值 P_3	$1.0 \leqslant P_3 < 1.5$	$1.5 \leqslant P_3 < 2.0$	$2.0 \leqslant P_3 < 2.5$	$2.5 \leqslant P_3 < 3.0$	$3.0 \leqslant P_3 < 3.5$	$3.5 \leqslant P_3 < 4.0$	$4.0 \leqslant P_3 < 4.5$	$4.5 \leqslant P_3 < 5.0$	$P_3 \geqslant 5.0$

注:第 9 级应在分级后同时注明分级指标值。

3.3.2　门窗保温性能检测标准

建筑门窗是建筑外围护结构的重要组成部分,需满足建筑各种功能和性能要求,尤其是节能要求。我国建筑能耗占全国社会总能耗的 30% 左右,而建筑通过门窗流失的能耗占建筑围护结构能耗的近一半。因此,要实现建筑节能,门窗是其中的关键。建筑门窗与节能相关的物理性能有保温性能、气密性能、隔热性能和采光性能,其中保温性能是与节能相关的最重要的物理性能,以传热系数来评定,我国现行的节能设计标准均根据典型气候分区对门窗的保温性能做出了严格规定。

我国于 1997 年颁布了《建筑外门保温性能分级及检测方法》(GB/T 16729—1997),2002 年颁布了《建筑外窗保温性能分级及检测方法》(GB/T 8484—2002),并于 2008 年将二者合二为一为《建筑外门窗保温性能分级及检测方法》(GB/T 8484—2008),一直沿用至今。

1. 门窗保温性能检测原理和方法

我国现行的《建筑外门窗保温性能分级及检测方法》(GB/T 8484—2008)采用标定热箱法检测建筑门窗保温性能,具体检测对象包括传热系数与抗结露因子,检测装置如图 3-10 所示。

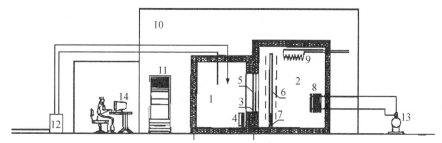

1—热箱;2—冷箱;3—试件框;4—电加热器;5—试件;6—隔风板;7—风机;8—蒸发器;9—加热器;
10—环境空间;11—空调器;12—控湿装置;13—冷冻机;14—温度控制与数据采集系统

图 3-10　检测装置示意

由于标定热箱法的传热系数检测基于稳定传热原理,采用热箱置于试件一侧、冷箱置于另一侧,分别用于冬季采暖建筑室内气候条件的模拟和冬季室外气温和气流速度的模拟。在检测过程中,需密封处理试件缝隙,并保证试件两侧稳定的热辐射条件、气流速度、空气温度,以此进行热箱中加热器的发热量测量,并减去通过标定试验确定的试件框和热箱外壁的热损失,最终除以两侧空气温差与试件面积的乘积,即可最终求得建筑门窗试件的传热系数。

抗结露因子检测同样采用标定热箱法,同时采用稳定传热传质原理。在具体检测中,采用热箱置于试件一侧、冷箱置于另一侧,分别用于冬季采暖建筑室内气候条件模拟和冬季室外气候条件模拟,且室内气候条件的相对湿度须控制在 20% 内。检测过程需保证稳定传热状态,以此进行试件热侧表面温度和冷热箱空气平均温度的测量。计算建筑门窗试件的抗结露因子,需将玻璃的平均温度或试件框表面温度的加权值与冷箱空气温度的差值除以热箱空气温度与冷箱空气温度的差值,再乘以 100,由此可取得两个数值,其中数值较低的即抗结露因子。

2. 保温性能定级

幕墙、门窗保温性能以传热系数 K 为分级指标,共分 10 级,具体见表 3-15。

表 3-15　门窗保温性能分级　　　　　　单位:W/(m² · K)

分级	1	2	3	4	5	6	7	8	9	10
分级指标值 K	$K \geqslant 5.0$	$5.0 > K$ $\geqslant 4.0$	$4.0 > K$ $\geqslant 3.5$	$3.5 > K$ $\geqslant 3.0$	$3.0 > K$ $\geqslant 2.5$	$2.5 > K$ $\geqslant 2.0$	$2.0 > K$ $\geqslant 1.6$	$1.6 > K$ $\geqslant 1.3$	$1.3 >$ $K \geqslant 1.1$	$K < 1.1$

注:第 10 级应在分级后同附注明具体分级指标值。

3.4　影响建筑节能门窗的关键因素及设计原则

3.4.1　门窗的传热方式

门窗作为建筑外围护结构的一部分,对建筑内外温度变化的反应与其他外围护结构是一样的。如果门窗不能对室内温度的变化起保护作用,那么将会使建筑物内部在夏季出现难以忍受的炎热,而冬季又极度寒冷。这种情况在夏季炎热和冬季严寒地区表现得尤为明显。除了气候外,影响建筑内部温度的因素还包括门窗面积、居住人口、建筑年龄、活动状况、室内照明、电气设备的产热量以及建筑朝向等的作用。然而,建筑门窗是影响能量消耗最重要的因素。建筑门窗的传热是基于热量从热的区域流向冷的区域的基本原理,而流向冷的区域是通过导热、辐射和对流三种基本传热方式完成的。

导热是指物体中有温差时,由于直接接触的物质质点作热运动而引起的热能传递过程,表现为热从物体中的高温侧传递至低温侧的现象。辐射传热是指热量以电磁波的形式从一个物体传到另一个物体的现象,凡温度高于绝对零度的物体,都可以同时发射和接受热辐射。对流传热是指流体各微分子作相对位移而传递热量的方式。门窗的传热主要是以上三种传热方式共同作用的结果。

夏季,太阳光的照射使得室外温度高于室内,热量通过建筑外门窗传递到室内,使室内的温度逐步升高,直至室内温度与室外温度达到一致;同样,在空气对流和太阳辐射的影响下,促使室外被加热的空气从高温侧传至低温侧。只要温差存在,室内外热量的传递就会一直进行下去(图 3-11)。到了晚上,室外空气温度下降的速度快于室内,当室外空气温度低于室内温度时,室内的热量又反过来通过窗户传递至室外。

冬季,室内的温度一般都要高于室外,室内热量通过空气对流、传导和辐射等传递至室外,同时热量也通过窗的开启和空气渗漏等方式扩散到室外,导致室内温度下降(图 3-12)。通过窗户进行的房间得热和热损失占据整个建筑维护结构的 50% 以上,因此,要减少热量损失,有效提高窗的节能效率,关键就是要提高窗的热阻。

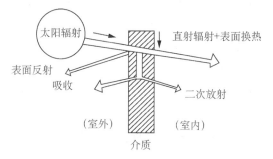

图 3-11　夏季的热传递过程

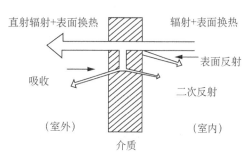

图 3-12　冬季的热传递过程

3.4.2　门窗节能性能衡量指标

根据上文所述的门窗传热原理,高效能地减少窗户能耗需要通过阻隔窗户的传热途径来实现。具体用空气渗透性、可见光透过率、遮阳系数(SC)和窗户的传热系数(K)四个指标来衡量窗户的节能性能。

1. 空气渗透性

空气渗透性是指空气通过门窗的缝隙进行无组织渗透的过程。适量的渗透可以为室内通风换气,因此这是一种改善室内空气质量的重要方式。这一过程一般会通过玻璃周边、窗框和窗扇的连续处体现出来,室内外的冷热空气直接交换。

这种空气的渗透会造成住宅 10% 的能耗。窗户安装的质量、窗户自身及其开启方式都影响着窗户的气密性。空气渗透值越小,窗户的气密性越好。

2. 可见光透过率

可见光透过率是指太阳光等自然光线通过窗户等透光维护结构照射进室内的比率。在白天,室内可见光透过率高时,人工照明的使用率就会随之降低,从而实现一定的节能。某些有色玻璃虽能较好地降低太阳辐射,但同时自然采光也随之减少。可见光透过率越高,自然采光就越好。

3. 遮阳系数(SC)

遮阳系数是一种修正系数,是衡量一种玻璃组件相对于透明玻璃透过太阳辐射能量的能力。遮阳系数越小,证明阳光直接辐射被阻挡的效果越明显。在冬季,虽然太阳辐射热透过窗户直接进入房间可以为室内升温;但在夏季,室内受到过多太阳辐射会使温度过高,从而会超出适宜居住温度,不宜居住。我国许多地区的建筑由于受到气候原因、门窗朝向以及遮阳因素等条件的影响,夏季比冬季更需要太阳辐射热所产生的制冷能耗。

4. 传热系数(K)

只考虑热对流的情况下,室内外的气温差会通过窗户的热流来实现。通常而言,这种热量的流动,冬季会比夏季更加有需求,也就是冬季更迫切于室内的供暖,因为我国大部分区域,冬季室内外温差较大。传热系数越大,窗户的能量损失就越多,相应的隔热性能就越差。

3.4.3 门窗能耗影响因素

1. 朝向与能耗

建筑朝向是节能技术构成中重要的一环,虽然不同的建筑朝向不会较多地影响太阳辐射对建筑热量的吸收,但不同的建筑朝向会很大程度上决定门窗的位置,进而影响通风、太阳辐射等参数,从而影响整个建筑的能源消耗。在节约用地的前提下,不同建筑应根据所处的地理环境和气候条件,分析哪个朝向对建筑物最有利,在此基础上,合理布置不同朝向的窗口大小和数量。应尽量保证夏季室内具有良好的通风环境,尽可能地保证夏季迎风面和主导风向与建筑朝向垂直或角度较小,在这个朝向上门窗开启面积应充足,从而保持室内的通风。同时,应尽量减少太阳光直射室内和外围护结构的情况,以此减少空调制冷,降低能耗。

而对于处于冬季主导风向朝向的门窗,在满足室内采光标准的基础上,应做封闭设计。从我国所处气候带来看,建筑朝向为南向适合全国大部分的地区。在实际中,可能受到其他外界条件的制约,则应根据具体情况选择最适合的朝向。

2. 窗墙比与能耗

通常窗墙比的概念采用窗户洞口面积与房间立面单元面积(即建筑层高与开间定位线围成的面积)的比值,在建筑热工节能设计中经常会用到这个指标。一般来说,由于建筑外墙的保温隔热性能比门窗的性能好,因此外墙传热系数比同一朝向的建筑门窗的传热系数小,门窗的能耗也因此比墙体高,又因为太阳辐射可以透过外窗直接进入室内,增加室内温度,也就是说,建筑的采暖、制冷能耗同窗墙比呈线性关系变化,所以在能够保证采光通风的情况下,应尽量减小门窗的面积,有效地减少能耗的损失。

3. 开启方式与能耗

通常情况下,门窗的开启方式首先考虑的是其方便使用和立面美观,但同时,门窗开启方式决定通风换气方式,与其气密性也有很大的联系,将会影响其保温性能。

1) 门的类型

常见的门按开启方式可以分为平开门、推拉门、弹簧门、折叠门等,如图3-13所示。

(1)平开门:是指合页(或铰链)装于门侧面、向内或向外开启的门。常见的平开门又分为单开和双开两种,一扇门板为单开门,两扇门板为双开门。按开启方向又可分为单向开启和双向开启,单向开启是只能朝一个方向开(只能向里推或往外拉),双向开启是门扇可以向两个方向开(如弹簧门)。

(2)推拉门:指单扇、双扇或多扇向左右推拉的门。推拉门源于中国,后传至朝鲜、日本。在最初的时候,只使用在卧室或衣柜,其后由于材料和技术的进步,使用范围开始扩展。

(3)弹簧门:指弹簧合页(或铰链)装于侧面,可单向开启或双向开启的门,也被称为"自动门"。这种装有弹簧合页的门,在开启后会自动关闭。我们生活中最常见的是地弹门,多是用在公共场所通道或是紧急出口通道。

（4）折叠门:指用合页铰链连接多扇折叠开启的门。根据样式的不同,折叠门又可分为分侧挂式和推拉式两种。其优点是多扇折叠,可推移到侧边,占用空间比较少。

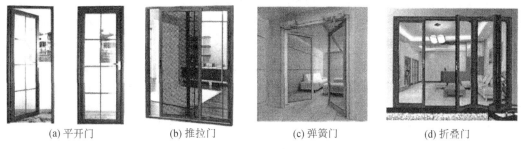

(a) 平开门　　　　　(b) 推拉门　　　　　(c) 弹簧门　　　　　(d) 折叠门

图 3-13　不同类型的门

2）窗的类型

常见的窗户按开启方式可分为平开窗、推拉窗、上下悬窗、单悬窗和双悬窗等。

（1）平开窗:是最常见的一种窗户开启方式,包括平开与外平开两种具体开启方法。传统的平开窗采用外平开窗开启方式,其开启只占据室外空间,对室内空间使用无影响;而内平开窗相比外平开窗更加安全,且方便外侧玻璃的清洁工作。与相同面积的推拉窗进行对比,平开窗的优点是通风好,可用来引导风向,而这种窗的主要热量损失源于窗框材料的热传导和玻璃透过的太阳辐射。

（2）推拉窗:一般分为双推拉窗和单推拉窗两种,前者的两面窗扇都可进行水平推拉,后者只有一面窗扇可以推拉。其通风面积可以通过窗扇推拉的多少改变,最大可达到整个窗户面积的一半。虽然窗体内侧会用毛条密封,但窗扇上、下两端的滚动滑轮中间会使窗体产生缝隙,上、下缝隙形成空气对流,因此往往较其他开启方式的窗户空气渗透更大。

（3）上下悬窗:分上悬窗和下悬窗两种。两种窗的窗扇均向外开启,可较好地防止雨水溅入室内,但是由于受到开启角度的限制,比较占室内空间,通风效果不好,因此这种窗多用于有特殊要求的房间或室内高窗。

（4）单悬窗和双悬窗:单悬窗是指只有下半部分的窗扇可以向上滑动,上半部分的窗扇是固定不动的,相比之下双悬窗上、下两个部分的窗扇则都可滑动。虽然开启原理与推拉窗相似,但最大的开启面积并没有达到窗户面积的一半。同样,由于上、下滑动的滑轮会使窗体产生缝隙,其气密性也比较差。

3）开启方式与自然通风

利用门窗洞口引导自然通风,能够带走室内热量,为室内起到降温作用,改善室内环境舒适度。对于面积相同的洞口,不同的开启方式影响实际开启面积,从而影响自然通风的气流速率。如水平推拉窗最大通风透气面积为整窗面积的二分之一,当气流顺着风向进入室内后,将继续沿着其原来的方向水平前进。标准平开窗能通过如两扇全开、仅打开其中一扇等不同的开启方式,从而起到调节气流、带走室内热量的作用。当风向入射角比较大时,如果窗扇向外开启角度过大,将会把风阻挡在室外。这时,应增大窗户开启角度,将风引入室内。

4. 气密性与能耗

门窗的空气渗透主要通过墙与门窗外框、窗扇与玻璃、窗框与窗扇之间的缝隙,使气流在室内、外产生对流,透过缝隙渗入室内的冷空气量增加,采暖耗能量也将变大。空气渗透的主要部位包括窗框与玻璃搭接缝隙、建筑围护结构缝隙以及玻璃缝隙等,主要与门窗开启方式、窗框构造、密封条样式、制作和安装施工工艺等因素有关。如今气密性已经作为门窗性能的一个主要指标来考核。研究表明,一般多层砖房因气密性不够导致冷风渗透损失的热量可达到采暖耗热总量的 25%～35%,而使用单层铝合金窗,外墙为 370 mm 厚砖墙的多层居住建筑,其由于空气渗透而损失的热量可占建筑物全部热量损失的 49.8%,因此,从节约建筑能耗的角度来说,在满足室内卫生换气的条件下,控制门窗的缝隙,提高门窗的气密性很有必要。

5. 型材与能耗

窗用型材是门窗中的基础材料,它除了关系抗风压性能外,还关系窗户气密性、水密性、保温性等其他指标。目前,我国常用的门窗型材有木材、铝合金、塑钢、断桥铝合金等,目前皖南地区民居门窗使用较多的是铝合金门窗,少量仍使用木窗和钢窗,较少使用节能窗。

3.4.4 节能门窗的设计

根据夏热冬冷地区的现状分析,节能门窗的设计应该是从多方面综合着手,从门窗材料、窗型选择、遮阳措施等方面进行优化,同时还需考虑门窗的耐久性能、隔声性能、抗风压性能、装饰性、经济性等综合性能。

节能门窗设计的基本原则:

(1) 外门窗设计要保证房屋具有围护、采光、通风等功能要求;不能以降低室内环境的舒适度来换取节能效果。

(2) 在设计节能门窗时,不可片面强调节能,脱离实际应用情况,不受经济条件限制来选材、设计;而应在满足节能功能的前提下,尽可能降低门窗的造价;要充分考虑材料性质,保证生产制作工艺、安装技术的可行性。

(3) 不能以牺牲室内空气质量为代价获取节能效果。

(4) 门窗节能设计依靠科学技术,提高建筑热工性能和采暖空调设备的能源利用效率,不断提高建筑热环境质量,降低建筑能耗。

(5) 不能损害居住环境、城市环境和可持续发展的生态环境。

此部分内容将在本书第 6 章和第 7 章详细叙述。

3.5 建筑节能门窗类型

随着我国住宅建设向产业化发展,人们对居住的功能质量提出了更高的要求。特别是对传统门窗改造的呼声最高,门窗的功能质量及其节能发展越来越受到人们的重视。

目前,我国门窗用料已从单纯的木材、钢材向复合材发展,从单一功能向多功能发展,从过去的简单功能要求到目前的高科技节能发展。一些业内人士通过对国外门窗行业的考察和对我国门窗行业现状的分析,对我国住宅门窗未来发展提出了建设性建议。他们认为,窗的性质和功能将主要向密闭、保温、隔热的节能型发展。这就要求窗产品应具备相当的强度,不变形翘曲。在窗扇的缝隙处理上,北方地区的北向窗应有双玻璃设施。

我国是一个能源相对缺乏的国家,但能源消耗却非常大,相当于发达国家的两倍。按我国节能规划要求,"十三五"期间节能将达到 60%。可以预测,节能门窗将会受到更大的关注。现在,外保温技术和保温门窗已经成为经济发达的大中城市建筑节能的主要产品,中空玻璃等节能门窗产品在住宅建筑中已经得到广泛应用,而具有防潮、防腐、保温、隔声等特性的塑钢门窗,在生产能耗和使用功能方面比其他材质门窗节能效果更显著,市场空间将进一步扩大。此外,像低辐射 Low-E 玻璃、热反射镀膜玻璃、双银 Low-E 玻璃等高新技术产品,由于其优良的节能环保特性,市场前景一片光明。由此可见节能型门窗已经成为住宅门窗发展的新方向。

节能门窗体系通常由门窗框材、玻璃、密封材料及五金配件构成。由于门窗的大小、所处的环境以及使用目的和要求的不同,在材料的选择上也各有差异。不同性能的材料组成,门窗的性能是不同的。目前,我国门窗常用的型材以木、塑、钢、铝、玻璃钢等为主,并相互复合应用,按照《建筑节能门窗》(16J607)所推广应用的门窗类型主要包括塑料节能门窗、铝合金节能门窗、铝塑节能门窗、玻璃钢节能门窗、铝木节能门窗、木塑铝节能门窗、玻纤增强聚氨酯节能门窗、木节能门窗、外卷帘遮阳一体化集成型节能门窗以及彩钢节能门窗等这 10 种类型。

3.5.1　塑料节能门窗

1. 塑料节能门窗的概念和发展史

塑料门窗是以聚氯乙烯(PVC)、改性聚氯乙烯(DPVC)或其他树脂为主要原料,轻质碳酸钙为填料,添加适量助剂和改性剂,经挤压机挤成各种截面的空腹门窗异型材,再根据不同的品种规格选用不同截面异型材料组装而成。

由于塑料的变形大,刚度差,一般在型材内腔加入钢或铝等,以增加抗弯能力,即所谓的塑钢门窗,较全塑门窗刚度好,质量更轻。

塑料门窗以其造型美观、线条挺拔清晰、表面光洁、防腐、密封隔热性好及不需进行涂漆维护等优点,广泛应用于建筑装饰工程。

常见的塑料门有镶板门、框板门和折叠门等多种类型。常见的塑料窗有平开窗、推拉窗、百叶窗和中悬窗等。

从发展历程来看,塑料门窗发展经历了三个阶段(表 3-16)。

第一阶段,纯塑料门窗。例如纯的 PVC、聚乙烯(PE)、聚丙烯(PP)塑料等,这些纯塑料材质的门窗,易受太阳光照射而老化,未进行结构设计,因此节能效果有限,目前已被逐渐淘汰。

第二阶段,改性 PVC 的多腔型材门窗。在传统配方中加入改性剂,解决了 PVC 易老化和变形的技术问题。在结构设计上,通常 PVC 塑料型材制成中空结构,在空心结构中插入钢衬,改善了 PVC 的机械强度,并且中空的结构中充满了空气,形成了保温层,具有一定的节能保温性。由于钢衬并未作为骨架结构,因此这种门窗结构强度低、抗风压性能差,在高层建筑和高风压地区的应用受到限制,但是由于其生产成本低,并具有较好的节能环保效果,目前仍然占据大部分的市场。

表 3-16　塑料门窗的发展历程

发展历程	代表产品	性能	应用现状
第一阶段	纯塑料门窗	不耐老化,节能效果差	已淘汰
第二阶段	改性 PVC 多腔型材门窗	有一定节能效果,机械强度差,成本低	占据大部分市场
第三阶段	改良型的塑钢门窗	节能性优异,机械强度高,成本高	代表新兴的发展方向

第三阶段,改良型的塑钢门窗是将改性的 PVC 材料与经过处理后的钢衬在专业的生产线上采用电热熔融和机械共挤结合的方法制备的新型塑料门窗型材。将 PVC 塑料完全紧密包覆在钢材上,抑制了钢材的腐蚀过程,又不需要额外采用螺栓、螺母等机械固定,赋予了型材整体的刚性。PVC 塑料包覆,又赋予了型材质轻的优点,同时 PVC 的导热系数又明显低于钢材,也使得型材具有良好的节能保温性能。采用该改良型的材料制作门窗时,需要使用专门的设备,将门窗框和内部钢衬紧固成一个整体,更加提高门窗的机械强度和抗风压性能。这种改良型的塑钢门窗作为一种骨架结构,具有前两种塑料门窗不具备的超高机械性能,适用范围广,保温性能优异,代表着塑料门窗的新兴发展方向;但其加工过程复杂,成本高,目前主要应用于较高端的建筑物和高风压等恶劣环境中。

2. 塑料门窗的性能

塑料门窗是顺应全球能源匮乏的大趋势而出现的,最突出的性能就是保温节能,除此之外,塑料门窗还具有其他金属门窗不具有的优异性能:

(1) 保温节能性良好。塑料门窗的导热系数远低于钢材和铝材,并且目前市场上普遍采用的仍是多腔式结构,腔体内充满空气,保温节能性更优。

(2) 密闭性优异。塑料门窗在后期安装时,在门窗与建筑物框体之间的缝隙处都采用密封条密封(在普通的铝合金门窗中通常无此工序),密封性优异,减少了室内外空气的流通,进一步提高了节能效果。

(3) 机械强度高。当前市面上普遍采用的塑料门窗通常具有金属加强筋或者金属骨架结构,依据建筑物所处地的风压和实际环境、建筑物高度、门窗大小等有针对性地对塑料门窗进行设计,最高可抵抗六级风压强度。

(4) 耐老化性好。新型的塑料门窗改进原始配方,加入耐老化剂、抗紫外线吸收剂等,能够应对恶劣的自然环境,在温差较大(-50~70 ℃)、暴晒和潮湿的环境中均不会变质脆化,并且耐腐蚀,使用寿命长。

除此以外,塑料门窗还具有良好的隔声性能、防火性能、质轻、不易变形、环境污染小等优势,已经引领了未来建筑行业的发展潮流。

3. PVC 塑料门窗

PVC 塑料相对于其他塑料具有成本低、易改性的优势,与其他传统的门窗边框材料相比,也具有明显优势,由表 3-17 可以看出,PVC 具有接近木质材料(木质材料不耐腐蚀,使用寿命短,已较少应用在门窗材料中)的导热系数和热膨胀系数,远低于金属铝和钢材。导热系数是衡量材料节能性能的重要指标,具有较低导热系数的材料其热量扩散慢,有利于保温,节能效果好;热膨胀系数则反映了材料的热变形性能,较低的热膨胀系数表明材料不易随温度变化而发生胀缩,稳定性好;同时 PVC 密度小,能满足建筑物轻量化的要求,综合来讲是一种优异的门窗材料。

PVC 塑料的不足之处在于机械性能较差,难以作为结构材料使用,因此需要对其进行改性或者与金属材料复合使用,提高其机械性能,这也是当前的研究热点。

表 3-17　常见塑料门窗材质的性能参数

材料	导热系数 /[W·(m·K)$^{-1}$]	弹性模量 /GPa	拉伸强度 /MPa	热膨胀系数 /(×10^{-6}K^{-1})	密度 /(kg·m^{-3})
木质材料	0.13	7	14	4.5	500
铝	160	72	300	23	2 800
钢材	50	210	360	12	7 800
PVC	0.17	3	—	6.1	1 390

4. 改性 PVC 塑料门窗

用马来酸接枝顺丁橡胶作为改性剂,与 PVC 复合,加入硬脂酸锌,改性后复合物的断裂强度相对于未接枝顺丁橡胶/PVC 的复合物增加了 1 倍以上,再用改性后的 PVC 塑料加入光稳定剂、着色剂、紫外线吸收剂等,挤出成型得到塑料门窗边框材料,其机械性能得到了显著提升。此外,由于 PVC 材料阻燃性能差,采用水滑石/锡酸锌对 PVC 进行改性,可使 PVC 的阻燃性能提高 50% 以上,提高了 PVC 塑料门窗的安全等级。

采用玻璃纤维增强 PVC 塑料,玻璃纤维的导热系数为 0.32 W/(m·K),热膨胀系数为 9×10^{-6} K^{-1},弹性模量为 23 GPa,拉伸强度为 240 MPa,机械强度较高,并且与表 3-17 相比,导热系数显著低于金属材料。用玻璃纤维增强 PVC 塑料时,二者的导热系数类似,相容时减少了热桥和胀缩问题的发生,最大限度地保证了优异的性能;并且玻璃纤维的性能参数与玻璃几乎相同,安装玻璃后也较少出现受外力压迫的变形现象。利用 THREMS 分析软件模拟分析玻璃纤维增强 PVC 后制成门窗的能耗值,模拟结果显示,玻璃纤维增强 PVC 边框的建筑比铝制边框的能耗每年降低 10 kW·h/m,比木质边框降低 3.510 kW·h/m,可见其节能效果良好,在节能建筑中普遍采用将会节省大量的能源消耗。

目前市场上应用最多的第二阶段改性 PVC 的多腔型材门窗,其门窗边框内部呈多腔体结构,其材料尺寸厚度、腔体结构和腔体数量等也对 PVC 塑料门窗的节能性能具有较大影响,在对 PVC 塑料进行改性的基础上,再对其门窗结构进行改进,能够全面提升 PVC 塑料门窗的节能效果。

在传统密封结构的基础上,再增加一条或多条密封层,形成多密封结构,能够将型材水密腔和气密腔完全隔离开来,密封性大大提高,通过传热理论计算,每增加一条密封层,PVC 塑料型材的传热系数就会下降约 10%。2010 年在德国国际幕墙展览会上出现了 8 腔 3 道密封胶的型材,也可在空腔内填充发泡材料,进一步降低空气的流动,提高 PVC 塑料门窗的节能保温性。

加大型材尺寸厚度、扩大腔体体积等,也能降低传热系数,例如,将 PVC 塑料型材的厚度由原始的 60 mm 提高至 70 mm,并将空腔数量由 3 个增加至 4 个,传热系数大约下降12%。这是因为 PVC 塑料型材内部设置的空腔(图 3-14)可对热空气的流动进行层层阻隔,空腔内的空气流动大大削弱,对于辐射传热尤为如此,空腔数量越多,传热系数越小。经过计算,在厚度不变的情况下每增加一个空腔,传热系数就下降 4%。但是,当空腔数量增大到一定程度后,传热系数的下降趋势会逐渐变缓,同时在 PVC 塑料型材内增加空腔也增大了加工的难度,因此实际生产中应当结合具体情况选择合适的厚度和空腔数量,最优化生产过程。研究发现,不改变空腔数量、仅改变型材厚度时,当型材厚度由 60 mm 增大至 66 mm再增大至 70 mm 时,传热阻力由 0.47 m・K/W 增大至 0.57 m・K/W 再增加至0.73 m・K/W。可见,型材越厚,传热阻力越大。综合考虑,并经过 CAE 软件模拟,显示在严寒地区,为获得较高的节能效果,PVC 塑料门窗型材的厚度应至少大于 66 mm,空腔数量为4 个以上。

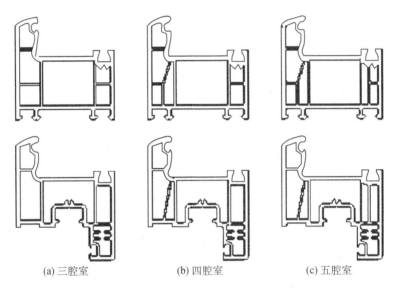

(a) 三腔室　　　　　　　(b) 四腔室　　　　　　　(c) 五腔室

图 3-14　PVC 型材腔室的变化

　　PVC 塑料型材内筋的位置设置对型材的传热系数也具有较大影响,当空腔数量由 1 个变为 2 个、内筋设置在外侧时,传热系数下降了 16%;而同样的条件,内筋设置在内侧时,传热系数仅下降 12%。可见,内筋设置在型材空腔的外侧时能够获得更好的保温效果。实际生产中,对 PVC 塑料门窗进行节能改进,可结合对 PVC 原材料进行改性处理以及对 PVC塑料门窗的结构进行改进,同时还应当结合建筑物所处区域的环境状况、实际生产成本等多方面因素,设计最优的节能环保 PVC 塑料门窗。

　　绿色节能塑料门窗经历了从无到有、从有到好的发展历程,从最初的纯塑料门窗到新兴的改良型塑钢门窗,塑料门窗从结构、外观、机械强度、节能效果等方面都发生了重大变化,绿色节能塑料门窗具有良好的保温节能效果,减少了能源的浪费,目前已得到广泛的应用。对 PVC 塑料进行改性,获得较高机械强度、较高耐火阻燃性能等级、较低传热系数的 PVC新材料制作塑料门窗型材可以从根本上改善 PVC 塑料门窗的性能;对 PVC 塑料门窗的结构进行改进,阻碍型材内部空气的流通,可以从热工角度提高 PVC 塑料门窗的节能环保效果;对玻璃、密封条、五金件等进行改进,使其配合 PVC 塑料型材的性能,也是重要的工艺过程。在实际工业生产中,综合考虑建筑物所在地、节能效果、生产成本等多个影响因素,有针对性地设计个性化的绿色节能塑料门窗,必将成为未来发展的主要方向。

3.5.2 铝合金节能门窗

依据《铝合金门窗》(GB/T 8478—2008),铝合金门窗是将经过表面处理的铝合金型材,通过下料、冲孔、铣槽、攻丝、组角等加工工艺制作而成的门窗框料构件,然后再与玻璃、连接件、密封件、开闭五金配件一起组合装配而成。

铝合金门窗于 20 世纪 70 年代进入我国,并在 1980 年后得到迅速发展。90 年代中期,随着人们节能意识的提高,保温性能良好的塑钢门窗发展迅速,铝合金门窗的发展受到一定阻碍。

随后,断桥技术的推广使用弥补了铝合金导热系数高的不足。断桥技术原理是利用塑料隔热条,将室内、外两层铝合金既隔开又紧密连接成一个整体,构成一种新的隔热型铝型材,解决了铝合金传导散热快的问题。这种创新结构设计,兼顾了塑料和铝合金两种材料的优势,同时满足装饰效果、门窗强度及耐老性能的多种要求。

进一步提升断桥铝合金门窗节能性能,在设计生产中,增大塑料隔热条宽度,并且在隔热条之间的空腔填充发泡材料。此外,为增强视觉美感、广大应用范围,近年来专业人员设计铝木复合门窗,在断桥铝合金门窗室内侧安装木制板,从而提高门窗保温性能,并且木质纹理对室内视觉环境起到良好的装饰作用。

普遍使用的铝合金外窗型材有普通的铝合金热挤压型材和隔热铝合金型材,其中隔热铝合金型材也叫作隔热断桥铝合金型材,普通铝合金型材截面如图 3-15 所示。铝合金型材,也就是"基材",是用纯铝和合金元素配比好的铝合金铸锭高温挤压而形成的,"基材"再经过各种表面处理而成为普通的建筑铝合金门窗型材。铝合金是极易导热的金属材料,它的导热系数是 160 W/(m·K)。这样的普通铝合金外窗容易在冬天将室内的热量传导到室外,夏天将室外的热量传导到室内,非常不利于铝合金外窗的保温隔热。为了降低铝合金的导热系数,可以采用隔热铝合金型材。由于不同的复合方式,隔热断桥铝合金型材又能区分为浇注式隔热断桥型材和穿条式隔热断桥型材。穿条式隔热断桥型材是一种有着隔热功能的复合型材,它是经过开齿、穿条、滚压等工序使铝合金型材牢固咬合穿入到铝合金型材穿条槽内的条形隔热材料而复合形成的,穿条式隔热断桥铝合金型材截面如图 3-16 所示。浇注式隔热断桥型材也是一种有着隔热功能的复合型材,它是待浇注到铝合金型材隔热槽内的双组分液态隔热胶固化成形后再切掉隔热槽临时性金属桥而加工完成的,浇注式隔热断桥铝合金型材截面如图 3-17 所示。

断桥式铝塑复合窗的原理是利用塑料型材(隔热性高于铝型材 1 250 倍)将室内外两层铝合金既隔开又紧密连接成一个整体,构成一种新的隔热型的铝型材,用这种型材做门窗,其隔热性与塑(钢)窗在同一个等级——国标级(图 3-18),彻底解决了铝合金传导散热快、不符合节能要求的致命问题,同时采取一些新的结构配合形式,彻底解决了"铝合金推拉窗密封不严"的老大难问题。该产品两面为铝材,中间用塑料型材腔体做断热材料。这种创新

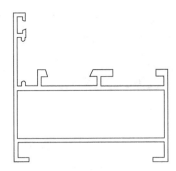

图 3-15　普通铝合金型材截面

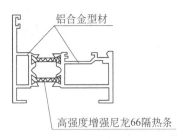

铝合金型材

高强度增强尼龙66隔热条

图 3-16　穿条式隔热断桥铝合金型材截面

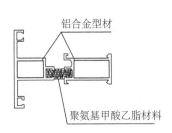

铝合金型材

聚氨基甲酸乙脂材料

图 3-17　浇注式隔热断桥铝合金型材截面

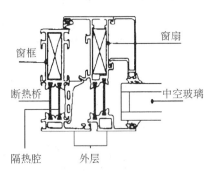

窗扇

窗框

断热桥

中空玻璃

隔热腔　外层

图 3-18　隔热铝合金型材保温原理

结构设计,兼顾了塑料和铝合金两种材料的优势,同时满足装饰效果、门窗强度及耐老性能的多种要求。超级断桥铝塑型材可实现门窗的三道密封结构,合理分离水、气腔,成功实现气水等压平衡,显著提高门窗的水密性和气密性。这种窗的气密性比任何铝、塑窗都好,能保证风沙大的地区室内窗台和地板无灰尘;能保证在高速公路两侧 50 m 内的居民不受噪声干扰,其性能接近平开窗。

铝合金节能门窗性能及优点:

(1)保温性能好。铝塑复合型材中的塑料导热系数低,隔热效果比铝材优 1 250 倍。

(2)隔声性能好。其结构经精心设计,接缝严密,试验结果,隔声 30 dB。

(3)耐冲击。由于铝塑复合型材外表面为铝合金,因此它比塑钢窗型材的耐冲击力强。

(4)气密性能好。铝塑复合窗各隙缝处均装多道密封毛条或胶条,气密性为一级。

(5)水密性能好。门窗设计有防雨水结构,将雨水完全隔绝于室外。

(6)防火性能好。铝合金为金属材料,不燃烧。

(7)防盗性能好。铝塑复合窗,配置优良五金配件及高级装饰锁,使盗贼束手无策。

(8)免维护。铝塑复合型材不易受酸碱侵蚀,不会变黄褪色,几乎不必保养。隔热断桥铝合金门窗以其良好的保温、隔热性能,在我国"三北"(东北、西北、华北)等冬季高寒地区的新建建筑中得到广泛运用。

3.5.3　铝塑节能门窗

铝塑复合门窗采用特殊工艺,将铝合金和塑料异型材相复合,即外部铝合金、内部塑料异型材,这样不仅在结构强度和抗老化性能上满足了门窗的要求,而且隔热性能良好

（图 3-19）。它克服了铝合金所固有的高导热率，又保持了铝合金的重要性能：易挤压成型、易加工、抗腐蚀、美观坚固、经久耐用、质量轻等特点，同时也利用了塑料型材导热率低的特点，最大限度地发挥了铝合金和塑料各自的优点。

图 3-19　铝塑复合门窗

铝塑复合门窗的特点：

（1）隔热保温性能好。在同等条件下，夏天空调房间里铝塑复合门窗温度比铝合金门窗房间要低 1～2 ℃。冬天铝塑复合门窗房间要比铝合金门窗房间暖和。

（2）水密性、气密性、隔声性佳。铝塑复合门窗在制作中，采用异位排水法，即根据门窗的规格、尺寸，设计排水孔的数量、位置及尺寸大小，不仅可以防止雨水的浸入，同时也解决了雨水一旦浸入而不能顺利排出的问题。在组角时采用了专用组角胶，该胶具有良好的膨胀性，只需少量，就可以将组角部位密封起来，而且该胶黏度适中，易于处理，不会造成门窗表面的污损，加之塑料异型材本身具有良好的密封效果，使得复合门窗气密性达到最佳效果。

（3）组装灵活、方便，可降低投资成本。钢塑门窗在制作中采用焊接方式，门窗组装企业需购买焊接机、清角机等设备，而且还需提供很大的场地来安置设备，对焊接工人的要求也较高，要求其能熟练地掌握在不同外界因素影响下，对焊接时间、温度的控制等，企业投资大。铝塑复合门窗在制作中采用插件式连接方式，制作工具主要为组角机、双头锯、端面铣，可避免焊接等烦琐工艺，还能减少对场地、设备和人员的投资，大大节约了成本，同时还能为制作商节省时间，提高工作效率。

（4）门窗的使用寿命长。大家都知道塑料异型材受日光照射，容易变色、老化，使用寿命相对较短。铝塑复合窗采用外侧铝合金框、内侧塑料异型材框的独特结构，塑料异型材放在室内，首先，不会受到空气中硫化物的污染，避免了因硫污染造成的变色；其次，因有铝型材、玻璃的阻挡作用，日光照射幅度小，不易发生光催化反应，分子结构的相对稳定，必然会延长门窗的使用寿命。

（5）装饰效果好。现代生活中，人们对多彩性和个性化的消费要求越来越高。铝塑复合型材可通过粉末喷涂、电泳涂漆等方式将外层铝型材装扮成各种颜色，不仅增强门窗的防腐、耐污、耐候性能，而且更具装饰性。内层的塑料异型材因减少日光照射，也可加工成为仿木纹和彩色型材，满足了用户的个性化需求。

（6）良好的性价比。铝塑复合门窗不仅在门窗制作时可节约投资成本，同时性能比塑料门窗要好。

（7）防盗性好。铝塑复合门窗，配置优良五金配件及高级装饰锁，有效防止盗贼侵入。

（8）免维护。铝塑复合型材不易受酸碱侵蚀，不会变黄褪色，几乎不必保养。

3.5.4　玻璃钢节能门窗

20 世纪 80 年代初，随着玻璃钢门窗用型材拉挤技术和表面涂装工艺取得突破，加拿大菌莱玻璃纤维公司（Mine Fiberglass）等企业在此基础上率先成功开发出玻璃钢门窗。由于玻璃钢材料的特有优势，门窗具有了节能隔声性能，并且有结构精巧、美观高雅、坚固耐用和使用方便等突出优点,更因其环保节能特性,具有很大的市场吸引力,目前已迅速扩展到北美、西欧及日本等国家及地区。

玻璃钢门窗(图 3-20)采用的框材是玻璃纤维浸透树脂后在设备牵引下通过加热模具高温固化,形成表面光洁、尺寸稳定、强度高的玻璃钢型材,经特殊涂层表面处理切割下料后,使用专用角连接件和密封材料组装而成高品质门窗。

玻璃钢节能门窗是由玻璃钢型材经机械化组装而成的新一代节能环保型门窗。因其采用了新型复合材料和先进的窗体结构,所以使得这种门窗具有强度高、寿命长、密闭隔声、保温节能等突出特点,同时兼顾了外表美观(图 3-21)。

图 3-20　玻璃钢门窗　　　　图 3-21　玻璃钢门窗效果

从表 3-18 和表 3-19 可以看出,玻璃钢门窗与铝合金门窗、塑钢门窗相比具有以下优势。

表 3-18　铝合金、塑钢、玻璃钢型材性能比较

项目	铝合金型材	PVC塑料型材	玻璃钢型材
密度/$(g \cdot cm^{-3})$	2.7	1.4	1.9
抗拉强度/$(N \cdot cm^{-3})$	≥157	50	≥420
屈服强度/$(N \cdot cm^{-3})$	≥108	37	≥221
热膨胀系数/$°C^{-1}$	21×10^{-6}	85×10^{-6}	8×10^{-6}
导热系数/$[W \cdot (m \cdot K)^{-1}]$	203.5	0.43	0.3
抗老化性	优	良	优
耐热性	不变软	维卡软化温度≥83 ℃	不变软
耐冷性	无低温脆性	脆化温度-40 ℃	无低温脆性
吸水性	不吸水	0.8%(100 ℃,24 h)	不吸水
导电性	良导性	电绝缘体	电绝缘体
燃烧性	不燃	可难燃	难燃
耐腐蚀性	耐大气腐蚀性好,但应避免直接与某些金属接触产生电化学腐蚀	耐潮湿、盐雾、酸雨,但应避免与发烟硫酸、硝酸、丙酮、二氯乙烷、四氯化碳化碳及甲苯等直接接触	耐潮湿、盐雾、酸雨

表 3-19 铝合金门窗、塑钢门窗、玻璃钢门窗的性能比较

项目	铝合金型材门窗	塑钢型材门窗	玻璃钢型材门窗
抗风压/Pa	2 500～3 500(Ⅲ-Ⅰ级)	1 500～2 500(Ⅴ-Ⅲ级)	3 500(Ⅰ级)
水密性/Pa	150～350(Ⅳ-Ⅱ级)	50～150(Ⅴ-Ⅳ级)	150～350(Ⅳ-Ⅱ级)
气密性 /[m³·(m·h)⁻¹]	Ⅲ级	Ⅰ级	Ⅰ级
隔声性	良	优	优
使用寿命	20 年	15 年	30 年
防火性	好	差,燃烧后放氯(毒)气	好
装饰性	多种质感色彩装饰性好	单一白色装饰性较差	多种质感色彩装饰性好
耐久性	无机材料高度稳定不老化	有机分子材料会老化	复合材料高度稳定不老化
稳定性	结构形状尺寸稳定性好	易变形尺寸稳定性差	结构形状尺寸稳定性好
保温效果	差	好	好

（1）轻质高强。玻璃钢型材的密度在 1.9 g/cm³ 左右,约为铝密度的 2/3,比塑钢型材略大,属轻质材料。而玻璃钢型材抗拉强度大约是 0.42 MPa,拉伸强度与普通碳钢接近,弯曲强度及弯曲弹性模量是塑钢型材的 8 倍左右,是铝合金的 2～3 倍。而抗风压能力达到《建筑外门窗气密、水密、抗风压、性能检测方法》(GB/T 7106—2019)Ⅰ级水平,与铝合金门窗相当,比塑钢门窗要高约两个等级。

（2）密封性好。在密封性方面,玻璃钢门窗在组装过程中角部处理采用胶黏加螺接工艺,同时全部缝隙均采用橡胶条和毛条密封,玻璃钢型材为空腹结构,因此密封性能好。其气密性达到《建筑外窗气密性能分级及检测方法》(GB/T 7107—2002)Ⅰ级水平。塑钢门窗的气密性与它相当,铝合金门窗则要差一些。在水密性方面,塑钢门窗由于材质强度和刚性低,水密性要比玻璃钢门窗和铝合金门窗低两个等级。

（3）隔热保温、节能。玻璃钢型材导热系数低,室温下为 0.3～0.4 W/(m·K),与塑钢门窗相当,远远低于铝合金型材,是优良的绝热材料。玻璃钢型材的热膨胀系数为 8×10^{-6}/℃,与墙材、玻璃的线膨胀系数相当,在冷热差变化较大的环境下,不易与建筑物及玻璃之间产生缝隙,更是提高了其密封性,加之玻璃钢型材为个胶结构,所有的缝隙均有胶条、毛条密封,因此隔热保温效果显著。保温性达《铝合金地弹簧门》(GB 8482—1987)Ⅱ级水平。对于冬季比较寒冷的北方、夏季比较炎热的南方(装中调),玻璃钢门窗都是最好的选择,其保温节能性能与塑钢门窗大致相当,好于铝合金门窗。

（4）尺寸稳定。玻璃钢门窗的热胀系数为 21×10^{-6}/℃,约是铝合金 1/3,塑钢的 1/10,不会因昼夜或冬夏温差变化而产生挤压变形问题。在耐热性、耐冷性、吸水性方面,玻璃钢型材和铝合金型材相当,通热不变形,无低温冷脆性,不吸水,窗框尺寸及形状的稳定性好;而塑钢门窗易受热变形、遇冷变脆及形状稳定性差,往往需要利用玻璃的刚性来防止窗框的变形。

（5）耐腐蚀、耐老化。在耐腐蚀方面,玻璃钢门窗是优良的耐腐蚀材料,对酸、碱、盐大

部分有机物,海水以及潮湿都有较好的抵抗力,还能抑制微生物生长,适合使用于多雨、潮湿、沿海地区及化工场所。铝合金门窗耐大气腐蚀性好,但应避免直接与某些金属接触产生电化学腐蚀,塑钢门窗耐潮湿、盐雾、酸雨,但应避免与发烟硫酸、硝酸、丙酮、二氯乙烷、四氯化碳及甲苯等有机溶剂直接接触。在耐老化方面,玻璃钢型材为复合材料,铝合金型材是高度稳定的无机材料,二者的耐老化性能优良,而塑钢型材为有机分子材料,在紫外线作用下,大分子链断裂,使材料表面失去光泽,变色粉化,型材的机械性能下降。

(6)装饰性好。玻璃钢和铝合金型材硬度高,经砂光后表面光滑细腻、易涂装。可涂装各种涂料,颜色丰富、耐擦洗、不褪色、观感舒适。而塑钢门窗作为建筑外窗,只能以白色为主,因为白色或浅灰色塑钢型材耐候性和光照稳定性,不宜吸热。着上各种颜色的塑钢型材耐热性、耐候性大大降低,只能适用于室内。

(7)防火性好。相比玻璃钢门窗,铝合金门窗加入了无机阻燃材料,完全不燃,而塑钢门窗的防火性相对来说较差,在火灾时遇到明火后会缓慢地燃烧,并且在燃烧时释放氯气(有毒)。

(8)使用寿命长。经常使用条件下,玻璃钢门窗的使用寿命达30年,与铝合金门窗的20年、塑钢门窗的15年使用寿命相比更长,大大减少了更换门窗的麻烦。

3.5.5 玻纤增强聚氨酯节能门窗

传统门窗中,应用最多的是铝合金门窗和塑料门窗(PVC)两大类。铝合金同时具有高强度、高模量和高导热特性,而PVC模量和强度均较低,阻热性能优良,二者的应用均受较大的限制。为了节能考虑,铝合金设计成为断热铝合金,这无疑牺牲了其强度优势,而塑料通过衬钢增强也提高了其热传导性。随着节能要求的提高,传统的木窗也回到了人们的视野,包括铝木复合等形式的窗。为了方便比较,表3-20中列出了作为门窗型材使用材料的部分力学性能(弯曲)和导热系数参数。

对比表3-20中不同材质型材的数据可以看出,高强度、高模量且低导热的玻纤增强聚氨酯复合材料的出现为门窗的设计提供了新的可能,也受到了广泛的关注。高性能的聚氨酯树脂使得生产的复合材料具有尺寸稳定性高、成型尺寸精度高的特点,完全满足其作为门窗型材的使用要求。

表3-20 常用型材的力学性能和导热系数

材质	弯曲强度/MPa	弯曲模量/GPa	导热系数/[W·(m·K)$^{-1}$]
铝合金	265	72.0	160~240
VC	—	3.14~3.92	0.17
木材	60~140	8.0~14.0	0.1~0.2
钢材	375~500	170~206	44~48
玻纤增强聚氨酯复合材料	1.20×10^3	40.0	0.25

注:木材为顺纹理方向强度和模量,玻纤增强复合材料为沿纤维方向。

同时,复合材料拉挤生产工艺,可以保证线性复合材料的高效、连续、稳定生产,为复合材料的大规模应用提供了前提条件。

作为门窗型材使用时,材料的力学性能主要包括弯曲模量、弯曲强度等,是作为受力杆件应用的基础,传热系数低则说明了采用其制作的门窗型材理论上具有更加优异的节能性。玻纤增强聚氨酯复合材料主要性能的指标参数见表 3-21。

表 3-21　玻纤增强聚氨酯复合材料性能参数

项目	参数	项目	参数
纵向弯曲强度	1 000 MPa	巴柯尔硬度	≥60
纵向弯曲模量	40 GPa	热变形温度	≥200 ℃
树脂不可溶分含量	≥85%	导热系数	$0.25\ \mathrm{W \cdot (m \cdot K)^{-1}}$

由表 3-21 可知,玻纤增强聚氨酯复合材料力学性能优异,具有极高的弯曲强度、较高的弯曲模量。此外,玻纤增强聚氨酯复合材料具有优异的形变恢复能力,主要由于弯曲变形过程中,玻璃纤维均在弹性限度范围内,因此当外力移除时,材料可以恢复原形状。这一特性可以在门窗使用过程中,即使经历极端天气时发生大变形的情况下,如果门窗本身结构不发生破坏则仍可保持原有的气密、水密性能。

玻纤增强聚氨酯复合材料还具有耐火的特性,适宜作为耐火窗型材使用。在无任何处理情况下,其垂直玻璃纤维方向的氧指数可达到 45% 以上。复合材料受火时,聚氨酯树脂会分解并有一定程度的结炭,残余的炭层和玻璃纤维层构成火焰的屏障,显著降低热量的传递,减缓材料的分解,从而表现出良好的耐火性能。

聚氨酯树脂还赋予玻纤增强聚氨酯复合材料优异的耐腐蚀性能,可以长时间耐受酸、碱和盐类的腐蚀,因此该类材料也非常适宜在沿海地区或者船只上应用。

玻纤增强聚氨酯型材的使用温度范围宽,可以容许在 −60 ℃ 条件下长期使用,其线膨胀率约为 $6.4 \times 10^{-6}\ \mathrm{K^{-1}}$,长周期使用时与结构出现缝隙导致漏水的概率低。因此,玻纤增强聚氨酯复合材料型材在极端气候环境下具有突出的优势。

2019 年,《玻纤增强聚氨酯节能门窗》(JG/T 571—2019)已颁布,详细内容可以自行学习。

3.5.6　木节能门窗

由于木材的导热系数低,所以木材门窗框具有十分优异的隔热保温性能。在我国的建筑发展中,木材有着特殊的地位,早期在建筑中使用的都是木窗(包括窗框和镶嵌材料都使用木材),现在所说的木门窗主要指框是由木材制造。木门窗框是我国目前主要的品种之一,但由于其耗用木材较多,易变形引起气密性不良,同时容易引起火患,所以现在很少作为节能门窗的材料。

从古代一直到 20 世纪五六十年代,我国使用了几千年的门窗均为传统木门窗,采用手工现场制作,没有形成工业化生产。由于中国森林资源人均拥有量相对缺乏,国家提出了建筑材料要"以钢代木、以塑代木"的号召,所以近现代我国对木材的使用与研究相对落后于发达国家。

20 世纪 80 年代,欧洲对木材的加工处理与利用技术蓬勃发展,干燥技术、指接技术、胶合技术相继成熟,以德国为代表的现代木窗行业已较为成熟,在工厂内批量组装生产,逐渐形成了现代工厂化生产的木窗行业。指接集成材式纯木门窗、铝木复合门窗等现代木窗的出现打破了传统木门窗的概念,从技术角度改变了木材易变形的特点,提高了稳定性。铝木复合门窗采用的是室外侧为铝合金材料、室内侧为实木材料,使木材免受风吹日晒雨淋,提高了木材的使用寿命。

木窗进入了工业化生产时代,也是现代木门窗发展的开端。现代木门窗中以德式窗最为典型,从 20 世纪 90 年代开始传入中国,其优异的节能环保性能和装饰装修性能受到了设计师和高端消费者的青睐。图 3-22 即两种德式木门窗的断面。

木材是一种天然有机材料,具有令人愉悦的视觉特性,是良好的室内环境材料和生活用具材料,给人以舒适感。木材富有悦目的花纹、光泽和颜色,具有美丽的装饰性,作为室内装饰装修材料,给人温馨感;具有电热绝缘性,是良好的电绝缘、热绝缘材料;具有良好的稳定性,热胀冷缩小;具有较低的热传导系数,有较好的保温效果,可降低因保温而引起的能源消耗。

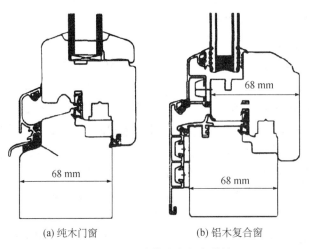

(a) 纯木门窗　　　　　(b) 铝木复合窗

图 3-22　两种德式木门窗结构

木材的内部是多孔纤维状,是天然的有机材料,是优良的热绝缘体,对热量的传递有很好的阻断作用。不同建筑材料的导热性能不一样,表 3-22 是不同建筑材料的导热系数。通过表 3-22 可以看出铝材的导热系数是木材的 1 580 倍,尼龙的导热系数是木材的 1.5 倍。所以,木材的天然特性决定了其最适合作窗框材料,加工出来的窗户要比塑料与金属的窗户更节能。

表 3-22　不同建筑材料的导热系数

材料	铜	铝	铁	尼龙	红松
导热系数/[W・(m・K)$^{-1}$]	401	237	80	0.23	0.15

木材是传统的窗框材料,它易于取材且便于加工,在我国早期的建筑中,基本上都是采用木窗。虽然木材易腐蚀、不耐久,但质量优、保养好的木门窗仍然可以有很长的使用寿命。木材的热导率低使得木窗框热工性能好,具有十分优异的保温隔热性能。其良好的装饰性也深受人们的喜爱,成为各种高档装修中最为流行的选择。但是,由于其受耗用木材资源较多、加工技术复杂等多方面因素的影响,目前纯木窗已不再是建筑首选的门窗品种,现在主要用于一些高级别墅和少数有特种装饰的建筑物。

近年来,铝包木门窗和木塑门窗作为木窗框的新发展被应用于建筑中。铝包木门窗在室外完全采用铝合金、五金配件等安装牢固(图 3-23),而室内采用经过特殊工艺加工的优质木材。这种窗框既满足了建筑内外对窗框材料的要求,又保留了木质框良好的保温隔热性能,而且防水、防尘性能好,易于保养。铝包木节能门窗的性能见表 3-23。

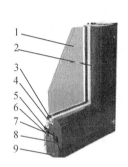

1—中空玻璃;2—木扇型材;3—密封胶条;4—扇铝型材;5—框铝型材;
6—等压胶条;7—框扇密封条;8—五金配件;9—木框型材

图 3-23 铝木门窗结构

表 3-23 铝包木节能门窗的性能

门窗型号	玻璃配置(白玻)	抗风压性能 P/kPa	水密性能 ΔP/Pa	气密性能		保温性能 /[W·(m²·K)⁻¹]	隔声性能/dB
				q_1/[m³·(m·h)⁻¹]	q_2/[m³·(m·h)⁻¹]		
J 型 60 系列平开窗	5+12A+5	3.5	≥500	≤0.5	—	2.7	32

木塑门窗是采用塑料作为保护层外覆在木芯上的门窗框材结构。塑料(PVC)外壳具有高防腐性,其阻燃性能较好,宜适用于高温地区和沿海地区。这种节能木塑窗的木芯经过去浆等工艺,并在外覆料的接口处经过胶封或焊接,保证了材质较好的刚度和强度。木塑门窗一般采用中空玻璃作为镶嵌材料,既保证了门窗在冬季不起雾、不上霜,还保证了其保温隔热性能。

3.5.7 彩钢板节能门窗

彩钢板门窗是节能型门窗,是国家四部委推广的具有节能、密封、隔声等优良性能的建筑门窗(图 3-24)。彩钢板门窗有以下几大特点:

(1)耐腐蚀。彩钢板门窗的原材料是彩色镀锌钢板,所以彩钢板门窗具有很高的强度和很好的耐腐蚀性能。

（2）物理性能好。彩钢板门窗在测试其三项物理性能时,其气密性可达Ⅰ级,水密性可达Ⅲ级,强度一般可达Ⅰ级。所以彩钢板门窗的强度是非常高的,用于30层楼以上的建筑物中其刚性也不会出现问题。

（3）寿命长。彩钢板门窗是用彩钢板为原材料制作而成的,有着极强的耐候性。彩钢板门窗安装在建筑物上一般可与建筑物同等寿命。

（4）密封性能好。其气密性即空气渗透性能可达到Ⅰ级,其空气渗透量值为 $0.5 \text{ m}^3/(\text{m}^2 \cdot \text{h})$。

（5）装饰性好。彩钢板门窗有着绚丽丰富的色彩,彩钢板作为彩板窗的原材料,其颜色是多样的,一般有茶色、白色、蓝色、豆绿色、橘红色。彩钢板窗和建筑物相匹配,整体效果好。

图 3-24　彩钢板窗
（图片来自网络）

第4章

建筑节能玻璃

4.1 建筑节能玻璃概述

4.1.1 建筑节能玻璃发展现状和意义

伴随着人类社会的发展,建筑设计理念的不断提升,现代建筑在资源利用、节约能源、环境协调、有益健康等方面提出了前所未有的新要求。在建筑上,玻璃被广泛应用于美学目的。住宅宽敞明亮的落地玻璃大窗,大型建筑漂亮的整体玻璃幕墙,都显示玻璃在建筑上起着越来越重要的作用。它创造了明亮的空间,使自然光照入室内,但缺点是太阳能量也可以通过玻璃进入室内,从而热负荷大大提高,加大了空调系统电耗。

据统计,我国民宅的门窗洞口热能损失量是发达国家的几倍甚至十几倍,我国每年建成城镇住宅面积为 5 亿 m² 以上,窗洞面积按建筑面积 1/10 计算,即需要建造玻璃 5 000 万 m²,因此解决门窗节能问题是当务之急。在节能玻璃的应用设计中,要考虑的因素除常规的抗风压强度、保温效果、隔声效果、抗震性和装饰性外,还应该对采光、光反射、热工性能等进行设计计算。

目前我国建筑能耗占社会总能耗的 30% 左右,其中通过玻璃门窗损失的能耗占全部建筑能耗的 40%～50%,在整个建筑围护结构能量损失的分布中,通过单片玻璃门窗的能量损失占 33%～50%,其中通过玻璃的损失又在门窗中占 75%。随着国家对节能的日益重视,节能玻璃将迎来发展机会,诸如中空玻璃、镀膜玻璃及 Low-E 玻璃在未来一段时间内的增速将有望提高,而传统的普通建筑平板玻璃需求可能萎缩。

而玻璃作为现代化建筑的主要外围护结构之一,其设计要满足建筑美学和建筑功能的要求,其节能更是我国建筑节能的重要一环。随着《公共建筑节能设计标准》(GB 50189—2015)的实施,建筑界对玻璃节能的标准不断提高。增强门窗玻璃的保温隔热性能,是减少建筑能耗、改善室内生活环境的重要部分。

1. 国外节能玻璃发展情况

发达国家较早认识到了建筑节能设计的重要性,并对此进行了深入的研究。美国有研究表明,一幢未采用节能措施的建筑,其年耗电费达78.5 万美元,即12 年内的能耗将等于大楼的全部投资 900 万美元,含土建、设备和防火装置。

对玻璃节能技术在建筑设计中的应用,发达国家的研究也已经取得了突破性的进展。通过立法、科学研究、节能技术到能源管理、科学普及等措施,显著降低了建筑能耗,对缓解能源供应紧张的形式做出了贡献。德国在这方面的研究处于领先地位。德国政府、企业均投入大量研究经费使德国在生态节能建筑研究领域始终占据领先地位。双层玻璃幕墙建筑作为新的重要的建筑形式,在欧洲尤其是德国大量地被研究和采用。

此外,多数发达国家已经通过多次节能标准的修订,相关的节能指标达到了较高水平,并通过制定相关优惠政策使节能型门窗玻璃得到了大面积的推广应用。美国在 20 世纪 80 年代末期,低辐射玻璃窗已占整个双层玻璃窗市场的 1/4 以上。欧洲每年用量在 5 000 万 m² 以上,全世界年用量已超过 1.2 亿 m²。德国政府于 1996 年立法规定,所有建筑物都必须采用低辐射镀膜玻璃,日本和美国有些行业协会也采取了一些措施,鼓励应用低辐射镀膜玻璃。

综上所述,国外在建筑玻璃节能技术领域的研究开展较早,且已经取得了相当的成果,同时相应的法规政策也比较完善,因此玻璃节能技术的应用也比较广泛,对我国在这方面的研究将会起到重要的理论和实践指导作用。

2. 我国节能玻璃发展情况

进入 20 世纪 90 年代后,由于经济技术水平的提高,城市化进程加快,玻璃技术在建筑中得到了广泛的应用,各大城市纷纷建造玻璃建筑。随着玻璃在我国建筑中所占的比例越来越大,玻璃的节能问题日益凸现出来。我国目前的人均能源占有量有限,对于公共建筑和住宅门窗应大力推广使用节能玻璃技术,以达到节约能源、保护环境的目的。

我国对玻璃节能技术的研究起步较晚,虽然已经取得了一定的成果,但在实际应用过程中,大多数还是以消极设防的设计思想为主,例如控制窗墙面积比、提高密封性等。但是随着我国玻璃在建筑中的广泛应用,消极设防的设计思想已经不能完全适应目前的需求,有必要逐步提高玻璃的节能技术。

目前我国在玻璃节能技术的应用方面存在的问题主要有:

(1)不够成熟的技术。节能玻璃在技术处理上相对于其他围护构件,难度更大,涉及的问题也更为复杂,例如构造连接问题、物理环境问题、光环境问题等。优质的建筑节能玻璃属于造价较高的建筑材料,如果在设计中整体经济利益考虑不完善,或是技术方面出现失误,建成后还存在构造连接、保温隔热等方面的问题,都会导致建筑长期运营的不利后果。

(2)认识的局限。虽然节能的提出已有一段时间了,国家在近几年也不断出台了各项有关的节能政策,但人们对节能的认识却仍有一定的局限性。首先是开发商的主动性不够,一部分开发商在政策法规的要求下虽然在设计中采用了节能玻璃,但在商业利益的驱使下仍有一些开发商将节能措施降到最低甚至采取逃避的态度。其次是普通民众对于由于采用节能措施所带来的购房成本增加的接受程度有限。更重要的是,现行的建筑教育不完善,许多建筑师对节能只停留在理论认识的层面上,对玻璃节能技术了解不多,常会引起设计与施工脱节。

4.1.2 节能玻璃的定义

节能不能简单地认为只是少用能。节能的核心是提高能源效率。节能建筑是指在保证建筑使用功能和满足室内物理环境质量条件下,通过提高建筑围护结构隔热保温性能、采暖空调系统运行效率和自然能源利用等技术措施,使建筑物的能耗降低到规定水平;同时,当不采用采暖与空调措施时,室内物理环境达到一定标准的建筑物。

普通平板玻璃(或浮法玻璃)对可见光和长波辐射的反射有限,夏季会因太阳辐射的进入而导致室内过热,增加空调能耗。冬季夜晚和阴雨天气,由于没有阳光,玻璃吸收室内热辐射后向外散热,因此使室内温度降低。即使在冬季的阳光天气,虽然阳光辐射的透过率相当高,但由于室内外温差大,室内大量的热辐射会透过玻璃散向室外。而建筑节能玻璃具有良好的保温隔热性能,可减少室内外热量的交流,有效地保持室内温度,大大减少了采暖和空调费用。

目前世界各国对节能玻璃都没有准确的定义。节能玻璃这种说法是人们将某些玻璃的性能与普通玻璃比较后提出的,通常是指具有隔热和遮阳性能的玻璃。这些产品在实际应用中的确有很好的节能作用,通常具有节能效果的玻璃产品有以下几类:按其性能可分为隔热性能型节能玻璃、遮阳性能型节能玻璃和吸热性能型节能玻璃。其中隔热性能型的节能玻璃有中空玻璃、真空玻璃等;遮阳性能型节能玻璃有镀膜玻璃、调光玻璃等;吸热性能型的节能玻璃有吸热玻璃等。

通过玻璃传递的热能有两种。一种是由于玻璃的透明性质造成的太阳能射入与温度场高温区向低温区的热辐射,因此,合理地控制透过玻璃太阳能就能产生很好的节能效果,冬季可以减少采暖的能量消耗,夏季可以减少空调负荷。为了降低辐射热的流动,可以采用热反射、吸热、低辐射等品种的建筑玻璃。另一种传热是玻璃作为围护材料通过热传导形成的热能流动。玻璃材料的厚度较其他墙体材料薄,传热系数也比较高,容易传递热能。因此,为了提高玻璃的节能性能,就需要控制或降低玻璃及其制品的传热系数,隔离建筑物内外的热传递。为了减少热传导形成的热能流动,可以采用中空、双层、真空等品种的建筑玻璃。

4.1.3　节能玻璃的评价与参数

玻璃节能技术在最近几年已有一定的发展,只是人们对玻璃的认识还不十分全面,因此掌握玻璃的节能特性对于更好地掌握玻璃节能技术至关重要。

自然界中热量的传递通常有三种形式:对流、辐射和传导。由于玻璃是透明材料,通过玻璃的传热除上述三种形式外还有太阳能量以光辐射形式的直接透过。衡量通过玻璃进行能量传播的参数有热传导率及 K 值(在美国称为 U 值)、太阳能透过率、遮蔽系数、相对热增益等。因此玻璃节能评价的主要参数有以下几种。

1. 传热系数 K 值

传热系数 K 值表示的是在一定条件下热量通过玻璃在单位面积(通常是 1 m²)、单位温差(通常指室内、外温度之差,一般为 1 ℃或 1 K)、单位时间内所传递的焦耳数。K 值的单位通常是 W/(m·K)。K 值是玻璃传导热、对流热和辐射热的函数,它是这三种热传方式的综合体现。玻璃的 K 值越大,它的隔热能力就越差,通过玻璃的能量损失就越多。

2. 太阳能参数

透过玻璃传递的太阳能其实有两部分,一是太阳光直接透过玻璃而通过的能量;二是太阳光在通过玻璃时一部分能量被玻璃吸收转化为热能,该热能中的一部分又进入室内。太阳能参数通常用三个概念来定义:

(1) 太阳光透射率。太阳光以正常入射角透过玻璃的能量占整个太阳光入射能的百分比。

(2) 太阳能总的透过率。太阳光直接透过玻璃进入室内的能量与太阳光被玻璃吸收转化为热能后二次进入室内的能量之和占整个太阳光入射能的百分比。

（3）太阳能反射率。阳光被所有表面（单层玻璃有两个表面，中空玻璃有四个表面）反射后的能量占整个太阳光入射能的百分比。

3. 遮阳系数

遮阳系数是相对于 3 mm 无色透明玻璃而定义的，它是以 3 mm 无色透明玻璃的总太阳能透过率视为 1 时（3 mm 无色透明玻璃的总太阳能透过率是 0.87）其他玻璃与其形成的相对值，即玻璃的总太阳能透过率除以 0.87。

4. 相对热增益

相对热增益是用于反映玻璃综合节能的指标，它是指在一定条件下即室内外温度差为 8 ℃时透过单位面积（3 mm 透明，1 mm²）玻璃在地球纬度 30°处海平面，直接从太阳接受的热辐射与通过玻璃传入室内的热量之和。也就是室内外温差在 8 ℃时透过玻璃的传热加上地球纬度为 30°时太阳的辐射热 630 W/m² 与遮蔽系数的积。

相对热增益越大，说明在夏季外界进入室内的热量越多，玻璃的节能效果越差。玻璃真实的热增益是由建筑所处的地球纬度、季节、玻璃与太阳光所形成的夹角以及玻璃的性能共同决定的。影响热增益的主要因素是玻璃对太阳能的控制能力，即遮蔽系数和玻璃的隔热能力。

相对热增益特别适合于衡量低纬度且日照时间较长地区向阳面玻璃的使用情况，因为该指标是在室外温度高于室内温度时，室外热流流向室内且太阳能也同时进入室内的情况下而给定的。

对于不存在太阳能辐射部位使用玻璃时，反映玻璃保温能力的指标只有 K 值。

4.1.4 节能玻璃的选择

随着玻璃加工技术的不断发展，可供选择的范围越来越大，但不管选择哪种节能玻璃，都应把玻璃是否能有效地控制太阳能和隔热保温放在重要位置来考虑。要使玻璃在使用下尽量减少能量损失，必须根据需要选择合适的玻璃。在选择使用节能玻璃时，应根据玻璃所在位置确定玻璃品种：日照时间长且处于向阳面的玻璃，应尽量控制太阳能进入室内，以减少空调负荷，最好选择热反射玻璃或吸热玻璃及由热反射玻璃或吸热玻璃组成的中空玻璃。现代建筑都趋向于大面积采光，如果使用普通玻璃，其传热系数偏高，且对太阳辐射和远红外热辐射没有有效限制，因此其面积越大，夏季进入室内的热量越多，冬季室内散失的热量越多。据统计，普通单层玻璃窗的能耗损失占建筑冬季保温或夏季降温能耗的一半以上。针对玻璃能耗较大的情况，要正确选择玻璃的类型。不同的玻璃具有不同的性质，一种玻璃不能适用于所有气候区域和建筑朝向，因此，要根据具体的情况合理地进行选择。

我国地域广大，气候条件各异，《民用建筑热工设计规范》（GB 50176—2016）将热工设计分区划为：严寒地区必须充分满足冬季保温要求，一般不考虑夏季防热；寒冷地区应满足冬季保温要求，部分地区兼顾夏季防热；夏热冬冷地区必须满足夏季防热要求，适当兼顾冬季保温；夏热冬暖地区必须充分满足夏季防热要求，一般不考虑冬季保温；温和地区部分地区应考虑冬季保温，一般不考虑夏季防热。这样不同地区对太阳辐射热的利用限制就有不同的要求，严寒寒冷地区要充分利用太阳辐射热，并使已进入室内的太阳辐射热最大限度地留在室内;而对夏热冬暖或夏热冬冷地区,夏季要限制太阳辐射热进入室内。窗玻璃的透光系数(透明玻璃)在 72%(9 mm)和 90%(2 mm)。透明玻璃在透光的同时,太阳热也辐射入室内,现在可采用镀膜玻璃,使太阳可见光部分透射室内,将太阳辐射热部分反射,以减少进入室内的太阳热。阳光控制膜玻璃 SS-8 可见光透射率为 8%,太阳能反射率为 33%;SS-20 可见光透射率为 20%,太阳能反射率为 18%;CG-8 可见光透射率为 8%,太阳能反射率为 49%;CG-20 可见光透射率为 20%,太阳能反射率 39%;而低辐射 Low-E 玻璃对红外、远红外线有较强的反射功能,一般为 50%。当一个物体本身有较高温度时,它以远红外线向外辐射热量;严寒或寒冷地区,白天太阳辐射热通过窗玻璃进入室内,被室内物体吸收储存,当太阳落山后,室内温度高于室外,还有室内采暖设备的热量就以远红外线通过窗户向室外辐射,如果采用低辐射膜玻璃,白天将太阳辐射热吸收到室内约 90%,晚上又能将远红外辐射部分反射回室内。因此,对不同热工设计分区的窗应选不同种类的镀膜玻璃,即以冬季采暖为主地区,宜选用 Low-E 玻璃,以夏季防热为主的地区,宜选用阳光控制膜玻璃。

夏热冬暖地区太阳辐射强烈,太阳高度角大,必须充分考虑夏季防热,可不考虑冬季防寒、保温。建筑能耗主要为室内外温差传热耗能和太阳辐射耗能,太阳辐射耗能占建筑能耗的大部分,是夏季得热的最主要因素,直接影响到室内温度的变化。因此,该地区应最大限度地控制进入室内的太阳能。

选择窗玻璃,主要考虑玻璃的折射系数,尽量选择 SC 较小的玻璃。一般而言,单片吸热玻璃或热反射玻璃、Low-E 玻璃、Solar-E 玻璃遮阳系数较小,能取得一定的节能效果,但传热系数较大,节能效果有限。可选择中空玻璃,外片采用吸热玻璃、热反射玻璃、吸热的 Low-E 玻璃和 Solar-E 玻璃,内片采用透明玻璃、Low-E 玻璃等。这样的组合使外片玻璃吸收绝大部分的太阳辐射热,空气层将外片玻璃的热辐射阻挡在外面而不对室内产生二次辐射和传热,遮阳系数小、传热系数低,是夏热冬暖地区的最好选择。

4.2　中空玻璃

中空玻璃又称隔热玻璃,是由两片或多片玻璃以有效支撑均匀隔开并周边粘接密封,使玻璃夹层之间形成有干燥气体的空间,故称中空玻璃。中空玻璃的夹层最初是干燥的空气,目前多用热导率比空气低的其他气体。中空玻璃的气体夹层厚度最小不应小于 6 mm,否则起不到保温隔热的作用。但厚度也不能太大,太大会使中空玻璃过厚。为使隔框生产标准化,目前中空玻璃的空隙分为 6, 9, 12, 14, 16 mm 等几种。

4.2.1　中空玻璃的构成

任何一种中空玻璃,都由以下部分组成(图 4-1):

(1) 构成中空玻璃的原片玻璃。这些玻璃可以是普通浮法玻璃、夹层玻璃、阳光控制玻璃(包括 Low-E 玻璃)等。

(2) 气体夹层和气体。在中空玻璃内的夹层中,首先为了保证中空玻璃的性能,夹层气体必须是干燥的,包括干燥空气、氢气或其他特殊气体。一般根据不同的要求,中空玻璃夹层的厚度和内部的气体也不同。

(3) 边缘密封系统。公认的中空玻璃边缘密封系统有两种：一种是传统的冷边密封系统（槽铝式），另一种是以美国 Swiggle 胶条为代表的暖边密封系统（复合胶条式）。由于传统铝槽式中空玻璃产品在国际和国内使用的时间较长，因而被很多人认可，而暖边密封系统于 1997 年 4 月开始在国内推广，一开始还没有被人们广泛认识。但是这种产品由于是在传统方法基础上经过改进，使中空玻璃的隔热、隔声性能大大提高，因而越来越被人们接受，很快得到了普及。

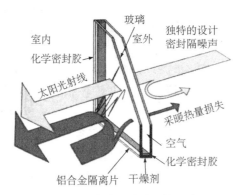

图 4-1　中空玻璃的结构示意

4.2.2　中空玻璃的节能原理

窗玻璃的热量传递方式有三种，即对流传热、热传导和辐射传热。对流传热是由于在玻璃的两侧具有温差，空气在冷的一面下降而在热的一面上升，形成空气的对流，从而造成能量的流失；热传导是通过物体分子的运动，进行能量传递的过程；辐射传热是能量通过射线以辐射的形式进行的传递。

1. 中空玻璃保温隔热原理

中空玻璃的隔热性是指在夏季减少室外热量通过其传入室内，在南方突出地表现在减少太阳能辐射上。辐射传热是能量通过射线以辐射的形式进行的传递，这种射线包括可见光、红外线和紫外线等的辐射。高温物体向低温环境辐射的热量与物体的辐射发射率有关。由于玻璃的辐射发射率较大，为 0.837，因此辐射传热是影响中空玻璃隔热性能的主要因素。当太阳光到达玻璃上时，大约 85% 透射过去，7% 被反射，8% 被吸收。玻璃的透射、反射、吸收的量取决于入射光的波长。普通单层平板玻璃内外表面温差只有 0.4 ℃ 左右，表明该种玻璃本身几乎没有隔热能力。中空玻璃的隔热性能主要是中空玻璃内气体夹层的热绝缘作用，使其两侧表面的温差接近甚至超过 10 ℃。这是因为其夹层内的气体处于一个封闭的空间，气体不产生对流，而且即使是空气的导热系数 0.028 W/(m·K) 也是玻璃导热系数 0.77 W/(m·K) 的 1/27，因而对流传热和传导传热在中空玻璃的能量传递中仅占较小的比例。这一作用又随玻璃表面的风速和玻璃表面的辐射而变化。中空玻璃正是利用气体夹层热阻较大，特别是形成不产生对流的空气夹层，这样室内和室外相互之间的能量交换就大大降低，可获得显著的隔热效果。

中空玻璃的保温性是指在冬季减少室内热量通过其传至室外，热阻越小，保温性能越好。如果玻璃镀上一层低辐射膜,便可使其辐射发射率降至 0.1,冬天就会使室内向外辐射的热量减少,起到更好的保温作用。如果在中空玻璃的两个内表面分别镀上遮阳膜和低辐射膜,夏天挡住炎热的太阳光,冬天防止室内的热量散失,就达到了室内冬暖夏凉的目的。

2. 中空玻璃防结露,降低冷辐射性能

中空玻璃除有优良的保温隔热性能外,还具有减少冷辐射,降低噪声,防止结霜、结露等性能。中空玻璃内部存在着可以吸附水分子的干燥剂,气体是干燥的;当温度降低时,中空玻璃的内部也不会产生凝露现象,玻璃外表面的结露点温度也会升高。这就是中空玻璃与双玻的最大区别,因为双玻容易产生结露问题,特别是当双玻璃密封不严时,玻璃内表面容易结雾而影响其使用性能。

由于中空玻璃的隔热性能较好,玻璃两侧的温度差较大,还可以降低冷辐射的作用。冬季站在靠近窗口的位置,会觉得从温暖的皮肤表面向寒冷的窗玻璃散热的冷感,这种现象称为冷辐射。采用中空玻璃时,这种冷感可大幅度降低。例如,相同结构的房间,采用 3 mm 的普通平板玻璃时,冷辐射区域占室内空间的 67.4%;而采用中空玻璃时,冷辐射区域只占室内空间的 13.4%。

中空玻璃的隔热、防结露等优异性能使其成为重要的节能建筑材料,被广泛使用。一般来说,安装普通的双层中空玻璃(12 mm 厚空气夹层),其传热系数为 $3.02 \sim 3.60$ W/($m^2 \cdot K$),可节约能源 20% 以上;安装三层玻璃或填充惰性气体或以吸热、热反射、低发射率玻璃制成中空玻璃,则节约的能源十分可观,可达 30%~70%。

4.2.3　影响隔热性能的原因

1. 原片玻璃的选择

原片玻璃是构成中空玻璃的基础,原片玻璃的性能自然会对整个中空玻璃组件的性能产生重大的影响。

(1)玻璃厚度。玻璃的传热系数与玻璃的热阻直接相关,单片玻璃的热阻又与玻璃的厚度相关。玻璃厚度越大,则其热阻越大。

(2)玻璃类型。在选择原片玻璃时,往往根据所在地区气候的不同而选择不同功能的玻璃。比如太阳光照射较强的地区,可以选择高遮阳系数的低辐射玻璃或热反射玻璃,以控制阳光进入室内;在较寒冷的地区则可以选择高透过率的低辐射玻璃,既能让更多的阳光进入室内,又能减少室内热量向外散发,从而提高中空玻璃的整体性能。

2. 气体夹层

气体夹层是影响中空玻璃保温隔热性能最关键的因素。气体夹层的厚度、气体的种类以及其间密封胶和间隔条的选择都会影响中空玻璃的性能。

(1)气体夹层的厚度。气体夹层的厚度一般是由间隔条的规格决定的,实际使用过程中可根据实际情况选择使用不同规格的间隔条,国内目前常用的有 6 mm,9 mm,12 mm 三种厚度。因为气体夹层的厚度影响着气体夹层内的对流换热,也就直接关系到中空玻璃热阻的大小。随着气体夹层厚度的增加,中空玻璃的热阻就相应变大,但二者并不是成正比的。当夹层厚度增加到一定程度后再增加时,夹层内的气体就会因两侧玻璃表面的温差作用而产生对流,而此时并不利于增加中空玻璃的热阻。无论夹层内填充的是什么气体,都会

在达到一定厚度之后其传热系数就不再变小,反而可能会略微变大。

(2)气体的种类。夹层气体的化学稳定性越好,导热系数越低,越能保证中空玻璃的保质期及其保温隔热性能。一般情况下,除了干燥的空气是夹层中常用气体外,还有氩气、氪气及氙气等惰性气体可供选择。稳定性越好的气体,往往其导热系数越低,比如氩气[0.016 W/(m·K)]导热系数就低于空气[0.024 W/(m·K)],而稳定性越高的气体,达到其最小传热系数所需的夹层厚度也越小。由于氩气稳定性高于空气,且其在空气中含量较氪气及氙气丰富,容易提取,因此在国外它被更多地用于填充中空玻璃的夹层。

(3)气体夹层的间隔条及密封胶。间隔条的主要作用是确定中空玻璃夹层的厚度,而密封胶主要是用来隔绝夹层气体与外部气体之间的联系。间隔条的性能对中空玻璃的性能也有一定的影响。最早的中空玻璃间隔采用铝间隔条,这种间隔条质量轻、加工简单,但其导热系数较大,为160 W/(m·K)左右,是空气的600多倍,玻璃的200多倍。采用这种间隔条,在中空玻璃的边缘极易形成热桥,造成室内热量的散失,且在冬季室外气温较低时,又易结霜,影响中空玻璃的使用寿命。后来市场上出现了一种Swiggle(实唯高)胶条,它采用边部连续密封材料保温,只有一个连接角,有效减少了中空玻璃边缘的缝隙,同时其隔热性能也比铝间隔条要好。

3. 玻璃安装角度的变化

多数情况下,建筑外围护结构中的玻璃是垂直放置的,但随着建筑形式越来越多样,玻璃在建筑中的应用也不再局限于垂直墙面上,比如天窗或其他形式的玻璃采光顶。就如同同样的材料用在外墙上和用在内墙上其传热系数会有所不同一样,当玻璃放置角度发生变化时,其传热系数也会有所变化。这是因为随着玻璃角度的变化,其间层内气体的对流状态也会相应发生变化,从而影响了夹层气体对热量的传递。

4.2.4 中空玻璃的性能、标准和质量要求

1. 中空玻璃的性能

(1)优越的节能效果。现代建筑能耗主要是空调和照明,前者占能耗的55%,后者占能耗的23%,而玻璃是建筑物外墙中最薄、最容易传热的材料。中空玻璃由于铝框内的干燥剂通过铝框上面的缝隙使玻璃中空内空气长期保持干燥,所以隔温性能极好。

(2)高度隔声。中空玻璃可将噪声下降27~40 dB,室外80 dB的交通噪声到了室内,便只有50 dB。

(3)消除霜露。室内外温差过人,单层玻璃会结霜。中空玻璃则出于与室内空气接触的内层玻璃受空气隔层影响,即使外层接触很低,也不会因温差在玻璃表面结露。中空玻璃露点可达-70 ℃(不含胶条式中空玻璃)。

(4)抗风压强度提高。幕墙主要承受风荷载,抗风压成为幕墙的主要指标。中空玻璃的抗风压强度是单片玻璃的15倍,玻璃不易自爆。中空玻璃生产方法为黏结法,冷加工,玻璃原片内应力不改变,四周以弹性材料密封。

(5)镀膜中空玻璃膜层不会脱落。镀膜玻璃的金属膜面不可长期裸露于空气中,而镀膜中空玻璃的金属膜面处在干燥的密封空气中永不脱落。

(6)玻璃原片不会爆裂。在空调房间,夏天单片玻璃外侧受太阳直射,聚集热量,玻璃

内外有温差,当温差过大时,玻璃就会爆裂。中空玻璃不存在这种现象。

（7）中空玻璃适用范围。中空玻璃适用于高档建筑物的门窗、天棚、需要隔声的学校、医院、体育场馆、电视、广播录音室等场所,还应用于制冷电器、飞机、船舶、机车等领域。

2. 中空玻璃的标准和质量要求

根据中国现行的标准《中空玻璃》(GB/T 11944—2012),中空玻璃在质量方面的要求主要包含尺寸偏差、外观质量、露点、耐紫外线辐照性能、水气密封耐久性能、初始气体含量和 U 值等,见表 4-1,详细内容可查询标准。

表 4-1　中空玻璃要求

项目	标准要求
露点	$\leqslant -40\ ℃$
耐紫外线辐照性能	试验后,试样内表面应无结雾、水汽凝结或污染的痕迹且密封胶无明显变形
水气密封耐久性能	水分渗透指数 $I\leqslant 0.25$,平均值 $I_{av}\leqslant 0.20$
初始气体含量	充气中空玻璃的初始气体含量应$\geqslant 85\%$
气体密封耐久性能	充气中空玻璃经气体密封耐久性试验后的气体含量应$\geqslant 80\%$
U 值	由供需双方商定是否有必要进行试验

4.3　真空玻璃

1892 年 James Dewar 首次发明了真空瓶,并在随后的研究中发现了银色涂层能够有效降低热辐射。真空玻璃是根据真空瓶原理发明的一种建筑类节能玻璃,它利用真空夹层的原理减少空气的对流热,使得真空玻璃具有良好的保温性能。

真空玻璃保温性能的主要指标为真空玻璃的传热系数(U 值),U 值越低,真空玻璃的保温性能越好,该值的检测标准为国家提出的相关标准,真空玻璃的真空寿命现阶段只有在实验室中有相关的研究,在不考虑真空玻璃破损的情况下,真空玻璃的真空寿命考虑为真空玻璃的保温性能,即 U 值在使用过程中日渐升高达到一定的失效闭值。

4.3.1　真空玻璃的发展

世界上第一块真空玻璃,是唐健正先生在悉尼大学期间与该校 R. E. Collins 教授一起研发并共同申请的专利技术,属职务发明。1994 年底,日本板硝子株式会社从悉尼大学拿到真空玻璃的专利使用权,1997 年 1 月,板硝子成功建成了世界上第一条真空玻璃生产线,并推出真空玻璃产品,在世界范围内形成广泛影响。

1998 年,唐健正将真空玻璃研制与生产的先进技术、经验带回国内,真空玻璃落地到中国,带动了我国真空玻璃产品技术的快速发展。1998—2004 年,真空玻璃一直处于研发和科技成果转化阶段。从专利申请数量来看,2005 年以前发展缓慢,占总量的 3.2%;2006—2009 年处于稳步发展阶段,每年约 30 件;2010—2012 年,专利申请量近乎呈直线迅速增长,表明我国真空玻璃进入快速发展阶段。在近 25 年的专利申请数据中,我国真空玻璃发明专利申请数量为 321 件(国内专利申请总数为 561 件),占专利申请总数的 57%。

2004 年,北京新立基真空玻璃技术有限公司(以下简称"新立基")建成国内第一条真空玻璃半自动化生产线并经过权威部门验收,标志着开启了我国真空玻璃时代的篇章。

在真空玻璃进入市场的初始阶段,很多人都认为真空玻璃是与中空玻璃类似的产品,从性能上也没有太多区别,并不被认知和接受。与此同时,产品进入市场就需要有对应的检测、检验产品报告,可这些对于真空玻璃的制造企业来说都是空白。于是,以北京新立基为首的真空玻璃制造企业,首先想到了政策的扶持与标准的制定,其先后承担或参与完成国家"十一五"科技支撑计划(2006BAJ02B06)、国家重点新产品计划(2007GR00017)、国家"十二五"科技支撑计划(2011BAE14B03)、国家国际科技合作专项(2010DFB53100)等国家项目。2008 年,世界范围内第一个行业标准《真空玻璃》(JC/T 1079—2008)发布实施。

该标准是由中国建筑材料科学研究总院牵头,北京新立基、青岛亨达及天津泰岳玻璃共同制定完成的。标准明确了真空玻璃的术语和定义,并依据保温性能(K 值)进行产品分类,规定了构成真空玻璃的原片质量要求,并对真空玻璃的相关技术要求做了明确说明,使之成为真空玻璃产品进入市场的检测认证依据。

随着国家建筑节能和产业政策的调整与支持,真空玻璃得到越来越多的关注。2014 年6 月,中国建筑玻璃与工业玻璃协会成立了真空玻璃行业专业委员,使真空玻璃从一个产品提升为节能玻璃新产品的一部分。真空玻璃从此时走上了行业的舞台,以其节能、环保、科技的崭新形象,亮相于行业中,不仅在建筑行业中成为新材料的宠贵,更成为行业内众所周知的新一代节能玻璃制品。

4.3.2 真空玻璃的结构及性能

将两块材质较好的平板玻璃用细小的、强度较大的支撑物分隔开,并将两侧用低熔点的玻璃焊接物通过焊接封装好,其中一片玻璃具有抽气口,通过抽气将两片玻璃之间的气体抽出,形成一个压强小于 0.1 Pa 的近似真空层,在抽气完毕后用吸气剂和封口片将抽气口封装完成。图 4-2 是真空玻璃简单示意。

真空玻璃的选材可以为钢化玻璃和半钢化玻璃,因为玻璃内外侧存在压力差,需要选取强度较大的玻璃材料和支撑物材料,也可以在玻璃内侧和外侧通过涂层来降低真空玻璃的辐射传热。

真空玻璃是当今世界上节能效果最好的玻璃产品之一,其通过阻断玻璃中的传导和对流传热,

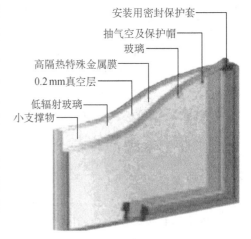

安装用密封保护套
抽气空及保护帽
玻璃
高隔热特殊金属膜
0.2 mm真空层
低辐射玻璃
小支撑物

图 4-2 真空玻璃构造示意

具有优异的保温效果,同时具有很好的隔声性能,能够起到保温隔热、防止结露、节能降耗、隔声降噪的作用,是当前高效节能玻璃的发展方向。

1. 节能

真空玻璃与中空玻璃的结构不同,所以传热机理也有所不同。真空玻璃通过辐射传热、

支撑物传热及残余气体传热三部分构成。采用低辐射玻璃后,在兼顾其他光学性能要求的条件下,可降低或减小辐射传热。真空玻璃真空层的气压低于 $1\sim10$ Pa,残余气体传热可以忽略不计。"支撑物"方阵间距,根据玻璃厚度及力学参数设计在 $20\sim40$ mm 之间,由于支撑物的直径很小(一般在 $0.3\sim0.5$ mm),人眼难以分辨,且高度只有 $0.1\sim0.2$ mm,"热桥"形成的传热仅仅占据很小一部分传热量。由此,真空玻璃的传热 K 值一般可在 0.6 W/($m^2\cdot$ K) 左右,相当于在建筑的外围护做了一层"保温罩",有效阻隔室内外热量传导,既可以降低空调的能耗,又可以减少由供暖导致的 CO_2 的排放,减少对环境的污染。

2. 隔声降噪

随着都市人口的密集和交通运输工具的增多,噪声污染日益严重,直接对人体产生危害。虽然支撑物形成"声桥",但真空层有效阻止了声波的传导,在低频段隔声性能上起到良好的阻隔作用。从理论上看,依据真空玻璃隔声性能测试结果,其隔声量最高可达 42 dB。

真空玻璃的隔声性能在各种玻璃中堪称最优,半钢化真空玻璃的计权隔声量最高可达 37 dB,而等效厚度的单片玻璃和普通中空玻璃的计权隔声量约为 31 dB。由于真空玻璃的低频隔声性能非常突出,非常适合用于临街、铁路和机场附近,为了达到更好的隔声性能,真空玻璃可进一步与中空玻璃或夹胶玻璃组合,组合之后的隔声量可高达 42 dB。轻薄真空玻璃的真空层仅为 $0.1\sim0.2$ mm,已然具备良好的节能效果。相比中空玻璃的 9 mm/12 mm 的中空层,其厚度几乎可以忽略不计,极大地减少了窗框型材的使用,同时,降低了门窗的整体重量。在节能系统门窗中,可以降低整体成本,从而达到良好的市场效应。图 4-3 中显示的是在同等 K 值下,真空玻璃与中空玻璃的厚度对比。

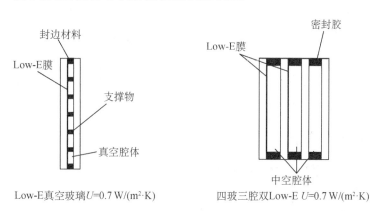

Low-E真空玻璃U=0.7 W/($m^2\cdot$K)　　　四玻三腔双Low-E U=0.7 W/($m^2\cdot$K)

图 4-3　真空玻璃与中空玻璃的结构对比

3. 减少"地表风"和"冷辐射"

这里说的"地表风"是指由于地面、墙面和窗户表面温度较低,与室内空气温度形成温度差,造成空气流动,人体的脚部和腿部会感觉到寒冷,对人体健康不利。所谓 "冷辐射"是指寒冷的墙壁或窗对身体造成的辐射,这种辐射会使人感觉不舒服,所以在冬季要远离过冷的墙壁或窗,睡觉时至少要离开墙壁或窗 50 cm 以上的距离。

玻璃的保温性能越差,玻璃室内表面温度越低,对人体造成的冷辐射越严重。通过理论计算和实际测试,得出真空玻璃室内表面比室内空气温度低 $3\sim5$ ℃,在相同的环境下,远远高于其他玻璃表面温度。以室内温度 20 ℃，室外温度－10 ℃为例，比较各种玻璃表面温度，详见表 4-2。

表 4-2　各种玻璃表面温度比较

玻璃类型	结构	K 值/[W·(m²·K)⁻¹]	室内侧玻璃表面温度/℃
普通白玻	T5	5.7	－1
普通中空	T5＋9A＋T5	2.8	8.8
Low-E 真空	T5＋V＋TL5	0.6	17.6

4. 其他性能优势

真空玻璃的材料均为无机材料，且加工过程中经过严格的高温真空排气，在高温、高湿、紫外线照射等恶劣环境下，不会产生性能衰减、老化失效等问题。可以与夹层玻璃、中空玻璃、低辐射镀膜玻璃等复合加工，进一步提高玻璃制品安全性能、节能性能等。除此以外，还具备防结露、应用地域广泛等特点。

4.3.3　真空玻璃的应用

目前，真空玻璃主要应用于建筑行业。众所周知，建筑能耗约占社会总能耗的 1/3，建筑围护结构是建筑的重要组成部门，而建筑外窗又是建筑围护结构中的重要组成部分。研究表明，外窗面积占围护结构面积的 25%～35%，其能耗损失占整个建筑围护结构能耗损失的 50% 左右。玻璃在门窗中的应用占到整窗面积约 75% 或以上，所以降低窗的传热系数，与高性能玻璃密不可分，改善窗的保温性能，对于建筑节能来说是至关重要的。

自真空玻璃 2004 年应用于建筑以来，在我国的建筑应用中覆盖面越来越广。特别是中德合作的河北秦皇岛被动式低能耗住宅项目"在水一方"，真空玻璃发挥了重要作用，推动了我国新一代节能玻璃技术和标准的发展。

4.3.4　真空玻璃的质量标准

真空玻璃具体的质量标准有行业标准《真空玻璃》(JC/T 1079—2008)，表 4-3 即其对真空玻璃的技术要求，详细内容可以查看标准。

表 4-3　技术要求及对应条款

项目	技术要求	试验方法
厚度偏差	6.02	7.1
尺寸及其允许偏差	6.03	7.2
边部加工	6.04	7.3
保护槽	6.05	7.4
支撑物	6.06	7.5
外观质量	6.07	7.6

(续表)

项目	技术要求	试验方法
封边质量	6.08	7.7
弯曲度	6.09	7.8
保温性能	6.10	7.9
耐辐照性	6.11	7.10
气候循环耐久性	6.12	7.11
高温高湿耐久性	6.13	7.12
隔声性能	6.14	7.13

4.3.5　结语

真空玻璃是国内较为领先的节能玻璃深加工制品,其专利与技术的发展处于国际领先水平,产业化虽然属于发展初期,但是具备持续发展的空间。通过节能标准和规范的制定与实施,特别是产业政策的支持与国家宏观建筑节能政策的引导,真空玻璃有望成为节能玻璃中的新宠。在不久以后的将来,真空玻璃不论技术还是产品产业化发展,必然能够得到长足的进步,为我国建筑节能提供优质的玻璃制品。

4.4　镀膜节能玻璃

镀膜玻璃在建筑上的应用主要有两种,即热反射玻璃(或称阳光控制镀膜玻璃)和低辐射玻璃(也称 Low-E 玻璃)。

4.4.1　建筑镀膜玻璃的节能特性

要使镀膜(幕墙)玻璃达到最佳的节能效果,就必须合理地控制太阳能辐射和热辐射,但在不同的地区、不同的季节有不同的侧重面。在炎热夏季的南方地区要求镀膜玻璃有效地阻挡灼热的太阳能辐射,降低空调制冷费用,热反射(阳光控制)镀膜玻璃具有这种功能。寒冷地区不仅要阻挡室内取暖设备发出的热通过玻璃向室外泄漏,还要求把太阳能辐射引入室内,低辐射(Low-E)玻璃有这种功能。还有一种折中要求,即夏季要有效阻挡太阳辐射入内,冬季则阻挡室内热量向外辐射,可以采用低辐射阳光控制镀膜玻璃。

图 4-4 是单片阳光控制镀膜玻璃和单片透明玻璃的太阳能辐射热量传输示意。从图中可以看到,阳光控制镀膜玻璃的反射和吸收都比透明玻璃高出很多,其中吸收部分(图中分别为 61% 和 8%)变成热辐射向室内和室外二次辐射,在 ASHRAE 标准条件下向室外的热辐射约占 3/4(图中分别为 45% 和 6%),向室内的约占 1/4(图中分别为 16% 和 2%),由此可见阳光控制膜玻璃阻挡太阳辐射的性能远远优于透明玻璃。图中阳光控制膜玻璃总的进入室内的太阳能为 33,而透明玻璃总的进入室内的太阳能为 87,二者之比为 0.37,即阳光控制膜的遮阳系数为 0.37。从控制太阳能辐射来达到节能的目的来看,阳光控制膜玻璃的太阳

能反射和吸收较大,或说遮光系数必须小。但过分的高反射和高吸收会带来一些副作用。一是可见光透射率太低影响白天室内照明,二是反射率太高引起所谓的光污染,三是玻璃过度升温可能会引起热应力炸裂。阳光控制膜玻璃在南方地区的炎热夏季能发挥最大的节能效果。

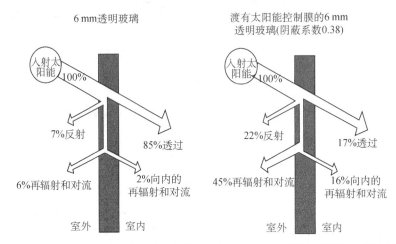

图 4-4 单片阳光控制镀膜玻璃和单片透明浮法玻璃的太阳能辐射热量传输示意

图 4-5 是普通中空玻璃与低辐射中空玻璃的能量传输示意。图中室内热辐射是指室内物体的热辐射,主要包括取暖设备发出的热量。可以看到热辐射不能直接透过低辐射玻璃,一部分热辐射被玻璃吸收后以二次辐射的方式分别向室内和室外释放,另有一部分热辐射通过对流、传导和辐射向室内传输,剩余的热辐射则以反射、对流和辐射的形式返回室内,只有 40% 的热辐射受到损失,但在相同的条件下,普通中空玻璃的热辐射损失就高达 80%,低辐射玻璃的隔热性能比中空玻璃增加了一倍。同时,太阳能辐射中大部分可见光和约一半近红外光能够顺利透过低辐射膜进入室内,这部分辐射的大部分在室内变为热能,从而使室内升温,这对高纬度地区阳光充裕的冬季白天是非常有利的。

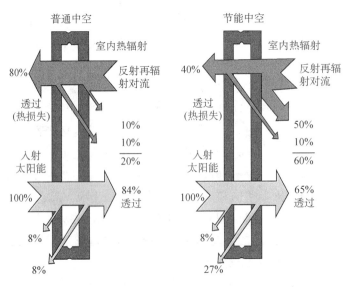

图 4-5 普通中空玻璃与低辐射中空玻璃的能量传输示意

表 4-4 普通玻璃、低辐射玻璃和阳光控制(热反射)玻璃性能比较

项目		透明浮法玻璃	阳光控制膜玻璃	低辐射玻璃
节能效果		无	减少太阳辐射能 50% 以上(炎热地带节省空调费用)	减少太阳能辐射 30% 以上,减少室内热辐射 50% 以上
U 值 /$[\mathrm{W}\cdot(\mathrm{m}^2\cdot\mathrm{K})^{-1}]$		5.7	5~6	1.6~2.2
SC 值		0.98	0.2~0.6	0.4~0.7
RHG 值/$(\mathrm{W}\cdot\mathrm{m}^{-2})$		663	200~400	50~400
光学性	外观颜色	—	鲜艳、浓重、多色调	浅、淡色居多
	可见光透过	—	较低,采光差	采光好,接近自然光
	可见光反射	—	较高,产生光污染	低,无光污染
	适用地区	—	低纬度炎热地区	高纬度寒冷地区亚热带,温带等

评价镀膜玻璃节能性能的参数很多,如遮阳系数、U 值、K 值、相对增热等。与普通透明玻璃相比,阳光控制膜(热反射)玻璃能够降低 SC,而 U 值几乎不变;低辐射膜玻璃能合理控制 SC,大幅度降低 U 值。可以认为阳光控制膜玻璃的节能主要取决于遮阳系数 SC,而低辐射玻璃的节能主要来自 U 值和遮阳系数 SC 的结合作用,其中 U 值的绝热作用更为突出。表 4-4 为低辐射玻璃和阳光控制(热反射)玻璃的各性能指标比较。

4.4.2 性能优异的节能型镀膜玻璃——低辐射玻璃

低辐射玻璃 1977 年发源于美国,1981 年登陆欧洲,1985 年在日本开始得到应用。历经 20 年的发展,目前全世界年用量已达 $12\,000\times10^4\ \mathrm{m}^2$。1987 年美国低辐射玻璃的销售量为 $760\times10^4\ \mathrm{m}^2$,1989 年增至 $1\,500\times10^4\ \mathrm{m}^2$,1991 年进一步增至 $2\,300\times10^4\ \mathrm{m}^2$。西欧各国推广玻璃起步较晚,但发展迅速,1993 年市场销售量已达 $1\,400\times10^4\ \mathrm{m}^2$,1996 年增至 $2\,600\times 10^4\ \mathrm{m}^2$,目前年销售已 $5\,000\times10^4\ \mathrm{m}^2$。不仅如此,西欧诸国还开始实施新的节能条例,对现有楼房和新楼房的外窗做出规定,要求必须采用含有低辐射玻璃的中空玻璃,这大大促使了市场对低辐射中空镀膜玻璃的需求。

世界各大玻璃公司如美国的 PPG 公司、英国的皮尔金顿公司和法国的圣哥本公司等都在不断改善产品的性能与质量,提高产品的竞争力,各种在线与离线的低辐射玻璃产品层出不穷。低辐射玻璃的研究、生产在我国尚处于起步阶段,市场有待开拓,但前景广阔。

低辐射玻璃(Low-E 玻璃)的主要特性为:①表面辐射率一般低于 0.15,这意味着当辐射能为 1 时,它吸收并再次辐射出的能量少于 0.15,而普通玻璃为 0.84。玻璃窗同窗外空气接触后吸热少,隔热性能好。②对波长在 350~700 nm 的可见光范围,透射率一般在 30%~70%,接近普通透明玻璃,但对波长大于 2.5 μm 的中远红外区,反射率超过 90%,具有阻止热辐射透射作用。图 4-6 和图 4-7 分别为普通玻璃和低辐射玻璃的辐射曲线和透射、反射曲线示意。

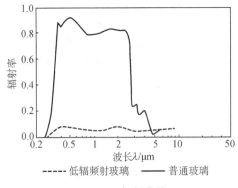

图 4-6　辐射曲线

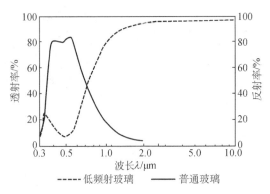

图 4-7　透射和反射曲线

4.4.3　低辐射玻璃的节能原理

低辐射膜本质上就是一种透明导电膜,对可见光有良好的透光性,对红外光有很高的反射性,它的光学特性与电学性能密切相关。一般,电磁波射入散射体,由于电磁波的磁场作用,在散射体的表面层,垂直于磁场方向会产生感生电流。这种感生电流形成波源,在感应电流周围连续地发出磁场和与其垂直的感生电场。这种向电磁波到来方向辐射的现象就是电磁波的反射。导体中的电子密度由于热的波动而产生稀疏部分,发生使其还原状态的电场。凭借这种电场,电子向密度小的地方移动。但是由于惯性,电子会产生振动,这就是等离子体振动。

由 Drude 理论可知,在光波高频或短波辐射的情况下,由于电场变化太快,等离子体跟不上响应,因此出现对可见光波段的透过。而在低频或长波长辐射情况下,电场变化比较慢,等离子对电场有响应,因此对红外的反射就高。这就是低辐射玻璃的基本节能原理。

4.4.4　低辐射玻璃的种类

从低辐射膜玻璃的膜系结构来看,目前主要分为两类体系:一种是以电介质/金属/电介质为主构成的多层复合膜;另一种是以掺杂宽禁带半导体(如 ITO,SnO_2)为主的单层膜。

1. 电介质/金属/电介质多层复合低辐射玻璃

以电介质/金属/电介质为主的多层复合低辐射膜玻璃已成为目前世界上最为广泛使用的低辐射玻璃,其膜层材料通常用真空磁控溅射法制得,相比于半导体单层膜,它具有更优异的低辐射性能,辐射率一般小于 0.15,但其设备投入量大,原料价格昂贵,生产成本较高,难以普及,多用于高档建筑、宾馆和写字楼等。

金属层在多层低辐射体系中起关键作用,它决定整个膜系的辐射率,并直接影响膜系的透射比和反射比。一般采用金、银、铜、铝等金属元素作为该层膜的材料。从生产成本考虑,用银、铜、铝更经济些。

银的抗氧化性比铜、铝好些,通常用银做该金属层的材料,但由于银膜质地软,易划伤,且与玻璃基板的结合力差,加上在空气中易受水气腐蚀,因此银膜两侧需加介质层起保护作用。

低辐射膜系的金属层银膜厚度一般在 9～18 nm 之间。通常金属膜厚薄至 20 nm 以下时,对光的吸收和反射都会减少,呈现出良好的透光性,但如此薄的金属膜容易形成岛状结构,从而表现出比平滑的连续膜高的电阻率值,其吸收率一般也变高,从而红外反射率降低,辐射率增高。为避免出现这样的结构,在沉积银膜前先沉积一层氧化物介质层或金属薄层就更显必要。

介质膜的材料一般是透明金属氧化物如 SnO_2,ZnO,TiO_2 等或类似绝缘材料如 Si_3N_4 等。适当设计上、下层膜的不同折射率和光学厚度,使膜面减反射,能够使可见光的透射率得到提高,同时又对银膜具有保护作用。P. Grosseo 等对低辐射膜进行光学设计,得到辐射率接近理论极限的膜系 Glass BiO_x/12 nmAl/AlN_x。

另外,在银膜与外层氧化物介质膜之间通常加入很薄的一层金属或合金膜(如 Ti 或 NiCr 等)作为遮蔽层,其作用是防止银膜被氧化,否则会导致膜层低辐射性能的完全丧失。

根据膜系结构和性能的不同,金属基低辐射玻璃可分为单银低辐射玻璃[图 4-8(a)]、双银低辐射玻璃[图 4-8(b)]和阳光控制低辐射玻璃。

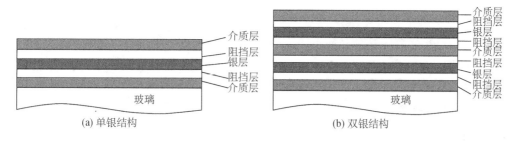

图 4-8　单银结构和双银结构示意

(1) 单银低辐射玻璃。

单银低辐射玻璃常见的膜系类型有 $ZnO/Ag/ZnO$,$SnO_2/Ag/SnO_2$,$TiO_2/Ag/TiO_2$ 等。许多低辐射膜系采用 ZnO 做介质膜,因为 Zn 的溅射率高,而且价格便宜,但 ZnO 的抗湿气能力较差,在高湿度环境下长时间放置,膜面会出现白斑。M. Miyazaki 和 E. Ando 对磁控溅射法制得的 ZnO/Ag/ZnO 膜进行实验分析,发现白斑产生主要是由于 ZnO 层和 Ag 层之间的剥落,其原因是表层 ZnO 中较大的内部应力和与 Ag 层之间附着力的降低,导致 Ag 粒子在高湿度下团聚。在 ZnO 靶中掺入 2.1 质量百分比的 Al,并用高压溅射,能减少应力,提高 ZnO 层与 Ag 层的附着力,有效防止该膜在湿环境下的破坏。

普通的 Ag 基低辐射膜经不起高温热处理如热弯曲或热强化,当温度高于 350 ℃时就容易受到破坏。在 Ag 层与介质层之间加入附加稳定剂层,能有效防止膜在热处理过程中的破坏,这样可使低辐射玻璃满足更广泛的需求,如汽车的挡风玻璃等。Cr_2O_3,SiO_2,Al_2O_3 等已被证明能用作稳定剂材料,但膜层的厚度较大。有些金属如 W, Ta, Fe, Ni 能够在热处理过程中不易被氧化,并不与 Ag 层互溶,是较为理想的稳定剂膜层材料。这种低辐射玻璃能经受弯曲、压薄等热处理,并且膜层不易受到破坏。

(2) 双银低辐射玻璃。

双银低辐射膜系是在单银膜系基础上的进一步发展,任一单银膜系均可扩展为双银膜系,其典型结构为 Glassl 介质/Ag/屏蔽层/介质/Al 屏蔽层/介质。在生产中每层的控制要求非常严格,这对生产条件和工艺水平提出了更高的要求。双银膜系的牢固度较差,较难加工处理。但双银低辐射玻璃性能优越,具有更低的辐射率,可使整个膜系的辐射降低至银的理论极限值,同时具有较低的太阳光透射比和较低的 U 值,并保持较高的可见光透射比,如氧化锌双银低辐射玻璃的可见光透射比可达 $75\%\sim80\%$,太阳光透射比为 41% 左右,辐射率为 $0.035\sim0.045$。因此,双银低辐射玻璃在冬季具有很好的隔热保温效果,在夏季又有良好的太阳能遮蔽作用,可广泛适用于中高纬度地区。

(3) 阳光控制低辐射玻璃。

典型的阳光控制低辐射膜系为 Glass/介质/Ag/屏蔽层/介质。通过增加银膜厚度或增加银膜外侧屏蔽层的厚度,可达到降低可见光透射比、增加阳光控制的功能。与热反射玻璃相比,具有较高的可见光透射比,利于建筑采光。不但具有低辐射性能,还可以有一定的颜色,是低辐射与热反射相结合的产品。适用于冬季冷、夏季炎热的地区。

2. 半导体单层膜低辐射玻璃

半导体单层膜低辐射玻璃的膜材料主要为具有可见光高透射、红外光高反射性能的半导体材料。掺杂宽禁带半导体如 SnO_2, In_2O_3, CdO, ZnO 和 Cd_2SnO_4 等具有这种性能,已得到较为广泛的研究。这些材料都属于 n 型半导体,一般处于简并或接近简并状态,霍耳迁移率 μ_H 为 $10\sim100\ cm^2/(v\cdot s)$,由离子化杂质的扩散状况而定,电阻率为 $10^{-4}\sim10^{-3}\ \Omega\cdot cm$,但如杂质含量超过一定值,就会损害膜的结晶性,反而导致 N 减少,电阻率增大,低辐射性能受到破坏。

4.4.5 镀膜节能玻璃的生产方法

镀膜玻璃根据制作工艺可以分为离线镀膜和在线镀膜两种。

在线镀膜是指在浮法玻璃制造的过程中完成镀膜,在玻璃退火阶段,接近 700 ℃时,用化学气相沉积法将金属氧化物沉积在玻璃表面,待玻璃冷却后,膜层成为玻璃的一部分。

离线镀膜是指将已经制好的浮法玻璃送入真空室,用磁控溅射法,将不同材料的原子溅射到玻璃表面,形成多层复合薄膜。

通过在线镀膜法得到的膜层拥有良好的化学温度性,在经受 700 ℃的高温后与玻璃已经紧密结合在一起,但是这种镀膜玻璃的低辐射率为 20%,不能根据实际情况改变。

通过离线镀膜法制得的镀膜玻璃的低辐射率在 $10\%\sim15\%$,节能效果更好,还可以根据实际情况调整,玻璃颜色也可以自由变换。在复合膜层中,起主要作用的是 Ag 层,可以是单银层和双银层增强效果,Ag 的质地较软且化学活性高,容易受到外界影响及腐蚀从而导致膜层脱落、失效,为了保护 Ag 层不仅仅只依赖于两层保护膜,还常常制作成中空玻璃。

1. 化学气相沉积法

化学气相沉积(Chemical Vapor Deposition, CVD)法借助高温环境、等离子或激光的作用,通过调节变换真空室气压、通入气流及基片的温度等参数,使参加反应的气体集中于气相反应室里,非挥发性物质将形成并落于基片上以薄膜状态存在。化学反应是多样的,薄膜的成分是可以改变的,很容易获得功能梯度薄膜或者混合薄膜,并且薄膜的种类几乎不受限制,金属、合金、陶瓷及化合物薄膜都可以通过 CVD 来实现。

2. 热喷涂镀膜法

这种方法既可在线热喷涂,也可离线热喷涂。在线热喷涂方法针对玻璃制造环节,如在浮法玻璃制造线上安装一个作横向往复活动的热喷枪,在玻璃移动的时候将镀膜物质喷到玻璃上。喷涂温度为 600 ℃左右,在此温度下喷涂的材料会由于受热而汽化,汽化后的镀膜材料在与玻璃表面接触时发生热分解反应从而形成金属氧化物,在玻璃表面形成薄膜。离线热喷涂是在玻璃生产完成后,将玻璃成品加热到 600 ℃左右,利用一个二维运动的热喷涂平台将镀膜材料喷涂到玻璃表面。

3. 真空蒸镀法

真空蒸镀法属于物理气相沉积技术,即在真空下,用电加热合金材料或者金属材料使其能够产生蒸发从而沉积到基片表面形成薄膜。此镀膜法的优势是设备简单易操纵且成本低,但是缺点比较多,所形成的膜与基片结合力比较弱,使用寿命短,其可见光的透过率较低,适用范围窄。膜的种类少,由于只能镀蒸发温度较低的材料,对于大面积的基片,需要多个蒸发源,会导致成膜的均匀性不佳,所以这种方法使用比较少。

4. 溅射镀膜法

溅射镀膜法和真空蒸镀法一样,都采用物理气相沉积手段。技术的更新使得溅射镀膜发展出许多种类,如真空溅射、磁控溅射、离子束溅射及反应溅射等。其原理是具有高能量的粒子束轰击靶材,靶材的表面原子或分子因入射粒子束的碰撞获得的能量从靶面上逸出,在真空条件下落到基材上沉积为膜。采用溅射镀膜法镀的膜一般膜基结合力比较强,使用寿命较长,并且均匀性比较好,性能比较稳定。溅射镀膜的范围一般比较广,不仅金属及金属氧化物可以作为镀膜材料,陶瓷也可以进行溅射镀膜,所以镀膜种类丰富,是目前比较常用的离线镀膜方法。

5. 溶胶——凝胶镀膜法

这种方法是将金属材料制作成溶胶,即先将金属与醇形成金属醇盐,然后通过加水将醇盐水解成溶胶,把基片放入溶胶里浸泡,然后会在基片上形成一层凝胶,在温度 350~400 ℃的条件下,有机金属盐将以层状模式形成一层金属氧化物薄膜附着在基片表面。利用这种方法,镀膜过程是很容易控制的,并且镀出的膜纯度高、均匀度比较好,是金属氧化物膜的主要镀膜工艺。

4.5　吸热玻璃

4.5.1　吸热节能玻璃的定义和分类

既能保持较高的可见光透过率,又能吸收大量红外辐射的玻璃称为吸热玻璃。吸热玻璃具有控制阳光和热能透过的特点,并有特定的光泽和颜色,在国内外建筑业中已广泛应用。吸热玻璃可按不同的用途进行加工,制成镜面玻璃、钢化玻璃、磨光玻璃、夹层玻璃及中空玻璃等深加工制品。这些深加工制品均有优良的保温隔热性能,可以应用于建筑门窗及幕墙,通过科学合理地选择,不仅可以实现节能降耗,更能够达到低碳环保的目的。在建筑业中,最主要的应用就是用吸热玻璃与支承体系结合构成吸热功能的玻璃幕墙。它除了具有幕墙应有的功能外,同时具有吸热玻璃所具有的优点。

吸热玻璃按生产工艺分为吸热普通平板玻璃和吸热浮法玻璃。按颜色分为灰色、茶色、绿色、青铜色、古铜色、粉红色、金色、金黄色、棕色和蓝色等(图 4-9),我国主要产前三种颜色。按成分分为硅酸盐吸热玻璃、磷酸盐吸热玻璃、光致变色玻璃和镀膜玻璃等。按厚度分为 2，3，4，5，6，8，10，12 mm 等多种。除厚度低于 5 mm 的以外，按玻璃幕墙规范，其余规格的玻璃在建筑幕墙中均有使用。

图 4-9　不同颜色的吸热玻璃

4.5.2　吸热节能玻璃的工作原理和特点

吸热玻璃是在透明玻璃中添加着色剂的本体着色玻璃，吸收或反射太阳光谱中特定波长。吸热玻璃是能吸收大量红外线辐射能，并保持较高可见光透过率的平板玻璃。吸热玻璃可以阻挡阳光和冷气，使房间冬暖夏凉。虽然吸热玻璃的热阻性优于镀膜玻璃和普通透明玻璃，但由于其二次辐射过程中向室内放出热量较多，吸热和透光经常是矛盾的，所以吸热玻璃的隔热功能受到一定限制，当单片使用时，综合效果不理想。在建筑幕墙中，吸热玻璃与同种或不同种类的玻璃配合组成中空玻璃或多层中空玻璃而进行使用。吸热玻璃的生产方法有两种：一种是在普通钠钙硅酸盐玻璃的原料中加入一定量的有吸热性能的着色剂，如氧化铁、氧化镍、氧化钴及氧化硒等；另一种是在平板玻璃表面喷镀一层或多层金属或金属氧化物薄膜，玻璃带色，并具有较好的吸热性能。

工作原理：吸热玻璃是一种能够吸收太阳能的平板玻璃，它能够利用玻璃中的金属离子对太阳能进行选择性的吸收，同时呈现出不同的颜色。有些夹层玻璃胶片中也掺有特殊的金属离子，用这种胶片可以生产出吸热的夹层玻璃。吸热玻璃一般可减少进入室内的太阳热能的 20％～30％，降低了空调负荷。

特点：吸热玻璃的特点是遮蔽系数比较低，太阳能总透射比、太阳光直接透射比和太阳光直接反射比都较低，可见光透射比、玻璃的颜色可以根据玻璃中金属离子的成分和浓度而变化。可见光反射比、传热系数、辐射率则与普通玻璃差别不大。吸热玻璃与普通平板玻璃相比具有如下特点：

（1）吸收太阳光辐射，如 6 mm 蓝色吸热玻璃能挡住 50％左右的太阳辐射能，如图 4-10 所示。

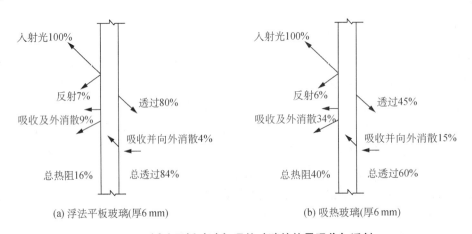

图 4-10　浮法平板玻璃与吸热玻璃的热量吸收与透射

（2）吸收可见光,如 6 mm 普通玻璃可见光透过率为 78％,同样厚度的古铜色吸热玻璃仅为 26％。吸热玻璃能使刺目的阳光变得柔和,起到反眩作用。特别是在炎热的夏天,能有效地改善室内光照,使人感到舒适凉爽。

（3）吸收太阳光紫外线,能有效减轻紫外线对人体和室内物品的损害。特别是有机材料,如塑料和家具油漆等,在紫外线作用下易产生老化及褪色。

（4）具有一定的透明度,能清晰地观察室外的景物。

（5）玻璃色泽经久不变。

4.5.3　吸热玻璃的光学特性

吸热玻璃的光学性能可用可见光透射比和太阳光直接透射比来表述,二者的数值换算成为 5 mm 标准厚度的值后,应符合表 4-5 规定。

表 4-5　吸热玻璃的光学性能

颜色	可见光透射比不小于/％	太阳光直接透射比不大于/％
茶色	42	60
灰色	30	60
蓝色	45	70

4.5.4　吸热节能玻璃的应用

吸热玻璃通常能阻挡 50％左右的阳光辐射。如 6 mm 的蓝色玻璃能透过 50％的太阳辐射,茶色、古铜色吸热玻璃仅能透过 25％的太阳辐射。因此,吸热玻璃适用于既需采光又需隔热的炎热地区的建筑物门窗或外墙体,既能起到隔热和防眩作用,又可营造一种优美的凉爽气氛。当前,建筑节能成为我国可持续发展战略的一部分,全社会的建筑节能意识正在逐步加强,更好地发挥玻璃幕墙的优势,科学合理地选择玻璃,已成为突破玻璃幕墙耗能的有效途径。玻璃幕墙宜采用光热效应优化组合的双层或多层中空玻璃,这种中空玻璃可以是吸热玻璃与其他种类玻璃的组合,分别发挥不同种类玻璃的优点,再辅以断热复合型金属框格及开启采用高性能复式密封。中空玻璃的阻热性能好体现在其内部气体处于一个封闭的空间,气体不产生对流,而且空气的导热系数几乎为零。要提高中空玻璃的隔热性能,一般是增大空间的厚度和使用惰性气体,这些惰性气体性能稳定,具有惰性和热传导率低的特点,用惰性气体置换中空玻璃内部的空气,这样可减少传导,但空间层不宜过大。如果要降低辐射传热,控制各种射线透过,可以选用一般镀膜玻璃或低辐射镀膜玻璃与吸热玻璃合成中空或多层中空,达到降低辐射和传热的目的。在建筑幕墙中,吸热玻璃还可与其他玻璃配合成中空或多层中空玻璃进行应用。玻璃幕墙的节能水平也是伴随着玻璃技术的提高而提高的。需要注意的是品种繁多的功能玻璃都有不同的节能效果。如何选用,要根据建筑整体设计要求以及用于哪些部位、要达到什么样的效果,来选用不同类型的节能玻璃。

4.5.5　吸热玻璃的性能、标准与检测

我国最早的吸热玻璃标准是《吸热玻璃》(JC/T 536—1994)，之后参考日本的《吸热玻璃》(JISR 3208—1998)，于 2002 年修订了新的标准——《着色玻璃》(GB/T 18701—2002)。其中明确规定了着色玻璃的分类、要求、检验方法、检验规则、标志、包装、运输和储存。详细内容不再赘述。

第 5 章

其他节能材料

绝热材料是指能够阻止热流传递的材料,是常见的功能性环保建材。它不仅能节约能源,也能够满足建筑或者热工设备所需要的热环境。常被应用于室内保温、墙面保温、钢结构屋面保温、建筑物地面保温、大型设备绝热绝冷,如图 5-1 所示。也可用于交通运输、管道、热力设备、低温保冷工程、航天工程、机场跑道、高铁路基,具有较好的绝热绝冷性能。绝热材料一般可以分为有机材料和无机材料两种。

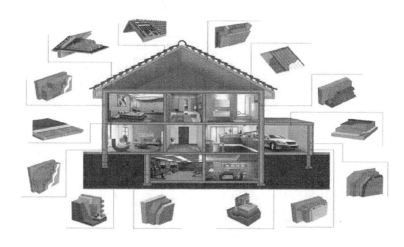

图 5-1 绝热材料在建筑中的应用

5.1 无机绝热材料

无机绝热材料是使用矿物质原料制成的,呈松散粒状、纤维状和多孔材料。可制成板、片、卷材或套管等形式的制品,具有较好的不易燃烧以及耐高温的特点。

本节无机绝热材料内容主要介绍矿(岩)棉及其制品、玻璃棉及其制品、膨胀珍珠岩及其制品、膨胀蛭石及其制品、微孔硅酸钙、泡沫玻璃。

5.1.1 矿(岩)棉及其制品

矿渣棉、岩棉及其制品(板、毡、管壳、带等)是目前使用量最大的无机纤维保温、吸声材料"三棉"(矿渣棉、岩棉和玻璃棉)中的两种。矿渣棉、岩棉的原料丰富,价格低廉,保温和吸声效果好,施工方便,故深受设计及施工人员欢迎。

矿渣棉是以工业废料、矿渣和石灰石为主要原料,并加入焦炭,采用离心法或喷吹法工艺生产。岩棉则以玄武岩和辉绿岩等天然火成岩为主要原材料,再加以适量的辅助性材料、结合剂等,经高温、熔融、离心喷吹制成纤维。图 5-2 为矿渣棉、岩棉板样品。

图 5-2 矿渣棉、岩棉板样品

一般来讲,岩棉与矿渣棉在形态与性能上没有多少差别,所不同的是岩棉的物理性能、化学性能要比矿渣棉稍好一些,但这两种材料应用于建筑保温和工业保温、保冷、隔热都是适宜的,也可以说是效果等同的。岩棉和矿渣棉的基本特性都是有良好的绝热性能,岩棉的导热系数 0.030～0.039 W/(m·K),矿渣棉的导热系数高一些,为 0.040～0.046 W/(m·K);岩棉和矿渣棉本身就是无机纤维,为不可燃物,为防火等级最高的 A 级,所以具有卓越的防火性能;因为岩棉和矿渣棉制品内部纤维蓬松交错,存在大量微小的孔隙,充满着空气,都具有优异的吸声隔声性能;岩棉与矿渣棉不霉、不蛀,使用寿命长。

矿渣棉与岩棉在性质也有如下区别:

(1)岩棉在纤维的力学性能、耐高温性能以及化学稳定性上都要优于矿渣棉。矿渣棉中含有较多的碱性化合物 $2CaO·SiO_2$,$pH>5～6$,而岩棉中则很少存在碱性化合物 $2CaO·SiO_2$,$pH<4$,因此,岩棉耐水能力就会比矿渣棉高很多。矿渣棉不适宜在潮湿情况下使用,特别是在保冷工程中一定要谨慎选用矿渣棉。

(2)矿渣棉的耐高温性要比岩棉差一些,在一定高温下矿渣棉的体积稳定性不如岩棉。同时,矿渣棉在高温时容易产生粉化而解体,所以矿渣棉的使用温度尽量不要超过 675 ℃。而岩棉使用温度能高达 800 ℃以上,在 900～1 000 ℃时,岩棉才会软化。

(3)矿渣棉中硫化钙含量在 5%左右,如果矿渣棉在遇到水汽时,硫化钙会水化分解,使得矿渣棉的耐水性进一步降低,并在与金属接触时将会腐蚀金属。而岩棉一般仅有微量硫,因而岩棉对金属并无腐蚀作用。

矿渣棉和岩棉在性能上有如此差异,平时,我们应按以下方法区分:

(1)外观。矿渣棉松散,黑色渣球含量高,排列不均匀,有明显烧焦的地方,颜色偏土黄,有些扎手,感觉痒。纯正的岩棉颜色偏黄绿色,渣球含量也少很多,几乎看不到渣球含量。岩棉纤维细密,整齐,颜色均匀,手感结实,不扎手。

(2)酸度系数。酸度系数是一个衡量岩棉和矿渣棉这类材料化学耐久性的指标值,它是指矿物棉纤维成分中的二氧化硅和氧化铝两种成分质量和,与氧化钙和氧化镁两种成分质量和的比值。矿渣棉酸度系数为 1.2～1.5,岩棉酸度系数为 1.6～2.0,酸度系数高,代表耐候性好,使用寿命长。

岩棉、矿渣棉物理性能指标应满足国家标准《绝热用岩棉、矿渣棉及其制品》(GB/T 11835—2007)。部分指标见表 5-1。

表 5-1　岩棉、矿渣棉的物理性能要求

项　目	指标要求
渣球含量(颗粒直径＞0.25 mm)/%	≤10.0
纤维平均直径/μm	≤0.7
密度/(kg・m^{-3})	≤150
热导率(平均温度 68～75 ℃,试验密度 150 kg/m^3)/[W・(m・K)$^{-1}$]	≤0.044
热荷重收缩温度/℃	≥650

5.1.2　玻璃棉及其制品

玻璃棉与矿(岩)棉及其制品一样,在工业发达国家是一种很普及的建筑保温材料,是在建筑业中较为常见的一类无机纤维绝热、吸声材料。

玻璃棉属于一种人造无机纤维,采用石英砂、石灰石、白云石等天然矿石为主要原料,配合纯碱、硼砂等化工原料熔制成玻璃。在融化状态下,借助外力吹制式甩成絮状细纤维,纤维和纤维之间立体交叉,互相缠绕在一起,呈现许多细小的间隙。这种间隙可看作孔隙,因此,玻璃棉可视为多孔材料。

玻璃棉体积密度小(表观密度仅为矿渣棉的一半左右),热导率低[0.037～0.039 W/(m・K)],吸声性好,不燃、耐热、抗冻、耐腐蚀、不怕虫蛀、化学性能稳定,是一种优良的绝热、吸声过滤材料。根据《绝热用玻璃棉及其制品》(GB/T 13350—2017),玻璃棉按纤维平均直径可分为三种:1 号,2 号,3 号,具体见表 5-2,玻璃棉的物理性能符合表 5-3 的规定。

表 5-2　玻璃棉种类

玻璃棉种类	纤维平均直径/μm
1 号	≤5.0
2 号	≤8.0
3 号	≤11.0

表 5-3　玻璃棉的物理性能指标

玻璃棉种类	导热系数(平均温度 70 ℃±5 ℃)/[W・(m・K)$^{-1}$]	热荷重收缩温度/℃
1 号	≤0.041(40)	≥400
2 号、3 号	≤0.042(64)	

注:1. 表中圆括号内列出的数据是试验密度,单位以 kg/m^3 表示。
　　2. 绝热用玻璃棉及其制品选用的主要参数包括密度、导热系数、燃烧性能、密度允许偏差、纤维平均直径、含水率、憎水率和吸湿率等。玻璃棉制品性能指标见表 5-4。

表 5-4　玻璃棉制品性能指标

种类	密度/(kg·m⁻³)	导热系数/[W·(m·K)⁻¹]	适用温度/℃	吸湿率/%
普通超细玻璃棉	≤20	0.041～0.049	−100～400	
玻璃棉毡	10～48	0.032～0.048	≤250	≤5
玻璃棉板	24～96	0.031～0.049	≤300	
玻璃棉管壳	45～90	≤0.043	≤350	

　　玻璃棉经过处理后可以制成吸声吊顶板或吸声墙板。将 80～120 kg/m³ 的玻璃棉板周边经胶水固化处理后,外包防火透声织物,形成既美观又方便安装的吸声墙板,常见尺寸为 1.2 m×1.2 m、1.2 m×0.6 m、0.6 m×0.6 m,厚度为 2.5 cm 或 5 cm。也有在 110 kg/m³ 的玻璃棉表面上直接喷刷透声装饰材料形成吸声吊顶板。无论是玻璃棉吸声墙板还是吸声吊顶板,都需要使用高容重的玻璃棉经过一定的强化处理,以防止板材变形或过于松软。这类建筑材料既有良好的装饰性又保留了玻璃棉良好的吸声特性,降噪系数一般可达 0.85 以上。

　　在体育馆、车间等大空间,为了吸声降噪,常常使用以离心玻璃棉为主要吸声材料的吸声体。吸声体可以根据要求制成板状、柱状、锥体或其他异形体。吸声体内部填充离心玻璃棉,表面使用透声面层包裹。由于吸声体有多个表面吸声,吸声效率很高。

　　在道路隔声屏障中,为了防止噪声反射,需要在面向车辆一侧采取吸声措施,往往也使用离心玻璃棉作为填充材料,面层为穿孔金属板的屏障板。为了防止玻璃棉在室外吸水受潮,有时会使用 PVC 或塑料薄膜包裹。

　　玻璃棉产品按其形态可分为玻璃棉、玻璃棉板、玻璃棉带、玻璃棉毯、玻璃棉毡和玻璃棉管壳等。璃棉制品中,玻璃棉毡、卷毡主要用于建筑物的隔热、隔声等;玻璃棉板主要用于仓库、隧道以及房屋建筑工程的保温隔热、隔声等;玻璃棉管套主要用于通风、供热、供水、动力等设备管道的保温。玻璃棉制品的吸水性强,不宜露天存放,室外工程不宜在雨天施工,否则应采取防水措施。

5.1.3　膨胀珍珠岩及其制品

　　珍珠岩类是因火山喷发后吸酸的熔浆冷凝而成的岩石,由于在冷凝过程中收缩而使其内部形成圆弧形裂纹而冠以"珍珠岩"美名。膨胀珍珠岩是以珍珠岩矿石为原料,经过破碎、筛分,然后预热至 400～500 ℃,再于回转窑中焙烧至 1 250～1 300 ℃,经冷却而成,在瞬间高温下,矿砂内部结晶水汽化产生膨胀力,熔融状态下的珍珠岩矿砂颗粒瞬时膨胀,冷却后形成多孔轻质白色颗粒,是一种无机轻质绝热材料。

　　膨胀珍珠岩作为常见的绝热材料,其原料来源广泛,价格低廉,加工简单。若与不同的胶凝材料(如水泥、沥青、水玻璃、石膏等)配合,可分别制成不同品种和形状的制品,广泛用于建筑、化工、冶金、电力等行业。

　　珍珠岩之所以区别于其他岩石能够在一定的温度条件下膨胀,其主要原因包括以下两点:

（1）珍珠岩的主要化学成分中存在软化点较低的玻璃质物质,即二氧化硅、氧化铝和氧化钠等,这种物质表现出来的结果是当珍珠岩被加热至 1 000 ℃左右时,其玻璃质开始软化,珍珠岩颗粒从固态逐渐转化为黏流态。

（2）珍珠岩内部含有的可挥发性物质和结合水在受到高温焙烧后,逐渐气化后溢出,所以,玻璃质是引起珍珠岩膨胀的先决条件,结合水是引起珍珠岩膨胀的内在动力,焙烧温度和时间是引起珍珠岩膨胀的必要外部条件。

因此,膨胀珍珠岩的特点有:

（1）保温性好,适用性广泛,尤其在耐火保温节能方面发挥优秀的性能。

（2）施工便利、易于维修,抗撞击、抗湿热,防火性能优越。

（3）适应复杂多变的环境,抗老化,寿命长。

（4）后期保温性能降低,易开裂,与基层黏结强度低,易空鼓。

（5）膨胀珍珠岩吸水率高、耐水性差导致保温砂浆在搅拌中体积收缩变形大。

膨胀珍珠岩可与各种黏结材料加工成各种用途的制品,可用作建筑物的保湿隔热和吸声材料,轻质混凝土的多孔骨料,耐火、隔热、吸声的抹灰,制作复合外墙板的保湿层、内墙板、现浇屋面,墙体内层的松散填充隔热材料等。在膨胀珍珠岩灰浆中掺入适当的发泡剂、凝胶剂,喷涂或加工成制品贴衬在厂房、地下铁道、电影院、大会堂、医院、实验室、一般住宅墙体上作为保湿、防火、吸声、吸射线材料。膨胀珍珠岩的物理性能见表 5-5。

表 5-5　膨胀珍珠岩的物理性能（JC/T 1020—2007）

项　　目	技术要求	
	CEP50	CEP60
体积密度/(kg·m⁻³)	≤50	50～60
振实密度/(kg·m⁻³)	≤65	≤75
粒度(1 mm 筛孔筛余量)/% 粒度(0.15 mm 筛孔筛余量)/%	≤8	≤10
含水率(质量分数)/%	≤0.5	
安息角	37°	
热导率/[W·(m·K)⁻¹]	≤0.023	≤0.025

膨胀珍珠岩制品是以膨胀珍珠岩为骨料,以水泥、水玻璃等为胶结剂,按一定的工艺过程制成砖、板、瓦、管等各种形状和规格的产品。膨胀珍珠岩制品主要有水泥膨胀珍珠岩制品、水玻璃膨胀珍珠岩制品、磷酸盐膨胀珍珠岩制品、沥青膨胀珍珠岩制品等数种。目前《膨胀珍珠岩绝热制品》(GB 10303—2001)已颁布,没有特定指出是针对上述哪一种制品,因此它具有广泛的适用性。

5.1.4　膨胀蛭石及其制品

膨胀蛭石是以蛭石为原料加工而成的。蛭石是一种片状结构的矿石,它有一般云母的外貌,呈金黄色、银白色和褐色,密度为 0.0024～0.0027 kg/m³,含水率为 5%～15%。蛭石在建筑中不能直接使用,但当其在 800～1 100 ℃下受热后,由于水分迅速蒸发,而导致体积突然发生膨胀 15～20 倍,其形态酷似水蛭的蠕动,故名为蛭石,受热膨胀后的产物就称为膨胀蛭石。

蛭石是一种复杂的铁、镁含水硅铝酸盐类矿物,呈薄片状结构,由两层层状的硅氧骨架,通过氢氧镁石层或氢氧铝石层结合而形成双层硅氧四面体,"双层"之间有水分子层。高温加热时,"双层"间的水分变为蒸汽产生压力,使"双层"分离、膨胀。蛭石在 150 ℃以下时,水蒸气由层间自由排出,但由于其压力不足,蛭石难以膨胀。温度高于 150 ℃,特别是 850～1 000 ℃时,因硅酸盐层间基距减小,水蒸气排出受限,层间水蒸气压力增高,从而导致蛭石剧烈膨胀,其颗粒单片体积能膨胀 20 多倍。膨胀后的蛭石,细薄的叠片构成许多间隔层,层间充满空气,因而密度小、热导率低,具有良好的绝热、绝冷和吸声性能。

膨胀蛭石的密度一般为 80～200 kg/m³,密度的大小主要取决于蛭石的杂质含量、膨胀倍数以及颗粒组成等因素。热导率为 0.046～0.069 W/(m·K),在无机轻集料中仅次于膨胀珠岩、超细玻璃纤维。但膨胀蛭石及制品具有很多综合特点,加之原料丰富、加工工艺简单、价格低廉,目前仍广泛用于建筑保温材料及其他领域。蛭石的化学组成参见表 5-6,膨胀蛭石的物理性能要求参见表 5-7。

表 5-6　蛭石的化学组成

成分	二氧化硅	氧化镁	氧化铝	氧化铁	氧化亚铁	水
化学组成/%	37～42	14～23	3～10	5～7	1～3	8～18

表 5-7　膨胀蛭石的物理性能要求

项　目	优等品	一等品	合格品
表观密度/(kg·m⁻³)	≤100	≤200	≤300
热导率[平均温度(25±5)℃]/[W·(m·K)⁻¹]	≤0.062	≤0.078	≤0.095
含水率/%	≤3	≤3	≤3

膨胀蛭石具有保温、隔热、吸声等特性,可以作松散保温填料使用,也可与水泥、石膏等无机胶结料配制成膨胀蛭石保温干粉砂浆、混凝土及制品,广泛用于建筑、化工、冶金、电力等工程中。

膨胀蛭石砂浆、混凝土及其制品的保温性能与胶结料的用量、施工方法有密切关系,在使用中往往为了求得一定强度及施工和易性,而忽视密度相应增加,保温效果降低。为此,经过试验研究,确定在膨胀蛭石与胶结料等的混合物中添加少量的高分子聚合物及其他外加剂,改善砂浆强度及施工和易性,达到既能改善砂浆施工性能,又能在保证强度的前提下降低砂浆密度、减小热导率的目的。

膨胀蛭石制品是以膨胀蛭石为骨料,以水泥、水玻璃等为胶结材料,按一定的工艺过程制成砖、板、瓦、管等各种形状和规格的产品。膨胀蛭石制品主要有水泥膨胀蛭石制品、水玻璃膨胀蛭石制品、沥青膨胀蛭石制品等数种。

5.1.5　微孔硅酸钙制品

微孔硅酸钙制品(即硅酸钙绝热制品),具有表观密度小、热导率低、抗压强度高、耐热性能好、耐水性好、可加工性能好(可钉、可锯、可粘)等优良性能,是一种性能优异的无机绝热材料。微孔硅酸钙制品的主要成分是水化硅酸钙,它是在 8~15 个大气压时的饱和蒸汽(175~200 ℃)条件下恒温 8~24 h,通过水热合成作用而形成的。经水热合成的水化硅酸钙具有两种不同的结晶:一种是雪硅钙石型(组成为 $5CaO \cdot 6SiO_2 \cdot 5H_2O$),另一种是硬硅钙石型(组成为 $6CaO \cdot 6SiO_2 \cdot H_2O$),化学组成参见表 5-8。

表 5-8　微孔硅酸钙的化学组成

名称	烧失量/%	SiO_2/%	CaO/%	Al_2O_3/%	Fe_2O_3/%	MgO/%
	13.8	44.4	34.7	3.7	1.8	0.6
雪硅钙石	14.8	41.5	31.9	6.9	3.5	0.9
	12.8	45.9	33.7	3.2	1.3	2.8
	5.9	46.3	43.3	0.9	2.5	0.7
硬硅钙石	6.9	45.5	43.1	0.3	3.1	0.7
	6.8	44.3	41.1	1.2	3.7	2.0

微孔硅酸钙制品的生产工艺方法有三种,即静态法、动态法和两段反应法。

我国目前以静态法应用最为普遍,其生产工艺过程如下:首先将石灰进行消解、过滤后成为石灰浆,然后将其与水玻璃、石棉、硅藻土和水混合在一起进行搅拌成浆液,再将浆液加热至 90~95 ℃使之胶化。如果采用浇注成型,则可将胶化后的液体注入模具后,进行蒸压养护,再脱模、烘干、整形而成为微孔硅酸钙制品;如果采用压制成型,则可将胶化后的液体放入模压后,施以适当的压力,再脱模、蒸养、烘干而成为微孔硅酸钙制品。

微孔硅酸钙制品的物理性能要求参见表 5-9。

表 5-9　微孔硅酸钙制品的物理性能要求

品种	密度 /(kg·m^{-3})	热导率 /[W·(m·K)$^{-1}$]	抗压强度 /MPa	线收缩率 /%	含水率 /%
170 号	170	0.055	0.40	2.0	7.5
220 号	220	0.062	0.50	2.0	7.5
240 号	240	0.064	0.50	2.0	7.5

微孔硅酸钙粉是白色粉末状颗粒,具有比重小、比表面积大、导热系数小、强度高、韧性强、吸油值高、吸附能力强、耐高温、无腐蚀等特点。目前发现的应用领域如下:

(1)车用板材 PP 改性专用料。添加 5%的微孔硅酸钙,吸收异味性能显著提高,全面除味加强,大幅改善车用 PP 改性专用料的气味等级。

(2)保温材料。不仅能降低保温板的重量,而且还能增加其阻燃隔热性,耐火温度达1 050 ℃,是优质的 A 级防火材料。

（3）塑料行业。提高塑料的拉伸强度 30％左右，降低容重，实现塑料轻量化，有较强的吸收异味和有害气体的功能。

（4）地棚膜行业。增加其流滴性，提高了缓释性，起到阻隔红外线的作用，提高保温性，同时延长了地棚膜的使用寿命，是改善地棚膜的最佳添加剂。

（5）橡胶填充料行业。在熔融共混法备制天然橡胶复合材料时加入适当量的微孔硅酸钙，降低了胶料复合材料扭矩，缩短了硫化时间，增加了橡胶的补强性，提高了橡胶的压延性，也提高了生产效率。

（6）吸附重金属。微孔硅酸钙是一种高比表面积的介孔材料，对放射性金属元素，Fe，CO，Mn 及天然放射性核元素都具有很好的吸附效果，去除效率均达到 96％以上。

（7）涂料行业。具有消光、防水、隔热、吸附甲醛和吸附异味的功效。

（8）造纸行业。可代替 25％～40％的纸浆纤维，书写效果好，纸质变轻。

5.1.6　泡沫玻璃

泡沫玻璃又称多孔玻璃，是法国的圣哥本公司于 1935 年首次研制出的，我国是于 20 世纪 50 年代初开始研制的，目前已形成一定的生产能力。泡沫玻璃制品是一种性能优异的保温节能材料，其主要成分为 SiO_2，其主要原料为碎玻璃和发泡剂（一般采用石灰石、焦炭或大理石等）。由于泡沫玻璃制品具有很好的综合性能，常被用于屋面保温板、外墙保温板，有的还用作吊顶板材料以及管道保温、冷库保冷工程等，故被广泛地用于建筑、冶金、电力、石油、化工等行业。

泡沫玻璃种类繁多，按颜色分为黑色泡沫玻璃、白色泡沫玻璃、彩色泡沫玻璃；按气泡分为开孔泡沫玻璃、闭孔泡沫玻璃；按用途分为隔热泡沫玻璃、吸声泡沫玻璃、屏蔽泡沫玻璃、清洁泡沫玻璃；按原料分为钠钙硅泡沫玻璃、熔岩废渣泡沫玻璃、硼硅酸盐泡沫玻璃；按形状分为板块状泡沫玻璃、颗粒状泡沫玻璃；按温度分为高温发泡型泡沫玻璃和低温发泡型泡沫玻璃。泡沫玻璃的规格及性能参见表 5-10。

表 5-10　泡沫玻璃的规格及性能

规格/mm	表观密度 /(kg·m^{-3})	抗压强度 /MPa	抗折强度 /MPa	体积吸水率 /%	热导率 /[W·(m·K)$^{-1}$]
120×300×400	150～200	0.55～0.16	0.5～1.0	1～4	0.042～0.048

泡沫玻璃材料中的泡孔体积占其体积的 80％～95％，泡孔直径多为 1～2 mm，体积密度在 100～200 kg/m³，这些一个个独立的气泡状结构使它具有一系列优良的品质：不吸水，不透湿；良好的隔热性能，防火，不燃烧；较高的机械强度，易于加工和切割；不风化，不老化；不受鼠啮虫咬和微生物腐蚀；具有良好的化学稳定性；无毒，无放射性和腐蚀性，安全环保。

建筑保温隔热用泡沫玻璃具有防火、防水、耐腐蚀、防蛀、无毒、不老化、强度高、尺寸稳定性好等特点，其化学成分 99％以上是无机玻璃，是一种环境友好型材料，不仅适合建筑外墙、地下室的保温，更适合屋面保温。

1. 建筑屋面保温隔热

泡沫玻璃用于建筑屋面保温隔热的结构形式主要有三种：正置平屋面、倒置平屋面和坡屋面。在这些结构中,泡沫玻璃与其他无机材料易于结合,施工容易,防水、防火、保温效果较佳。而倒置屋面还可以用于绿化,实际工程应用的有:原计划委员会办公楼、中央民族歌舞团住宅楼、北京芳古园二区 14 号住宅楼等。

2. 建筑外墙外保温隔热

泡沫玻璃作为外墙体外保温隔热材料,可以有效减少墙体厚度,减轻建筑结构质量,扩大使用面积。北京工业大学田英良等专家研究了泡沫玻璃在建筑节能中的具体应用,认为不同地区应根据传热系数要求来计算选用相应厚度的泡沫玻璃。

3. 吸声材料

开孔型泡沫玻璃主要用作吸声材料。吸声泡沫玻璃可以用水泥砂浆粘贴在混凝土基底上,或砌筑成大截面通风消声器,或用黏结剂粘贴在钢质基板上。由于其优良的特性,它可在潮湿和振动条件下长期使用。但是有业内专家通过实验,认为普通泡沫玻璃的平均吸声系数在 0.4 左右,尚不能满足噪声控制对吸声性能的要求。例如,我国《声屏障声学设计和测量规范》对道路声屏障所采用的吸声材料,要求其平均吸声系数大于 0.5。通过调整混合料的配方,改进焙烧工艺和加工方法,将泡沫玻璃的连通气孔率由原来的 60% 左右提高到80% 左右,其平均吸声系数大于 0.6,是一种高效的吸声材料。

4. 轻质填充材料

目前,我国尚无用泡沫玻璃作为轻质填充材料应用在市政建设上的相关报道。然而在日本,已有研究者对此进行了研究,并成功应用于市政工程。

用泡沫玻璃作为轻质填充材料,具有以下优点:

(1) 泡沫玻璃主要化学成分为无机玻璃,其耐热、抗化学侵蚀性能好。

(2) 泡沫玻璃不会释放出有害物质,不会污染地基和地下水,是一种环境友好型材料。

(3) 泡沫玻璃的表观密度可通过生产工艺参数控制,以适应不同的地基情况。

(4) 闭孔型泡沫玻璃气孔封闭,不与外界连通,其质量不会因下雨吸水而变化。

(5) 粒状泡沫玻璃的形状、尺寸与普通的卵石和碎石相似,因此,其填埋方法也与普通的地基材料相似,不需要特殊的施工机械。

5. 轻质混凝土骨料

在保持围墙厚度不变的前提下提高各种建筑物外围护结构的隔热性能,是建筑业重要的课题之一。而将轻质混凝土的平均表观密度降到 $700 \sim 900 \ \mathrm{kg/m^3}$,被认为是提高外围护结构隔热性能最有效的方法。泡沫玻璃作为轻质混凝土骨料的报道最先见于法国。在 20世纪 30 年代,由法国 St.Gubain 公司生产的泡沫玻璃由于气孔直径较大,分布不均,因此主要用作混凝土的轻骨料。随后许多国家进行了相关研究,俄罗斯 Saving TechnologiesL TD公司研制出了粒状和板状泡沫玻璃,其中粒状泡沫玻璃可以直接用作轻质混凝土骨料。日本也有相关报道,掺入粒状泡沫玻璃骨料的钢筋混凝土锚,其质量由 760 kg 减至 550 kg,因而更容易建造,且运输费用也大大降低。

此外,由于混凝土体积的 80% 左右为砂石骨料,为取得这些原料,或需要开山碎石、破坏植被,造成水土流失、山体滑坡;或需要挖取河床,改变河床高度、形状和位置,损坏堤岸和航道,污染河水,严重者使河流改道,从而失去美丽河滩等自然景观。若将泡沫玻璃用作轻质混凝土骨料,不仅可以减少污染,还可以节约资源,是建筑材料绿色化的有效途径。

6. 绿化用保水材料

为了解决混凝土"灰色污染"问题,人们采用了很多办法。现在,国际上开始流行一种多孔隙混凝土或称为绿化混凝土的材料,这种材料在日本的应用比较成熟。但是作为混凝土胶结材料的水泥,仍需消耗大量资源、能源,并且造成环境污染。为了进一步促进人与自然的和谐发展,许多学者开始研制其他绿色生态材料。如前所述,开孔型泡沫玻璃的吸水率为50%~70%,有的甚至更高。正是由于其良好的吸水保水性能,日本 Saga 大学的专家,考虑将其应用于绿化工程,并进行了一系列的实验,获得了成功。他们将尺寸为 500 mm× 80 mm×10 mm 的泡沫玻璃板作为保水材料固定在岩石基的斜坡上。这种板材具有轻质、保水性能优良的特点,因此,当坡面因失水变干时,泡沫玻璃板中储存的水分可继续供给土壤和树根。这些泡沫玻璃板交错拼接,能防止土壤流失。

5.2 有机绝热材料

有机绝热材料主要源于石油副产品,以各种树脂为基料,加入各种辅助料,经加热发泡制得轻质保温材料。在制造时用发泡法,发泡法分为机械发泡、物理发泡和化学发泡三类。机械发泡通过强烈的机械搅拌产生气泡;物理发泡利用压缩液化气的汽化、易挥发物质的挥发发泡;化学发泡则通过反应产生气体发泡。泡沫塑料目前广泛用作建筑上的保温隔声材料,其表观密度很小,隔热、隔声性能好,加工使用方便。

本节主要介绍聚苯乙烯泡沫塑料、脲醛泡沫塑料、聚氨酯泡沫塑料、聚氯乙烯泡沫塑料。

5.2.1 聚苯乙烯泡沫塑料

聚苯乙烯泡沫塑料(PS)是以聚苯乙烯树脂为主体原料,加入发泡剂等辅助材料,经加热发泡制成。按生产配方及生产工艺的不同,可产生不同类型的聚苯乙烯泡沫塑料制品,目前主要类型的产品有可发型聚苯乙烯泡沫塑料(EPS)和挤塑聚苯乙烯泡沫塑料(XPS)两大类。

XPS 挤塑聚苯乙烯泡沫板与 EPS 聚苯乙烯泡沫板相比,其强度、保温、抗水汽渗透等性能有较大提高。在浸水条件下仍能完整地保持其保温性能和抗压强度,特别适合应用于建筑物的隔热、保温、防潮处理,是当今建筑业物美价廉的施工材料之一。

根据《绝热用挤塑聚苯乙烯泡沫塑料(XPS)》(GB/T 10801.2—2018),将制品压塑强度 p 和表皮分为 12 个等级:X150($p \geqslant 150$ kPa,带表皮),X200($p \geqslant 200$ kPa,带表皮),X250($p \geqslant 250$ kPa,带表皮),X300($p \geqslant 300$ kPa,带表皮),X350($p \geqslant 350$ kPa,带表皮),X400($p \geqslant 400$ kPa,带表皮),X450($p \geqslant 450$ kPa,带表皮),X500($p \geqslant 500$ kPa,带表皮),X700($p \geqslant 700$ kPa,带表皮),X900($p \geqslant 900$ kPa,带表皮),W200($p \geqslant 200$ kPa,不带表皮),W300($p \geqslant 300$ kPa,不带表皮)。

按燃烧性能分为 2 级:B1 级、B2 级。

按绝热性能分为 3 级:024 级、030 级、034 级。

绝热用挤塑聚苯乙烯泡沫塑料(XPS)产品物理力学性能符合表 5-11 规定。

表 5-11 绝热用挤塑聚苯乙烯泡沫塑料(XPS)产品物理力学性能

项目	024 级	030 级	034 级
导热系数(平均温度 10 ℃)/[W·(m·K)$^{-1}$]	≤0.022	≤0.028	≤0.032
导热系数(平均温度 25 ℃)/[W·(m·K)$^{-1}$]	≤0.024	≤0.030	≤0.034
热阻(厚度 25 mm 时,平均温度 10 ℃)/[(m²·K)·W^{-1}]	≥1.14	≥0.89	≥0.78
热阻(厚度 25 mm 时,平均温度 25 ℃)/[(m²·K)·W^{-1}]	≥1.04	≥0.83	≥0.74

5.2.2 脲醛泡沫塑料

以尿素与甲醛为原料,经缩聚、加成反应而得脲醛树脂。脲醛树脂很容易发泡,将树脂液与发泡剂混合、发泡、固化即可得脲醛泡沫塑料。脲醛泡沫塑料也称氨基泡沫塑料。

脲醛树脂外观洁白、质轻,表面硬度大,属于闭孔型硬质泡沫塑料。但其内部气孔有一部分为部分连通的开口气孔,因而吸水性强,机械强度较低。脲醛泡沫塑料的性能见表 5-12。

表 5-12 脲醛泡沫塑料的性能

规格/mm	密度/(kg·m^{-3})	压缩强度/MPa	弹性(压缩20%)	热导率/[W·(m·K)$^{-1}$]	水分/%	使用温度/℃	耐热性/℃
1 100×510×21	7~10	0.015~0.025	不破碎,外力消除后复原	0.041	≤12	≥60	500±20,只焦化,无火焰

脲醛泡沫塑料虽有容重轻、导热系数小、难燃、价格便宜的优点,但是含有少量的残余甲醛,所以在我国的保温、装饰材料工程中需要通过改性,回避其弊病。

改性脲醛泡沫塑料的粒径,其细粉为 100~200 目,粗料为 2~10 mm。改性脲醛泡沫塑料有较稳定的物理化学性能。在 120 ℃经 2 h 和 -30 ℃经 12 h 的浸泡,交替试验一年时间,其强度和泡孔结构均未发生任何变化。改性脲醛泡沫塑料,用浓度为 25% 的氯化铵、碳酸钠、氯化钠、甲醛、乙醛、甲醇、乙醇、乙酸、丙酸、丁酸、氯仿、二丁基磷酸酯溶液,在 20 ℃下浸泡 12 d 后取出检查,并未发生变化,所以其具有很好的化学稳定性,见表 5-13。

表 5-13 改性脲醛泡沫塑料物理力学性能

项目	性能指标	项目	性能指标
表观密度/(kg·m^{-3})	38.6	导热系数(23 ℃)/[W·(m·K)$^{-1}$]	0.031
压缩强度/MPa	0.012	尺寸稳定性(70 ℃,相对湿度90%,48 h)/%	15.0~18.1
质量吸水率(开孔型)/%	990	氧指数/%	33.6

由于脲醛泡沫塑料本身和泡沫内的气体热导率都很低,所以脲醛的热导率很小。脲醛泡沫塑料耐冷热性能良好,不易燃,在 100 ℃下可长期使用而保持性能不变,但在 120 ℃以上时发生显著收缩,可在 -200~-150 ℃超低温下长期使用。

由于脲醛树脂发泡工艺简单,施工时常采用现场发泡工艺。可将树脂液、发泡剂、硬化剂混合后注入建筑结构空腔内或空心墙体中,发泡硬化后就形成泡沫塑料隔热层。脲醛泡沫塑料对大多数有机溶剂有较好的抗蚀能力,但不能抵抗无机酸、碱及有机酸的侵蚀,施工时应注意。

5.2.3 聚氨酯泡沫塑料

聚氨酯泡沫,简称 PUF 塑料,全称叫聚氨基甲酸酯泡沫塑料。是以聚合物多元醇(聚醚或聚酯)和异氰酸酯为主体基料,在催化剂、稳定剂、发泡剂等助剂的作用下,经混合发泡反应而制成的各类软质、半硬半软和硬质的聚氨酯泡沫塑料。聚氨酯泡沫塑料按所用原料的不同,分为聚醚型和聚酯型两种,经发泡反应制成,又有软质及硬质之分。

硬质聚氨酯泡沫塑料具有优良的建筑性能,可以喷涂在各种各样形状的表面上,形成一个无接缝的保温层,而浇注保温板可方便地切割成型、安装,故硬质聚氨酯泡沫塑料被广泛地用于建筑保温。

1. 结构研究

硬质聚氨酯泡沫塑料呈三维网络结构,孔是泡沫的基本单元。泡沫塑料的所有性能如力学性能、声学性能、隔热性能,都不同程度地与孔结构有关。聚氨酯泡沫的孔是由最初分散存在的单个气泡逐渐生长而成的,当单个气泡的总体积分数达到 74% 时,气泡连成一片,形成了真正的泡沫。气泡间的相互挤压,导致气泡由球形结构变为多面体结构。

吴蓁等人用各种环保型发泡剂制得硬质聚氨酯泡体。通过对影响硬质聚氨酯泡体结构和性能的因素的研究,通过对发泡中凝胶速率与发泡速率的匹配研究,试图达到通过控制泡体结构来调节泡体性能的目的。

聚醚 4110 与聚醚 403 质量比的不同在一定程度上改变了硬质聚氨酯泡沫泡体的结构,从而改变了其力学性能。如图 5-3 所示,其中聚醚 4110/聚醚 403 为 A1>A2>A3>A4>A5,随着聚醚 4110 含量的增多,总体上硬质聚氨酯泡体孔壁变厚,孔径略微增大。对于建筑外保温材料而言,聚醚 4110 与聚醚 403 质量比以 85：15 或 90：10 为宜,此时泡沫拉伸强度与断裂伸长率均达到建筑外保温材料国家行业标准的要求。

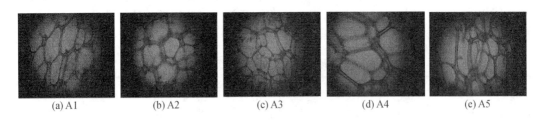

(a) A1   (b) A2   (c) A3   (d) A4   (e) A5

图 5-3 不同聚醚配合比的泡体结构比较

催化剂有机锡对凝胶反应的促进作用比较明显,适当增加有机锡用量能使发泡速率与凝胶速率相匹配。有机锡在一定范围内能调节泡体的结构,使之达到更好的性能。在适当加入有机锡后,在使凝胶速率加快的同时,快速放出的热量又使发泡速率更快速地增长,从而使凝胶速率与发泡速率达到一定程度的匹配,此时发泡较充分,泡体密度变小。但随着有机锡的加入,凝胶速率进一步加大,温度升高过快,使得发泡剂迅速气化,而凝胶的泡体强度不足以包住气体,容易导致并泡而形成气孔缺陷,另外还有一部分气体逸出泡体而导致泡体表面出现较大的气孔,气泡表面粗糙度增加,同时泡体密度变大,泡体结构如图 5-4 所示,其中有机锡用量 B1>B2>B3>B4>B5,随有机锡用量的增多,泡孔逐渐变大,孔分布变得不均匀。通过调节有机锡用量可得到不同的泡体结构。

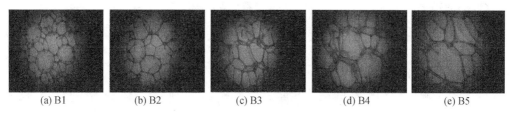

(a) B1　　　　(b) B2　　　　(c) B3　　　　(d) B4　　　　(e) B5

图 5-4　不同有机锡用量的泡体结构比较

匀泡剂在一定范围内能明显调节泡体孔径及均匀性,使泡体增强。本研究中,对于建筑外保温材料而言,匀泡剂用量以 0.05～0.10 g 为最佳。如图 5-5 所示,未加匀泡剂(C1 试样)或匀泡剂加入量较少(C2 试样)时,泡孔基本以五边形、六边形为主,在同一平面上,泡体的棱比较粗,泡孔大小不均匀;随着匀泡剂用量的增加(C3—C5),泡体的棱逐渐变细,泡孔大小逐渐减小且逐渐均匀。由此可见,匀泡剂对泡体结构产生明显的影响,这是因为匀泡剂作为一种表面活性剂,可以降低体系的表面张力,增加体系内各组分间的互溶。

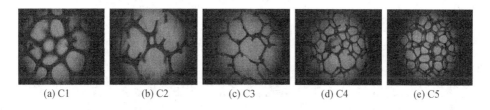

(a) C1　　　　(b) C2　　　　(c) C3　　　　(d) C4　　　　(e) C5

图 5-5　不同匀泡剂用量的泡体结构比较

从放大倍数更大的 SEM 图片,如图 5-6 中可以清楚看到,泡孔的形状是以圆形或带有圆角的多边形为主,其多边形的棱角带有一定的弧度,尤其当匀泡剂的用量较大时,这一特征更明显,扫描电子显微镜测试,如图 5-6 结果亦表明,随匀泡剂用量的增加,泡孔孔径相应降低。

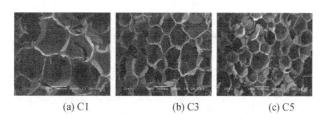

(a) C1　　　　　(b) C3　　　　　(c) C5

图 5-6　不同匀泡剂用量下泡体的 SEM

2. 材料特性

聚氨酯硬质泡沫塑料有如下特点:

(1) 聚氨酯硬质泡沫塑料具有重量轻、比强度高、尺寸稳定性好的优点。根据聚氨酯硬泡的用途、要求不同，其泡沫体的密度通常低于 150 kg/m³，包装行业使用的硬泡密度甚至达到 8 kg/m³，一般绝热材料所用硬泡的密度为 28～60 kg/m³。在日本对用于绝热用途的聚氨酯硬泡已颁布标准，按硬度划分基本可分为三类：低密度聚氨酯硬泡密度为 25～30 kg/m³；中密度聚氨酯硬泡密度为 40～60 kg/m³；高密度聚氨酯硬泡密度大于 150 kg/m³。

(2) 聚氨酯硬泡的机械强度好。在低温环境下，其强度不仅不会下降，而且还有所提高，它们在低温下的尺寸稳定性好，不收缩。在温度为 -20 ℃ 的条件下存放 24 h，硬质泡沫体的线性变化率小于 1%。

(3) 聚氨酯硬质泡沫塑料的绝热性能优越。聚氨酯硬质泡沫体的闭孔结构含量大于 90%，封存在泡孔内的气体具有极低的热传导系数，因此，用聚氨酯硬泡制备的绝热型材，即使在很薄的情况下，也能获得很好的绝热效果，是目前建筑材料中绝热性能最好的品种。

(4) 黏合力强。聚氨酯硬泡对钢、铝、不锈钢等金属，对木材、混凝土、石棉、沥青、纸以及除聚乙烯、聚丙烯和聚四氟乙烯等以外的大多数塑料材料，都具有良好的黏结强度，适宜制备包覆各种面材的绝热型材及电气设备绝热层的灌封，能实现工业化大规模生产的需要。

(5) 老化性能好。绝热使用寿命长。实际应用表明，在外表皮未被破坏时，在 -190～70 ℃ 下长期使用，寿命可达 14 年之久，显示出其优越的抗老化性能。使用非渗透性饰面材料，在长期使用的过程中，能始终保持优异的隔热效果。

(6) 反应混合物具有良好的流动性。能顺利地充满复杂形状的模腔或室间。聚氨酯硬泡制备的复合材料重量轻，易于装配，且不会吸引昆虫或鼠类咀嚼，经久耐用。

(7) 聚氨酯硬泡生产原料的反应性高。可以实现快速固化，能在工厂中实现高效率、大批量生产。

在绝热保温方面应用是以双组分聚氨酯硬质泡沫为主。硬质聚氨酯泡沫目前仍然是固体材料中隔热性能最好的保温材料之一。其泡孔结构由无数个微小的闭孔组成，且微孔互不相通，因此该材料不吸水、不透水，带表皮的硬质聚氨酯泡沫的吸水率为零。该材料既保温又防水，宜广泛应用于屋顶和墙体保温，可代替传统的防水层和保温层，聚氨酯硬泡材料的主要性能指标见表 5-14。

表 5-14 聚氨酯硬泡材料的主要性能指标

性能指标	喷涂法	浇注法	粘贴法或干挂法
密度/(kg·m⁻³)	≥35	≥38	≥40
热导率[(23±2)℃]/[W·(m·K)⁻¹]		≤0.024	
拉伸黏结强度/kPa	≥150(1)	≥150(2)	≥150(3)
拉伸强度/kPa	≥200(4)	≥200(5)	≥200
断裂伸长率/%	≥7	≥5	≥5
吸水率/%		≤4	
尺寸稳定性(48 h)/%,80 ℃		≤2.0	
尺寸稳定性(48 h)/%,-30 ℃		≤1.0	

（续表）

性能指标	喷涂法	浇注法	粘贴法或干挂法
热释放速率峰值/(kW·m⁻²)		≤250	
平均燃烧时间/s		≤30	
平均燃烧高度/mm		≤250	
烟密度等级(SDR)		≤75	

在目前研制或发现的天然及合成保温材料中,聚氨酯硬质泡沫是保温性能最好的一种保温材料,其热导率一般在 0.018～0.030 W/(m·K)范围。这种保温材料既可以预成型,又可现场喷涂成型,现场施工时发泡速度快,对基材附着力强,可连续施工,整体保温效果好,并且密度仅 30～60 kg/m³。虽然聚氨酯泡沫塑料单位成本较高,但由于其绝热性能优异,厚度薄,并且加以适当的保护,可使聚氨酯泡沫使用 15 年以上而无需维修,因而用聚氨酯硬泡作保温材料的总费用较低。

用于墙体材料的聚氨酯硬质泡沫,一般要求其具有难燃性能,可在发泡配方中加入阻燃成分。聚氨酯硬质泡沫从化学配方上区分可分为普通聚氨酯(PU)硬泡和聚异氰脲酸酯(PIR)泡沫两类。与普通硬质泡沫相比,后者系采用过量的多异氰酸酯原料和三聚催化剂制得,具有优良的耐高温性能和阻燃性能。

5.2.4　聚氯乙烯泡沫塑料

聚氯乙烯泡沫塑料是以聚氯乙烯与适量的化学发泡剂、稳定剂、溶剂等,经过捏合、球磨、模塑、发泡而制成的一种闭孔型的泡沫材料。按其形态分为硬质泡沫塑料和软质泡沫塑料。

聚氯乙烯泡沫塑料性能优良,质轻、保温隔热、吸声、防震性能好、吸水性小、耐酸碱、耐油好、不燃烧。由于其高温下分解产生的气体不燃烧,可自行灭火,所以它是一种自熄性材料,适用于防火要求高的地方。由于其含有许多完全封闭的孤立的气孔,所以吸水性、透水性和透气性都非常小,适用于潮湿环境;并且其强度和刚度很高,耐冲击和抗震动。唯一的缺点是价格较贵。聚氯乙烯泡沫塑料的制品一般为板材,常用来作为屋面、楼板、隔板和墙体等的隔热材料,以及夹层墙板的芯材。聚氯乙烯泡沫塑料板的物理机械性能见表 5-15,聚氯乙烯泡沫塑料板的耐化学性能见表 5-16。

表 5-15　聚氯乙烯泡沫塑料板的物理机械性能

物理机械性能	指标	物理机械性能	指标
密度/(kg·m⁻³)	≤45	热导率/[W·(m·K)⁻¹]	≤0.043
拉伸强度/MPa	≥0.4	吸水性/(kg·m⁻²)	<0.2
压缩强度/MPa	≥0.18	耐热性/℃	80(2 h 不发黏)
线收缩率/%	≤4	耐寒性/℃	−35(15 min 不龟裂)
伸长率/%	≥10	可燃性	离开火源后 10s 自熄

表 5-16　聚氯乙烯泡沫塑料板的耐化学性能

耐化学性能	指标
耐酸性	20％盐酸中 24 h 无变化
耐碱性	45％苛性钠 24 h 无变化
耐油性	在 I 级汽油 24 h 无变化

5.2.5　酚醛泡沫塑料

酚醛泡沫是以酚醛树脂为主要原料,与发泡剂、表面活性剂和其他添加剂混合后,通过加入固化剂高速搅拌,充分混合好的浆料浇注在模具内或连续生产线上,控制在某恒定温度时,使发生交联、发泡、固化而成的硬质酚醛树脂泡沫塑料。

酚醛泡沫耐热、耐冻性能良好,使用温度范围在 -150～150 ℃,加热过程中由黄色变为茶色,强度也有所增加。但温度提高至 200 ℃时,开始炭化。酚醛泡沫低温下强度要高于高温下强度,恢复到常温时,强度又降低,即使反复变化也不会产生裂纹。并且酚醛泡沫塑料长期暴露在阳光下,也未见明显的老化现象,强度反而有所增加。酚醛泡沫除了不耐强酸外,抵抗其他无机酸、有机酸的能力较强,强有机溶剂可使其软化。酚醛泡沫塑料不易燃,火源移去后,火焰自熄。由于酚醛泡沫塑料具有上述良好的性能,且易于加工,因而广泛应用于工业、建筑业。

我国目前生产的酚醛泡沫塑料与国外相比,在工艺技术和施工应用上还存在一定差距,但酚醛泡沫塑料作为一种安全、绿色的新型节能建筑材料。近年来我国有关科研单位和企业在酚醛树脂改性和发泡技术上已有了新的突破,其一是克服了酚醛泡沫塑料粉化掉渣、脆性大和强度低的缺点;其二是酚醛泡沫塑料的成本更接近聚苯乙烯泡沫塑料;其三是产品的pH 接近中性,对金属无腐蚀性。

5.3　再生骨料混凝土材料

统计资料显示,目前世界混凝土年产量约 28 亿 m^3,我国混凝土年产量约占世界总量的45％,混凝土的需求量随着经济发展及城市化进程的加快与日递增。随之而来的问题是大量天然骨料被消耗以及因拆除使用年限到期的混凝土而产生大量的建筑垃圾。

一方面,浇筑混凝土需要大量天然骨料(约占混凝土总量的 75％),天然砂石属非再生资源,需要漫长的地质年代更迭才能自然形成,过去资源环境保护意识淡薄,认为砂石廉价而广泛,大肆开采,甚至滥采滥用,严重破坏了自然生态环境,长此以往天然骨料必将面临短缺。

另一方面,世界上每年都会因大量废旧建筑物的拆除而产生数量庞大的建筑垃圾,有数据表明,美国每年产生的废弃混凝土大约有 6 000 多万吨,欧洲约 17 000 多万吨,我国达16 000 多万吨,并且以年均 8％的速度增加。建筑垃圾不断侵占耕地面积,长期以来都是采取填埋或堆放的处理方式,无疑加剧了土地资源的紧张状况,同时拆除时产生的粉尘污染环境,严峻的建筑工业形势使得再生骨料混凝土应运而生。

5.3.1　再生骨料混凝土发展概述

骨料的概念是随着社会的发展而发展的。随着人们可持续发展观念的增强与科学技术的发展,越来越多的固体废料能被循环利用,其中绝大部分成为再生骨料。这些用于生产再生骨料的材料除废弃混凝土外,还有碎砖、瓦、玻璃、陶瓷、炉渣、矿物废料、石膏,此外还有废弃塑料、废弃橡胶、轮胎、木材、废纸等。可见,经特定处理、破碎、分级,并按一定的比例混合后,形成的以满足不同使用要求的骨料就是再生骨料。而以再生骨料配制的混凝土称为再生骨料混凝土,简称再生混凝土。

再生骨料混凝土是将废弃混凝土块经破碎、清洗、分级等处理后制备成再生骨料,按一定比例与级配混合,部分或全部替代天然骨料配置而成的新型混凝土,它能够有效地实现资源的循环再利用,发展前景可观。

1. 再生骨料的来源

再生混凝土骨料的来源一般可以分为两类。

第一类是指非建筑行业材料经过一系列处理加工到混凝土材料。例如,粉煤灰、高炉矿渣、转炉矿渣、垃圾燃烧的灰烬、轮胎、木板等经处理后可作为再生骨料中的水泥等骨料;粒状玻璃、硅灰、石灰粉、石粉等经处理后可作为再生骨料中的矿物产掺料。

第二类是指废弃的混凝土材料再次用到混凝土材料中,也就是说,可以将混凝土工厂中水泥等废料、不合格的混凝土材料、经搅拌后的混凝土废弃材料等回收再利用。需要指出的是,无论哪一类的再生骨料,都要经过处理后并能够满足不同性能要求的混凝土力学特性及物理特征后才能使用,切忌将混凝土作为"垃圾"。当使用其他材料作为混凝土再生骨料时,需充分考虑再生混凝土结构的特点及其耐久性和使用寿命。

2. 再生骨料与天然骨料的差别

相对于再生混凝土而言,用天然骨料配制的混凝土叫天然骨料混凝土,简称混凝土。而将用来生产再生骨料的混凝土称为基体混凝土,也有人称之为原生混凝土。

目前,对于再生骨料的加工处理方式大同小异,但不同的加工处理方式也会影响到再生骨料的性能。总的来说,再生骨料与天然骨料之间主要存在如下差别:

(1) 孔隙率高、吸水率大。

首先,已废弃的混凝土中砂浆的含有率相对较高,使得再生骨料的压碎指标高于天然骨料的压碎指标;其次,挤压、冲撞、研磨等机械加工处理过程会对再生骨料造成损伤破坏,从而导致其表面及内部出现大量的微细裂纹,使得其孔隙率增大,从而使得其吸水率增大。

(2) 强度低、耐久性差。

再生骨料不仅构成了再生混凝土的骨架,同时在很大程度上影响着再生混凝土拌和物的力学性能和耐久性。再生骨料的表面包裹了大量的水泥砂浆,使得混凝土骨料与水泥浆体之间的黏结力因此而下降。

此外,为了使再生骨料接近天然骨料的表面性质,包裹有水泥浆体的再生骨料在经过机械破碎等处理时,会使得再生骨料的破损力度增大,从而骨料表面和内部存在大量的微细裂纹,造成其强度低、耐久性差。此外,再生骨料的杂质含量相对较高,如泥砂、碎屑等也会影响其强度及耐久性。

5.3.2 再生骨料混凝土的基本性能

1. 再生骨料混凝土的一般性质

再生骨料混凝土的一般性质主要包括力学性能、弹性模量、和易性、物理性能及变形特性等。

（1）力学性能。

用再生骨料制备的混凝土与天然骨料制备的混凝土相比，其力学性能是有一定差异的。一般再生骨料制备的混凝土要比天然骨料制备的混凝土的抗压强度低 10%～40%，徐变和收缩率也比较高。各种性能的差异程度取决于再生骨料所占的比重、旧混凝土的特征、污染物质的数量和性质、细粒材料和附着砂浆的数量等。

利用再生骨料制备的混凝土和天然骨料制备的混凝土，其应力-应变全曲线也有明显差异。再生骨料混凝土的峰值应变相比天然骨料混凝土要大得多。再生骨料混凝土的黏结强度虽然比较小，但其应变比较大，且峰值后能量的吸收能力也较大。再生骨料混凝土这种良好的变形能力和延性，对减缓混凝土结构的脆性、防止无预兆的突发性破坏非常重要。

（2）弹性模量。

由于再生骨料中有大量的硬化水泥砂浆附着于原骨料颗粒上，其内部存有大量的微裂缝，使得再生骨料混凝土的孔隙率高于普通水泥混凝土。因此再生混凝土的弹性模量通常较低，一般为普通水泥混凝土的 70%～80%。混凝土同强度等级下相比，其弹性模量下降更多。

（3）和易性。

在同一水灰比下，再生骨料混凝土的坍落度比天然骨料混凝土的坍落度要小，再生骨料混凝土随着再生骨料替代率的增加其坍落度急剧减小。由于再生骨料比天然骨料的孔隙多，骨料的吸水率较大，所以在相同水灰比的条件下，再生骨料的取代率越高，再生骨料混凝土的坍落度就越低。同时，再生骨料表面粗糙，棱角众多，增大了拌和物在搅拌与浇筑时的摩擦力，减小了再生骨料混凝土坍落度。

再生骨料混凝土的坍落度随水灰比的增大而增大，这和普通水泥混凝土是一致的，因此，为了达到再生骨料混凝土较好施工性能的要求，必然要提高再生骨料混凝土的水灰比，从而增大了再生骨料混凝土的用水量。如果设计的混凝土水灰比较小，再生骨料混凝土坍落度问题，可以通过在再生骨料混凝土中加入适量的粉煤灰或高效减水剂来提高，这样也可以保证再生骨料有较好的保水性和黏聚性。

（4）物理性能。

再生骨料混凝土由于内部存有大量的微裂缝，其孔隙比较多，所以热导率要比相同配合比的天然骨料混凝土低，如果将再生骨料混凝土用于建筑围护结构，可以明显增强建筑物的保温隔热效果，是一种优良的节能建筑材料。再生骨料混凝土的表观密度比普通混凝土低，如碎砖混凝土的表观密度为 2 000 kg/m³，接近轻混凝土的表观密度 1 900 kg/m³，由于再生骨料混凝土的自重较轻，所以对减轻建筑物自重、提高建筑构件跨度非常有利。

（5）变形特性。

与普通混凝土相比，再生骨料混凝土的干缩量和徐变量增加了 40%～80%。干缩率的增大数值取决于基体混凝土的性能、再生骨料的品质及再生混凝土的配合比。黏附在再生骨料颗粒上的水泥浆含量越高,再生混凝土的干缩率越大。比如,与天然骨料掺合使用时,再生混凝土的水灰比增加,其干缩率也增大。通常认为其原因是再生骨料中有大量的旧水泥砂浆附着在表面,或者再生骨料的弹性模量较低。

2. 再生骨料混凝土的耐久性能

（1）抗渗性。

一般情况下,混凝土的抗渗性与混凝土内部孔隙的特征有关,包括孔隙的孔径大小、分布、形状、弯曲程度及连贯性。

通过材料试验研究水灰比为 0.5～0.7、坍落度为 200 mm 的再生骨料混凝土的渗透性。试验结果表明,再生骨料混凝土的渗透性为普通混凝土的 2～5 倍,而且再生骨料混凝土渗透试验结果较为离散。

再生骨料混凝土的抗渗性较普通混凝土差,其主要原因是由于再生骨料孔隙率较高,吸水率较大。如果在混凝土中掺入活性掺合料,如磨细矿渣或粉煤灰等,能细化再生骨料混凝土的毛细孔道,使混凝土的抗渗透性有很大改善。

（2）抗硫酸盐侵蚀性。

硫酸盐侵蚀的危害包括混凝土的整体开裂和膨胀以及水泥浆体的软化和分解。早期的科学家采用 100 mm×100 mm×400 mm 的棱柱试块,硫酸盐溶液为含量为 20% 的硫酸钠和硫酸镁,共进行 60 次循环。试验结果表明,再生骨料混凝土的抗硫酸盐侵蚀性较同配合比的普通混凝土略差。

（3）抗磨性。

混凝土的抗磨性主要取决于其强度和硬度,尤其是取决于面层混凝土的强度和硬度。试验结果表明,再生骨料取代率低于 50% 时,再生骨料混凝土的磨损深度与普通混凝土差别不大;当再生骨料取代率超过 50% 时,再生骨料混凝土的磨损深度随着再生骨料取代率的增加而增加。不同强度的基体混凝土中得到的再生骨料抗磨性不同,随着基体混凝土强度的增加,再生骨料的抗磨性提高。再生骨料的抗磨损性差,必然导致再生骨料混凝土的抗磨损性较差。

（4）抗裂性。

与普通混凝土相比,再生骨料混凝土的极限延伸率可提高 20% 以上。由于再生骨料混凝土弹性模量较低,拉压比较高,因此其抗裂性优于普通混凝土。

（5）抗冻融性。

不同的人员先后进行的各种抗冻融性试验中,研究结果差别较大,原因可能来自再生骨料性能的差异。现在普遍认为,再生骨料混凝土较普通混凝土抗冻融性差,再生骨料和天然骨料共同使用时或者选用较小的水灰比,可提高再生骨料混凝土的抗冻融性。

（6）抗碳化能力。

空气中的二氧化碳不断向混凝土内扩散,导致混凝土溶液的 pH 降低,这种现象称为碳化。当混凝土 pH<10 时,钢筋的钝化膜被破坏,钢筋产生锈蚀、体积膨胀,混凝土出现开裂,与钢筋的黏结力降低,混凝土保护层剥落,钢筋面积缺损,严重影响混凝土的耐久性。如果再生骨料由已经碳化的混凝土加工而成,所制备的再生骨料混凝土其碳化速度将大大高

于普通混凝土。试验表明,再生骨料混凝土碳化深度较普通混凝十略大;同时,随着水灰比增加,再生骨料混凝土的碳化深度增加。再生骨料混凝土的抗碳化性能低于普通混凝土,原因在于其孔隙率高、抗渗性差。

(7) 抗氯离子渗透性。

氯离子即使在高碱度条件下,对破坏钢材表面上的钝化氧化膜也有特殊能力,氯离子渗透性对于混凝土的耐久性至关重要。研究表明,再生骨料混凝土的氯离子渗透深度较普通混凝土略大,表明再生骨料混凝土抗氯离子渗透性差,其主要原因是由于再生骨料孔隙率高。

(8) 抗冻性。

随着冻融循环次数的增加,再生骨料混凝土和普通水泥混凝土一样,其立方体抗压强度、劈拉强度和抗折强度均呈下降趋势,且劈拉强度和抗折强度下降幅度较抗压强度下降幅度明显。

试验结果表明,再生骨料混凝土相对动弹模量随着冻融循环次数变化,强度下降更加显著,特别是再生骨料混凝土的抗折强度,在冻融循环 50 次后,即降低到原来的 60%;冻融循环 125 次后,就会失去承载能力。出现上述现象的微观机理为:随着温度的下降,首先是再生骨料混凝土较大孔隙中的水开始冻结,随后是较小孔隙中的水冻结。在较小孔隙内的水冻结过程中,水的膨胀会受到较大孔隙中水冻结所产生的冰晶的制约。与普通混凝土相比,再生骨料混凝土因其骨料自身的冻胀而缺少了缓解这种膨胀压力的自由孔隙,静水压力作用在孔隙壁上将产生较大的拉应力,达到混凝土极限抗拉强度的概率较大。

3. 改善再生骨料混凝土耐久性措施

(1) 减小水灰比。

研究结果表明,通过降低再生骨料混凝土的水灰比可以提高再生骨料混凝土的抗渗性能。通过试验发现,当再生骨料混凝土的水灰比低于普通混凝土的 0.05～0.10 时,二者的吸水率相差不大;同时还发现减小再生骨料混凝土的水灰比,可以提高其抗碳化性能。

(2) 掺加粉煤灰。

试验结果表明,粉煤灰可以改善再生混凝土的抗渗性和抗硫酸盐侵蚀性。当粉煤灰的掺入量为 10%,与未掺加粉煤灰的混凝土相比,掺加粉煤灰的再生骨料混凝土的渗透深度、吸水率和重量损失率分别降低了 11%,30% 和 40%。

(3) 减小再生骨料最大粒径。

通过减小再生骨料的最大粒径可以提高再生骨料混凝土的抗冻融性。基于这一原因,经过试验结果表明,较适宜的再生骨料的最大粒径一般为 16～20 mm。

(4) 采用半饱和面干状态的再生骨料。

Oliveira 等研究了再生骨料的含水状态对再生骨料混凝土性能的影响,试验采用的再生骨料的含水状态分别为完全干燥、饱和面干和半饱和面干(饱和度分别为 89.5% 和 88.1%)。结果表明,采用半饱和面干状态的再生骨料后,再生骨料混凝土的抗冻融性显著提高。

(5) 采用二次搅拌工艺。

Ryu 的研究表明,采用二次搅拌施工工艺,可以提高再生骨料混凝土的抗氯离子渗透性。根据其试验结果,采用二次搅拌工艺施工的再生骨料混凝土,氯离子渗透深度减小了 26%。

5.4　建筑节能相变材料

随着城市化进程的不断推进,人们对建筑材料的选择越加看重,而在对建筑材料进行选择时也越发倾向于在环保理念的基础之上。相变材料在建筑这个行业上的应用可以降低整个建筑的成本消耗,对促进建筑行业的发展具有重要作用。因此,相变材料在建筑中的应用成为大众的关注点。

5.4.1　相变材料概念与分类

1. 相变材料的概念

相变材料(又称"相变蓄能材料",Phase Change Material,PCM),在 20 世纪 60 年代被美国开发出来,这种不同于过往固定的传统材料而具有诸多功能的新型材料,在一定温度条件下,利用材料自身的相态或结构变化,可以将潜热自动放出或吸收到环境中去,借此达成调节和控制环境温度的目的。

相变材料的储能原因在于:当温度高于相变点时,吸收热量发生变化,形成了热能的储备。当温度低于相变点时,相变储能材料可以释放热量发生逆相变。

相变储能材料最大的特点就是其储能功能非常强大,在相变过程中自身的温度几乎保持不变,又能大量潜热(吸收或是释放能量),更进一步地同步了供能时间和速度。储能材料对室温的强大控制,符合了建筑节能的要求,适用于建筑保温领域。

2. 相变储能材料的分类

目前已发现的具有相变储能特点的材料种类较多,从不同角度出发,对相变储能材料进行不同的分类。

按照物质类型分类,包括无机、有机和复合相变材料等。

按照相变形式分类,包括固-固、固-液、固-气和液-气四类。虽然固-气和液-气相变材料的潜热能要大于其他两种,但是其在潜热时会有气体产生,改变了材料的体力,不利于处理。以此,在实际的建筑节能使用中,使用较多的是固-液相变材料和固-固相变材料。

按照相变温度分类,包括低温(<20 ℃)、中温(20～250 ℃)和高温(>250 ℃)相变储能材料。然而,不同分类之间并非完全隔离,各分类类型相互交叉与包含。具体的分类如表5-17所示。

表 5-17　相变材料的分类

分类形式	类别	举例
物质类型	无机相变材料	结晶水合盐、熔融盐、金属化合物等无机物
	有机相变材料	石蜡、脂肪酸、脂肪醇等有机物
	复合相变材料	由两种或两种以上相变材料组成
	离子液体相变材料	[C_4MIM][BF_4]、烷基咪唑类离子液体等

(续表)

分类形式	类别	举例
相变形式	固-固相变	聚乙二醇、多元醇、聚乙烯、高密度聚乙烯和石蜡复合相变材料等
	固-液相变	171-172
	固-气相变	—
	液-气相变	—
相变温度	低温相变材料(<20 ℃)	无机盐水溶液、少部分无机水合盐、有机相变材料等
	中温相变材料(20~250 ℃)	绝大部分无机水合盐、有机材料(石蜡、脂肪酸等)、共晶盐类等
	高温相变材料(>250 ℃)	纯盐、熔融盐、金属等

(1) 无机相变储能材料。

无机相变储能材料又可以分为结晶水合盐、熔融盐、金属化合物等无机物,储热能力和导热系数高[0.5 W/(m·K)左右],使用温度宽,相变过程中体积变化较小,成本低;但是稳定性较差,具有一定的腐蚀性,大部分存在过冷和相分离现象。

(2) 有机相变储能材料。

有机相变材料又可以分为石蜡、脂肪酸、脂肪醇等有机物,具有较高相变潜热(150~300 J/g),相变温度点范围广,储热能力很高,循环性好,成型稳定,没有过冷和相分离现象,且腐蚀性较小,与传统建筑材料兼容,可回收等优点,是目前研究较多的一类。但是导热系数为[0.2 W/(m·K)左右],较其他材料偏低,相变过程体积变化较大,易燃。

(3) 复合相变储能材料。

复合相变储能材料为两种或两种以上材料的组合,可以调整各成分的质量分数,制备出熔点和凝固点皆为定值的储能材料。复合相变储能材料可以克服无机类和有机类的缺点并结合二者的优势。相比单一体系,复合相变储能材料的最大优势在于可以调整各组分的质量分数来改变相变温度、导热系数、相变潜热等物性参数,从而拓宽相变材料的应用范围,因此成为目前研究的热点。然而复合相变储能材料的热物性能数据有限,再加上高成本,从而限制了它的应用。

(4) 离子液体相变储能材料。

近些年,离子液体相变储能材料受到追捧,是因为其具有宽液程、大热熔、高热导率和高热稳定性等优点,被看作是目前相变储能材料的最优替代材料之一,然而关于其应用研究还处于探索阶段,且研究成本高,还需开展大量深入的研究工作。

5.4.2 常用的相变材料

从现在应用的普遍程度来看,在建筑工程中使用的相变储热材料,主要是固-液相变储热材料和固-固相变储热材料。

1. 固-液相变储热材料

(1) 硫酸钠类相变储热材料。

硫酸钠水合盐($Na_2SO_4 \cdot H_2O$)的熔点为 32.4 ℃,溶解潜热为 250.8 J/g,它具有相变温度不高、潜热值较大两个明显的优点。硫酸钠类储热剂不仅储热量大,而且成本较低、温度适宜,常用于余热利用的场合。然而十水硫酸钠在经多次熔化—结晶的储放热过程后,会发生相分离现象,为了防止出现这个问题,可加入适量的防相分离剂。

(2) 醋酸钠类相变储热材料。

三水醋酸钠的熔点为 58.2 ℃,溶解潜热为 250.8 J/g,属于中低温储热相变材料。三水醋酸钠作为储热材料,其最大的缺点是易产生过冷,使释放温度发生变动,通常要加入明胶、树胶或阳离子表面活性剂等防相分离剂。

(3) 氯化钙类相变储热材料。

氯化钙的含水盐($CaCl_2 \cdot 6H_2O$)熔点为 29 ℃,溶解潜热为 180 J/g,是一种低温储热材料。氯化钙的含水盐的过冷非常严重,有时甚至达到 0 ℃时,其液态熔融物仍不能凝固。常用的防过冷剂有 BaS,$CaHPO_4$,$CaSO_4$,$Ca(OH)_2$ 及某些碱土金属过渡金属的醋酸盐类等。这些水合盐熔点接近于室温,无腐蚀、无污染,溶液为中性,所以最适于温室、暖房、住宅及工厂低温废热的回收。

(4) 磷酸盐类相变储热材料。

磷酸氢二钠的十二水盐($Na_2HPO_4 \cdot 12H_2O$)熔点为 35 ℃,溶解潜热为 205 J/g,是一种高相变储热材料。它的过冷温差比较大,凝固的开始温度通常为 21 ℃,一般可利用粉末无定形碳或石墨,分散的细铜粉、硼砂,以及 $CaSO_4$、$CaCO_3$ 等无机钙盐作为防过冷剂。这类储热剂比较适用于人体的应用,在太阳能储热、热泵及空调等使用系统中也经常得到应用。

(5) 石蜡相变储热材料。

石蜡在室温下是一种固体蜡状物质,其熔解热为 336 J/g。固体石蜡主要由直链烷烃混合而成,主要含直链碳氢化合物,仅含有少量的支链,一般可用通式 C_nH_{2n+2} 表示。烷烃的性质见表 5-18。选择不同碳原子个数的石蜡类物质,可以获得不同相变温度,其相变潜热在 160~270 J/g。

表 5-18　烷烃的性质

相变材料	熔点/℃	相变潜热/($J \cdot g^{-1}$)
十六烷	18.0	225
十七烷	22.0	213
十八烷	28.2	242
十九烷	32.1	171
二十烷	36.8	248
二十一烷	40.4	213
二十二烷	44.2	252
三十烷	65.6	252

石蜡具有良好的储热性能、较宽的熔化温度范围、较高的熔化潜热、相变比较迅速、可以

自身成核、过冷性可以忽略、化学性质稳定、无毒、无腐蚀性,是一种性能较好的储热材料,此外,我国石蜡资源丰富,价格低廉,非常耐用,日常生活中应用比较广泛。但是,石蜡的热导率和密度均较小,单位体积储热能力差,在相变过程中由固态到液态体积变化大,凝固过程中有脱离容器壁的趋势,这将使传热过程变得复杂化。

(6)脂肪酸类相变储热材料。

脂肪酸类相变储热材料的熔解热与石蜡相当,过冷度也比较小,具有可逆的熔化和凝固性能,材料来源比较广泛,是一种很好的相变储热材料。但这种材料的性能不太稳定,容易挥发和分解;与石蜡相比价格较高,为石蜡的 2~2.5 倍,如大量用于储热,工程成本固然会偏高。脂肪酸的性质见表 5-19。

表 5-19　脂肪酸的性质

相变材料	熔点/℃	相变潜热/$(J \cdot g^{-1})$
辛酸(C_8)	16.0	149
癸酸(C_{10})	31.3	163
月桂酸(C_{12})	42.0	184
肉蔻酸(C_{14})	54.0	199
棕榈酸(C_{16})	62.0	211
硬脂酸(C_{18})	69.0	199

2. 固-固相变储热材料

(1)多元醇相变储热材料。

多元醇相变储热材料主要有季戊四醇(PE)、2-二羟甲基丙醇(PG)和新戊二醇(NPG)等。在低温情况下,它们具有高对称的层状体心结构,同一层中的分子以范德华力连接,层与层之间的分子由—OH 形成氢键连接。当达到固-固相变温度时,将变为低对称的各向同性的面心结构,同时氢键断裂,分子开始振动无序和旋转无序,放出氢键能。若继续升高温度,则达到熔点而熔解为液态。

多元醇相变储热材料相变温度较高,在很大程度上限制了其应用;加上这类材料不稳定和成本较高,也影响了其推广应用。为了得到较宽的相变稳定范围,满足各种情况下对储热温度的相应要求,一般将两种或三种多元醇按不同比例混合,调节相变温度,也可以将有机物和无机物复合,以弥补二者的不足。

(2)高分子类相变储热材料。

高分子类相变储热材料主要是指一些高分子交联树脂,如交联聚烯烃类、交联聚缩醛类和一些接枝共聚物,接枝共聚物又如纤维素接枝共聚物、聚酯类接枝共聚物、聚乙烯接枝共聚物、硅烷接枝共聚物。目前在建筑工程中使用较多的是聚乙烯接枝共聚物。

聚乙烯价格低廉,易于加工成各种形状,其表面非常光滑,易于与发热体表面紧密结合。聚乙烯的导热率高,且结晶度越高其导热率也越高。尤其是结构规整性较高的聚乙烯,如高密度聚乙烯、线性低密度聚乙烯等,具有较高的结晶度,因而单位质量的熔化热值较大。

（3）层状钙钛矿相变储热材料。

层状钙钛矿是一种有机金属化合物，也是一种重要的固体功能材料。由于其独特的层状成为化学反应活性中心，这大大拓宽了其应用范围。在光催化、铁电、超导、半导体、巨磁阻等方面都具有广泛应用。纯的层状钙钛矿以及它的混合物在固-固相变时，有较高的相变熔（42～146 J/g），转变时体积变化较小（5%～10%），适合于高温范围内的储能和控温使用。但是，由于层状钙钛矿的相变温度高、价格较昂贵，所以在建筑工程中应用较少。

3. 复合型相变材料

相变材料按照其相变过程，一般可分为固-固相变、固-液相变、固-气相变和液-气相变基本形式。固-固相变材料的缺点是价格很高，固-液相变材料的最大缺点是在液相时容易发生流淌。为了克服单一相变材料的缺点，复合相变材料则应运而生。

复合相变材料既能有效地克服单一无机物或有机物相变材料存在的缺点，又可以改变相变材料的应用效果及拓展其应用范围。目前相变材料的复合方法有很多种，主要包括微胶囊包封法（包括物理化学法、化学法、物理机械法、溶胶-凝胶法）、物理共混法、化学共混法及将相变材料吸附到多孔的基质材料内部等。

在实际建筑工程中，多采用相变材料与建材基体结合工艺，从而形成复合相变材料。目前在工程中常用的方法有：

（1）将 PCM 密封在合适的容器内；

（2）将 PCM 密封后置入建筑材料中；

（3）浸泡将 PCM 渗入多孔的建材基体（如石膏墙板、水泥混凝土试块等）；

（4）将 PCM 直接与建筑材料混合；

（5）将有机 PCM 乳化后添加到建筑材料中。

我国某建筑节能知名企业已成功地将不同标号的石蜡乳化，然后按一定比例与相变特种胶粉、水、聚苯颗粒轻骨料混合，从而配制成兼具蓄热和保温的可用于建筑墙体内外层的相变蓄热浆料，取得了良好的节能效益和经济效益。同时还开发了相变砂浆、相变腻子等节能相变产品。

5.4.3 相变材料在建筑节能中的应用

1. 相变储能材料的选择、改性及处理方法

1）相变储能材料的选择

为满足建筑节能应用需求，理想相变储能材料应考虑热物性、物化性能及经济性等，一般需符合以下要求：

（1）合适的相变温度、足够大的相变潜热、导热性能适合（不宜过大）和大热熔；

（2）相变过程可逆性好，热循环性良好，与建筑材料相容性好，对构件无腐蚀性、无泄漏、无毒、寿命长；

（3）相变时体积变化要小，凝固时无过冷和相分离现象；

（4）原材料价格低廉、储量丰富、易获得。

事实上，在建筑工程实际应用中，满足上述所有性能要求的相变储能材料是没有的，所以在选择相变储能材料时，可以优先考虑相变温度和相变潜热这两个指标，其他因素放在其后。表 5-20 列举了部分适合应用于建筑中的相变温度在 18~40 ℃的相变储能材料的热物性参数。

表 5-20　一些复合 PCMs 的热物理参数

材　　料	相变温度/℃	相变熔/$(kJ \cdot kg^{-1})$
$34\%C_{14}H_{28}O_2 + 66\%C_{10}H_{20}O_2$	24	147.7
$66.6\%CaCl_2 \cdot 6H_2O + 33.4\%MgCl_2 \cdot 6H_2O$	25	127
十八烷＋二十二烷	25.5~27	203.8
87%癸酸＋13%硬脂酸	27	160
$60\%Na(CH_3COO) \cdot 3H_2O + 40\%CO(NH_2)_2$	30	200.5
66%月桂酸＋34%棕榈酸	33~37	169
50%肉豆蔻＋50%硬脂酸	35~52	189

2）相变储能材料的改性

近年来相变储能材料在建筑节能领域的应用受到广泛关注,在工程应用中,单一体系的相变储能材料在某种程度上都存在自身的缺陷。目前常见的相变储能材料主要的不足包括相变温度和相变潜热不满足要求,且导热系数很小,另外,存在过冷及泄漏等现象。

越来越多的国内外学者结合理论、实验与数值模拟的方式,不断探索并制备新型的相变储能材料,诸如不同配比的复合相变储能材料等,以克服单一相变储能材料的缺点。其中,为了解决以无机水合盐为代表的无机相变储能材料的过冷、相分离及液漏等缺陷,而添加成核剂或增稠剂的方法;还有为了解决有机相变储能材料共性问题(低导热率),而添加导热剂[纳米粒子、多孔材料(金属泡沫及膨胀石墨等)]以及制备相变微胶囊方法等都是具有代表性的研究成果。Dimberu GAtinafu 专家团队制备了一系列形状稳定的基于聚乙二醇的 PEG@ NPC-Al 新型复合 PCMs,潜热可达 168.3 J/g,研究表明,与单一的聚乙二醇相比,新型 PCMs 具有更好的热渗透性、储热能力、稳定性及可回收性,可用于建筑高效节能中。国内专家通过添加膨胀石墨(EG)的石蜡作为相变材料和木粉/高密度聚乙烯(WF/HDPE)作为基质来制备复合 PCMs。相变潜热可通过调整 EG/石蜡等质量分数来控制。结果表明,该复合 PCMs 具有良好的热储存能力和高导热率,同时略微降低机械性能,制备的复合 PCMs 可用作建筑节能温度调节材料。还有专家制备了聚乙二醇/膨胀石墨复合 PCMs,相变温度为 18.89~25.93 ℃,潜热为 97.56~98.59 J/g,在将来的建筑室内中有很好的应用前景。

这些研究都促进了建筑 PCMs 的发展,其中纳米粒子易在基液中发生沉淀,从而影响相变储能材料的稳定性;微胶囊强化导热会增加一定成本。然而多孔材料的传热网络不仅能大幅增强 PCMs 的导热率,还能防止 PCMs 发生泄漏。

3）相变储能材料的处理方法

相变储能材料用作建筑节能领域时可以保持很好的热舒适性,但是一般很难直接使用,在大多数情况下,需要将其与吸附剂或载体复合化,使其形成具有固体形状、不泄漏的材料,然后再加以利用。

2. 建筑节能相变材料特点

相变蓄能是物质在相变过程中发生物态变化、产生能量变化,这种能量以潜热的形式存储的方式。相变储能材料是把相变材料通过混合、浸泡或者封装等方式加入普通的建筑材料中,制成一种新型的相变储能建筑材料。

在建筑中使用的相变材料,应具备以下几个特点:

(1) 熔化或凝固的潜热高。

(2) 相变过程的可逆性要好。

(3) 膨胀收缩性要小。

(4) 热稳定性要好,不要出现过冷或过热现象。

(5) 相变温度在 20～30 ℃范围内。

(6) 热导率要大,储热密度要大。

(7) 没有毒性,没有腐蚀性。

(8) 成本要低,制造要方便。

(9) 与建筑材料相容性要好,容易被吸收。

目前建筑上常用的相变材料有:四水氟化钾、六水氯化钙、硬脂酸丁酯、1-十二醇、质量分数 93%～95% 的硬脂酸丁酯＋质量分数 5%～7% 的硬脂酸甲酯、质量分数 49% 硬脂酸丁酯＋质量分数 48% 的棕榈酸丁酯、正十八烷等。

5.5　建筑节能隔热涂料

隔热涂料是一种新型的功能性涂料。它能够有效地阻止热传导,降低表面涂层和内部环境的温度,从而达到改善工作环境、降低能耗的目的,因而广泛应用于建筑外墙、船舶甲板、汽车外壳、油罐外壁和军事航天等领域。建筑保温涂料具有高效的对阳光的反射率、优良的抗紫外线性能、超常的抗污染性、良好的附着力、耐洗刷性、耐酸碱腐蚀性和防霉变等性能,是现代建筑隔热保温领域性能优良、适用性强、技术含量高的一种新型建筑保温隔热材料。涂料能在物体表面由封闭微珠将其连接在一起形成三维网络陶瓷纤维状结构,涂料的绝热等级达到 R-30.1,热反射率为 90%,导热系数为 0.04 W/(m·K),能有效抑制太阳和红外线的辐射热和传导热,保温抑制效率可达 90% 左右,能保持 70% 建筑空间里的热量不流失。该材料有以下特点:

(1) 施工方法与普通建筑涂料施工方法相仿。保温底涂与普通建筑墙面腻子施工相仿,保温底漆、高反射保温面漆施工相当于普通建筑底、面漆,隔热的同时具有建筑涂料的一切功能。

(2) 良好的环境友好性能。不含大量的 VOC 等挥发性致癌物质以及其他有害化合物,不会对环境造成污染。

(3) 隔热保温功能卓越。阻隔太阳辐射热的性能优异,隔热性能在相同厚度的情况下大大优于其他材料。

(4) 应用厚度薄。建筑隔热保温面漆能反射 80%～85% 的辐射,结合高反射面漆,隔热效率可超过 55%。

5.5.1 隔热保温机理

根据隔热保温机理和隔热方式的不同,可将隔热保温涂料分为阻隔型隔热保温涂料、反射型隔热涂料及辐射型隔热保温涂料三类。针对不同地区的气候特点,提出结合外墙外保温方案,合理选择和使用各种隔热保温涂料,产生舒适的室内热环境,同时达到节能的目的。

1. 阻隔型隔热保温涂料

阻隔型隔热保温涂料是通过低导热系数和高热阻来实现隔热保温的一种涂料。这样,就要求涂膜具有良好的阻止热传导的性能,即涂膜的导热系数要小。此外,还要求涂膜具有一定的厚度,以维持高的热阻。应用最广泛的阻隔型隔热保温涂料是复合硅酸盐隔热保温涂料。这类涂料是20世纪80年代末发展起来的,有不同的产品名称,如"复合硅酸镁铝隔热涂料""稀土保温涂料""涂覆型复合硅酸盐隔热涂料"等,涂料配方、施工方法等各式各样,性能如快干快硬、防水憎水等也各不相同,但均属硅酸盐系列涂料,它是由无机和(或)有机黏结剂、隔热骨料(如海泡石、蛭石、珍珠岩粉等)和引气剂等助剂制成的保温涂料。国家质量技术监督局于1998年5月发布了《硅酸盐复合绝热涂料》(GB/T 17371—1998),为硅酸盐隔热涂料的生产和应用提供了一个可供参照的技术标准。复合硅酸盐隔热保温涂料虽然导热系数较低,成本也低,但其干燥周期长、抗冲击能力弱、干燥收缩大、吸湿率大、黏结强度低、装饰效果较差。这类涂料目前主要用于铸造模具、油罐和管道等的隔热,较少用于外墙外保温。将来通过改性,预期可用于外墙外保温系统。

2. 反射型隔热保温涂料

任何物质都具有反射或吸收一定波长太阳光的性能。由太阳光谱能量分布曲线可知,太阳能绝大部分处于可见光和近红外区,即400~2 500 nm范围。在该波长范围内,反射率越高,涂层的隔热效果就越好。因此通过选择合适的树脂、金属或金属氧化物颜填料及生产工艺,可制得高反射率的涂层,反射太阳热,以达到隔热的目的。反射型隔热保温涂料的反射率可根据《红外辐射加热器光谱法定向发射率测量方法》(GB/T 7287.10)测试;导热系数可根据《非金属固体材料导热系数的测定热线法》(GB/T 10297)测试。地球每时每刻都在受到太阳的照射。太阳每秒有$1.765×10^{17}$ J能量到达地球,巨大的能量给人类的生存和生活提供了必备条件。但太阳的强烈辐射,给人们的生活也带来一些不便,太阳的高热辐射会给人类赖以生存的空间带来许多危害。夏季阳光照在建筑物屋顶上,顶楼房间的室内温度要比楼下房间高出3~5 ℃。许多发达国家中,喷淋装置、空调、冷气机和电风扇等降温制冷设备所耗用的能量,占全年总能耗的20%以上。而我国,这些设备消耗的能量则更多。

采用太阳热反射涂料则能克服或缓解以上这些问题,因此具有广阔的发展前景,是能为市场所接受的产品,现已用于建筑业的钢结构屋顶和玻璃幕墙,石油工业的海上钻井平台、油罐、石油管道;运输业的汽车、火车、飞机表面;造船工业的船壳、甲板;坦克、军舰、火箭、宇宙飞船等,起到阻止热传导、降低暴露在太阳热辐射下装备的表面温度和内部环境温度、改善工作环境、提高安全性等作用。

反射型隔热保温涂料与各种基材附着力好,与底漆中间漆有良好的亲容性,耐候性强,一般使用的溶剂无刺激性气味,大大减少了施工对环境的污染,且隔热效果较阻隔型隔热保温涂料明显。

3. 辐射型隔热保温涂料

辐射型隔热保温涂料是通过辐射的形式把建筑物吸收的太阳能以一定的波长形式发射到空气中。我们知道,太阳的辐射能在 $0.4 \sim 2.5\ \mu m$ 波段的能量占绝大部分,把这部分能量反射回大气和天空是该涂料的一个主要功能。然而,在 $8 \sim 13.5\ \mu m$ 波段范围内,太阳辐射能和大气辐射能远低于地面向外层空间的辐射能,因此在此波段内,如果涂料的吸收率即发射率尽可能高,这样就能尽可能多地把涂层和下层的水泥层中吸收到的太阳能中的紫外光能、可见光能及近红外光能转为热能,以红外辐射的方式在此波段内穿过大气红外窗口,高效地发射到大气外层的绝对零度区,从而达到降低温度的目的。由于辐射型建筑隔热保温涂料是通过使抵达建筑物表面的辐射转化为热反射电磁波辐射到大气中而达到隔热的目的,因此该类涂料的技术关键在于制备具有高热发射率的涂料组分。美国 ASTM《建筑外用太阳能辐射控制涂料标准规程》(C1483—04)规定,太阳能辐射控制涂料在环境温度下的红外发射率应至少为 80%。辐射隔热涂料能够以热发射的形式将吸收的热量辐射出去,从而使室内降温,达到隔热效果。用于夏热冬暖地区和夏热冬冷地区的隔热,它是不错的选择。与外墙外保温结合使用效果更佳。作为内墙涂料,常温下低发射率有利于提高舒适度和节能。

辐射型隔热保温涂料不同于阻隔型隔热保温涂料和反射型隔热保温涂料,因为后二者只能减缓但不能阻挡热量的传递。当热量缓慢地通过隔热层和反射层后,内部空间的温度缓慢地升高,此时,即使涂层外部温度降低,热能也只能困陷于其中。而辐射型隔热保温涂料却能够以热发射的形式将吸收的热量辐射掉,从而促使室内以室外同样的速率降温。但是辐射型隔热保温涂料基料的选取和烧结工艺比较复杂,要想达到稳定的发射率还需深入研究。

4. 其他隔热保温涂料

(1) 薄层隔热反射涂料。

薄层隔热反射涂料是反射隔热类涂料的代表。它由基料、热反射颜(填)料和助剂等组成。这种薄层隔热反射涂料的热反射率高,一般在 80% 以上,隔热作用明显。但如上所述,颜色对热反射率有很大影响,另外,尽管薄层隔热反射涂料导热系数不高,自身热阻较大,但因涂膜厚度比较薄,总热阻有限,保温效果不大,可与其他保温材料配合使用。

(2) 纳米孔超级隔热保温涂料。

纳米孔超级隔热保温涂料是建立在低密度和超级细孔(小于 50 nm)结构的基础上,从理论上其导热系数可趋近于零。采用纳米孔原料获得比静止空气导热系数 $[0.023\ W/(m \cdot K)]$ 更小的涂膜是完全可能的。降低生产成本,开发使用温度高于 $1\ 050\ ℃$ 的纳米孔隔热材料是今后研发的主要方向。作为最具市场应用潜力的新型纳米科学技术,其发展为隔热保温涂料的研究提供了前所未有的可能性。

(3) 真空隔热保温涂料。

真空状态能使分子振动热传导和对流传导两种方式完全消失,为此采用真空的填料以制备性能优良的保温涂料成为当前研究的热点之一。美国推出利用太空科技的 ASTEC 陶瓷绝热涂料在建筑物内使用,施以薄层即可有效地增强隔热保温效果,秋天可使室温提高 $2.8 \sim 4.4\ ℃$,夏天可使室内降低同样的温度,该涂料也具有较长的使用寿命。北京维纳公司推出的德国盾牌陶瓷隔热涂料(THERMO-SHIELD)是由极微小的真空陶瓷微珠和与其相适应的环保乳液组成的水性涂料,它与墙体、金属、木制品等基体有较强的附着力,直接在基体表面涂抹 0.3 mm 左右即可达到隔热保温目的。

(4) 复合型隔热保温涂料。

上述几种隔热涂料各有其优缺点,因此可以考虑将它们综合起来,充分发挥各自的特点,扬长避短,研制出多种隔热机理综合起作用的复合型隔热涂料。该涂料以液态涂料方式存在,干燥后的涂层热阻较大,特别是热反射率高,可有效地降低辐射传热,施工方便,涂层薄,无接缝,附着力好,可集防水隔热外护于一体,绝热等级为 R-21.1,热反射率为 0.9,热辐射率 0.83,固含量 54%。由此可见,高效隔热的、涂膜机械及化学性能优良的复合型隔热保温涂料代表了未来建筑隔热涂料的发展趋势。

5.5.2　建筑涂料的隔热性能

1. 太阳光热反射涂料的应用原理

(1) 太阳光的热辐射能。

由太阳光谱能量分布曲线可知,太阳能绝大部分处于可见光和近红外区,按波长可分为三部分,即在 200~400 nm 的紫外线区的热辐射能量仅占 5%;400~720 nm 的可见光区占 45%;720~2 500 nm 的近红外区占 50%。实际上,太阳辐射热绝大部分处于 400~1 800 nm 范围内。在该波长范围内,反射率越高,隔热效果越好。

(2) 反射机理。

入射在涂膜上的太阳辐射能被吸收、透射或反射,其吸收率 σ、透射率 ρ 和反射率 τ 之间有如下的关系:

$$\sigma + \rho + \tau = 1 \tag{5-1}$$

由于涂膜是不透明的,其透射率 ρ 近似为 0,即 $\tau + \sigma = 1$。因此,只有提高涂层的反射率 τ,才可以使涂层表面吸收较少的能量,涂层温度上升的幅度不至于太高。

反射型建筑隔热涂料就是通过适当选择透明性好的树脂和反射率高的填料,制得高反射率的涂膜,以达到反射光和热的目的。反射型建筑隔热涂料利用涂膜对光和热的高反射作用使太阳照射到涂膜上的大部分能量得到反射,而不是被涂膜吸收;同时,这类涂膜本身的导热系数很小,隔热性能很好,这就阻止了热量通过涂膜传导。由于反射型隔热涂料具有高反射性和低导热系数,使得涂膜在超过一定厚度时,其反射性能只与涂膜表面的反射率有关,而与涂膜厚度无关。这与阻隔型隔热涂料的隔热效果与涂膜厚度密切相关的原理是完全不同的。

(3) 涂层隔热性能的测定。

反射隔热性能目前尚无检测方法的标准,有的研究参照美国 ASTM D6083—97 标准,在马口铁板上制备涂膜,将涂膜置于测试台上,样品背面贴测温热电偶,并垫隔热材料。试板上方有一个 250 W 的红外灯(灯的位置可调),以模拟太阳的近红外辐射。固定红外灯高度后,即可测量试板正、反面的温度,得到涂膜反射热的效果。此外,也有的研究参照美国军标中所规定的检测方法,并使用国内具有相同功能的仪器建立检测系统进行涂膜反射性能的检测。

2. 隔热涂料全红外光谱的研究

(1) 红外光谱的基本原理。

红外光谱在涂料分析中的应用很广，主要用于树脂分析以及助剂、颜料分析，又是研究合成和漆膜固化机理的主要方法。红外光谱的波长大于可见光的波长，有明显的热效应。

红外光分为近红外、中红外、远红外三个区，日常所指的红外光谱仪是指远红外光谱仪，波长范围为 $2.5 \sim 25\ \mu m$，波数（每厘米长度中的红外光光波的数目）为 $4\,000 \sim 400\ cm^{-1}$。波长和波数互为倒数，可以方便地相互换算。

(2) 全红外光谱反射率分析。

反射型隔热保温涂料的主要特性，就是通过涂料中的颜填料粒子将太阳投射辐射中近红外波段（波长为 $720 \sim 2\,500\ nm$）反射并将吸收的热能以红外辐射的方式在 $8 \sim 13.5\ \mu m$ 波段内穿过大气红外窗口，高效地发射到外部空间，即要求涂料在 $8 \sim 13.5\ \mu m$ 波段的内辐射率（等同于吸收率）要高，而在可见光及近红外光区（$400 \sim 2\,500\ nm$）内强反射。

吴蓁等人研究了一系列反射型隔热保温涂料的远红外波段波数与反射率的关系，以及用紫外—可见光—近红外分光光度计测定的反射率光谱图，发现可归为具有代表性的 5 种类型。

由图 5-7 的图谱可知，A 类涂料在波数为 $4\,000 \sim 3\,600\ cm^{-1}$ 范围内的反射率为 $0.6\% \sim 0.8\%$，在 $3\,600 \sim 700\ cm^{-1}$ 范围内反射率则较低，只有 $0.2\% \sim 0.4\%$，而在 $700 \sim 400\ cm^{-1}$ 范围内反射率则逐渐增大，最高的反射率出现在 $400\ cm^{-1}$ 左右，为 1.7%。同时，在 $8 \sim 13.5\ \mu m$（$1\,250 \sim 740\ cm^{-1}$）范围内，A 类涂料的平均反射率为 0.16%，即辐射率为 99.84%。由图 5-6 的紫外-可见光-近红外的反射率光谱可知，紫外线区（$230 \sim 400\ nm$）的平均反射率为 8.92%，可见光区（$400 \sim 720\ nm$）的平均反射率为 93.40%，近红外区（$720 \sim 2\,500\ nm$）的平均反射率为 75.92%。

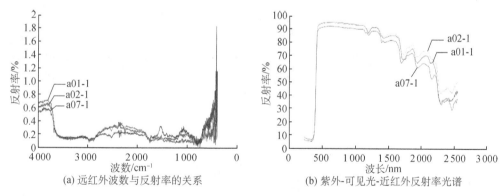

(a) 远红外波数与反射率的关系　　(b) 紫外-可见光-近红外反射率光谱

图 5-7　A 类反射型隔热保温涂料

由图 5-8 的图谱可知，B 类涂料在波数为 $4\,000 \sim 1\,800\ cm^{-1}$ 范围反射率较平稳，变化不大，大约在 2% 左右，在 $1\,800 \sim 800\ cm^{-1}$ 范围内，反射率呈锯齿形，上下波动较大，在 $850\ cm^{-1}$ 处为最低值 0.8% 左右，在 $850 \sim 400\ cm^{-1}$ 范围内反射率急剧增大，在 $400\ cm^{-1}$ 处达到最大值 6.6% 左右。同时，在 $8 \sim 13.5\ \mu m$（$1\,250 \sim 740\ cm^{-1}$）范围内，该类涂料的平均反射率为 1.42%，即辐射率为 98.58%。由图 5-7 的紫外-可见光-近红外的反射率光谱可知，

a03-1 在紫外线区(230～400 nm)的平均反射率为 10.62%,可见光区(400～720 nm)的平均反射率为 95.89%,近红外区(720～2 500 nm)的平均反射率为 75.94;a09-1 在紫外线区(230～400 nm)的平均反射率为 8.25%,可见光区(400～720 nm)的平均反射率为 18.21%,近红外区(720～2 500 nm)的平均反射率为 78.47%;a10-2 在紫外线区(230～400 nm)的平均反射率 10.18 为%,可见光区(400～720 nm)的平均反射率为 41.21%,近红外区(720～2 500 nm)的平均反射率为 71.78%。由上述数据可知,a09-1 和 a10-2 在可见光区的反射率偏小,误差的产生可能是由于涂料的涂刷不均匀导致的。

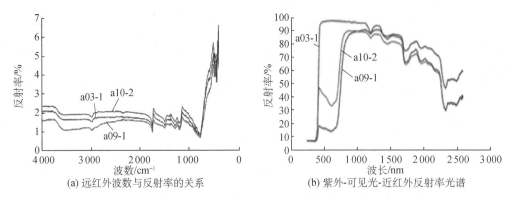

(a) 远红外波数与反射率的关系　(b) 紫外-可见光-近红外反射率光谱

图 5-8　B 类反射型隔热保温涂料

由图 5-9 的图谱可知,C 类涂料在波数为 4 000～3 800 cm^{-1} 范围内反射率的变化不大,基本在 0.8%左右,之后反射率突然下降,减小到 0.2%左右,在 3 800～2 900 cm^{-1},反射率在 0.2%上下变动,而在 2 900～1 800 cm^{-1} 间的反射率呈两个山峰状,最高值为 0.6%左右,最低值为 0.1%左右,从 1 800 到 400 cm^{-1} 间,反射率呈锯齿形的增大,在 450～400 cm^{-1} 范围内出现整个波段内的最大值,反射率达到 2.5%。同时,在 8～13.5 μm(1 250～740 cm^{-1})范围内,该类涂料的平均反射率为 0.34%,即辐射率为 99.66%。由图5-8的紫外-可见光-近红外的反射率光谱可知,紫外线区(230～400 nm)的平均反射率为 15.67%,可见光区(400～720 nm)的平均反射率为 90.05%,近红外区(720～2 500 nm)的平均反射率为 85.11%。

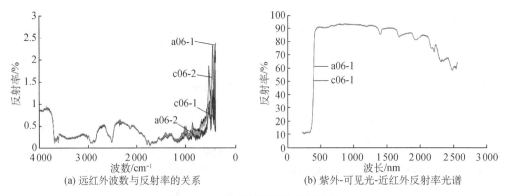

(a) 远红外波数与反射率的关系　(b) 紫外-可见光-近红外反射率光谱

图 5-9　C 类反射型隔热保温涂料

由图 5-10 的图谱可知,D 类涂料在波数为 4 000～3 800 cm⁻¹范围内,反射率较稳定,维持在 0.7%～1.0%,在 3 800～900 cm⁻¹范围内,反射率稍有降低,在 0.1%～0.5%波动,而在 900～400 cm⁻¹范围内,反射率突然增大,在 400 cm⁻¹处达到最大值 3.5%。同时,在 8～13.5 μm(1 250～740 cm⁻¹)范围内,该类涂料的平均反射率为 0.19%,即辐射率为 99.81%。由图 5-9 的紫外-可见光-近红外的反射率光谱可知,紫外线区(230～400 nm)的平均反射率为 11.38%,可见光区(400～720 nm)的平均反射率为 91.63%,近红外区(720～2 500 nm)的平均反射率为 82.75%。

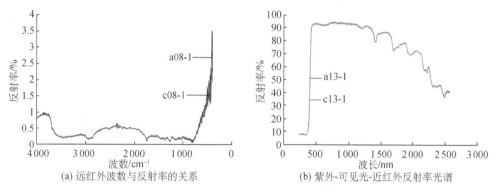

图 5-10 D 类反射型隔热保温涂料

由图 5-11 的图谱可知,E 类涂料的反射率在波数为 4 000～1 100 cm⁻¹范围内没有大的变化,基本呈一条直线,保持在 0.4%左右,而在 1 100～800 cm⁻¹范围内,反射率稍有变化,但是变化波动不大,在 800～400 cm⁻¹范围内,反射率突然增大,且在 500～400 cm⁻¹范围内,反射率呈锯齿状上下波动,此时最大值为 7.4%左右。同时,在 8～13.5 μm(1 250～740 cm⁻¹)范围内,该类涂料的反射率为 0.85%,即辐射率为 99.15%。由图 5-10 的紫外-可见光-近红外的反射率光谱可知,紫外线区(230～400 nm)的平均反射率为 10.58%,可见光区(400～720 nm)的平均反射率为 91.44%,近红外区(720～2 500 nm)的平均反射率为 77.48%。

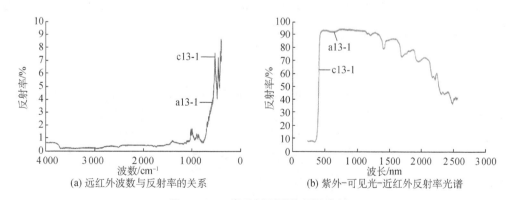

图 5-11 E 类反射型隔热保温涂料

综合上述五类涂料的远红外波段波数与反射率关系图可知,A,C,D 类涂料在远红外波段波数为 4 000～1 000 cm⁻¹范围内的反射率呈波浪线型变化,E 类涂料在远红外波段波数为 4 000～1 000 cm^{-1} 范围内的反射率基本呈一条平稳的直线,变化很小,B 类涂料在远红外波段波数为 4 000～1 000 cm^{-1} 范围内的反射率呈小锯齿形的变化,且五类涂料反射率在整个远红外波段(4 000～400 cm^{-1})范围内都不大,都在 10% 以下,特别是在 8～13.5 μm (1 250～1 740 cm^{-1})波段范围内,平均反射率多数不到 1%,由于在此波段范围内,辐射率等于吸收率,而吸收率＋反射率＝1,故辐射率均达到 99%,即具有高辐射率。由紫外—可见光—近红外的反射率光谱可知,由于涂料的着色为白色,在可见光范围内的平均反射率最大,均达到 90% 以上,而近红外区的反射率则有所下降,为 75%～85%。由表 5-21 的结果可知,A,B,C,D,E 五类涂料均属于反射型隔热保温涂料,即在可见光及近红外区(0.4～2.5 μm)具有高反射率,在 8～13.5 μm 波段内具有高辐射率。由于涂料为反射型隔热保温涂料,隔热保温效果主要由可见光区内的平均反射率决定,反射率越大,隔热保温效果越好,因此上述涂料的隔热性依次为 B>A>E>D>C。

表 5-21　8～13.5 μm 的平均辐射率与可见光及近红外区的反射率

涂料种类	8～13.5 um 平均辐射率/%	可见光区反射率/%	近红外区反射率/%
A	99.84	93.40	75.92
B	98.58	95.89	75.94
C	99.66	90.05	85.11
D	99.81	91.36	82.75
E	99.15	91.44	77.48

5.6　建筑节能太阳能材料

近些年,能源日益枯竭,环境污染也越来越严重,这些成为人们密切关注的问题,公众的环境保护和能源供应的意识也越来越强,因此,需要寻找可靠的可再生能源。太阳能作为一种可再生能源,符合可持续发展战略,具有广阔的开发前景,也是发展低碳经济的必然选择。

5.6.1　太阳能对建筑节能减排的推动作用

1. 增加绿色建筑量

在环保节能理念下兴起的绿色建筑可通过各种形式充分地使用太阳能资源,现有太阳能技术也可满足环保绿色建筑的设计和使用要求。首先,太阳能技术在绿色建筑的建设期内就可以充分节约能源使用,对建筑的施工有较为重要的影响,把可持续发展理念贯穿于建筑施工过程的始终。其次,依靠太阳能的绿色建筑提升了城市环境的整体质量水平,为城市的快速环保发展提供了良好的物质基础。

2. 提升施工技术水平

太阳能技术在我国节能减排方面有重要的价值,太阳能技术不仅可转变我国环境的现状,而且有利于推动我国建筑技术不断向前发展,起到对社会发展的促进作用,有效降低建筑带来的环境污染问题。

（1）太阳能技术的使用不仅节约了常规能源用量，而且还推广了低碳环保理念，实现在太阳能技术支撑下的新型建筑材料的普及应用，如太阳能可全面推动新型屋面保温材料、供热供暖材料的使用，这些围绕太阳能的新型技术材料可促进低碳技术得到不断推广。

（2）有助于改进现代建筑的整体设计思路，太阳能全面减少传统设计思路对设计师的束缚，实现了建筑基础功能的改善目的。太阳能技术对现代建筑的发展起支撑作用，可使建筑的施工水平得到不断改进，提高建筑的施工效率并降低施工的难度，解决了施工过程中存在的某些安全隐患，取代以往依靠油气资源的建筑工程施工方式，使新型的节能施工方法得到广泛应用。

3. 提升建筑行业的标准

太阳能技术的广泛应用，不仅实现了节能减排的目标，降低了建筑工程的施工成本，且满足使用者的高质量需求，同时也改进了整个建筑行业的节能减排标准。

（1）随着太阳能技术和相关材料的推广与普及，围绕太阳能的节能减排技术标准成为了行业的基本标准和设计规范，原有的以煤炭、石油能源为主的节能减排标准已经不能满足现代建筑的设计和施工需求。

（2）合理使用低碳环保的材料成为行业的基本要求，为了推广使用环保的节能型材料，国家还出台了针对太阳能的技术补贴政策，这些政策对于提升整个行业的节能减排水平都有重要的价值。且随着行业对太阳能技术的重视，不仅提高了行业的整体发展速度，而且有助于降低建筑行业的风险，提高了建筑行业对城市环境要求的适应性，满足未来的发展需求。

5.6.2　建筑节能技术对太阳能的应用

1. 空调

所谓太阳能空调，就是将太阳能作为主要的动力来源，让空调实现正常的运转。其工作原理可以总结为以下两个方面：

（1）吸收式制冷。利用吸收剂形成的蒸发和吸收作用实现制冷；应用太阳能集热器实现对太阳能的收集，继而形成热空气以及热水；替代传统锅炉热水输入方式的制冷机。鉴于造价、工作效率以及工艺等方面的考虑，应该充分确保制冷机在尺寸方面所具备的合理性，不能太小。该制冷形式的太阳能系统在中央空调当中得到了非常广泛的应用，规模比较大。

（2）吸附式制冷。利用固态吸附剂实现对于制冷机的吸附而实现制冷作用。

2. 热水器

在我们的日常生活中，热水器是太阳能资源应用最为普遍的一种应用形式，利用太阳能热水器的作用实现生活中热水的获得。热水器对太阳能的充分利用，使建筑能源短缺的情况得以较好地缓解。

3. 发电

太阳能电池的应用，实现了利用半导体界面的光生伏特特征进行光伏发电，形成了一套将光能转化为电能的系统。将太阳能电池串联，然后实施封装保护的工作，实现了大面积太阳能电池构件的组成，与功率控制设施相互结合，实现了光伏发电装置的构成。利用太阳能实现发电的企业应该将以往的发展经验结合起来，使企业的生产规模和产量进一步扩大，实现成本投入的降低。在发电成本的设定上应该积极参照经济使用年限、系统运行、维护费用、市场价格波动以及利率等,对成本造价加以合理的预算。

目前,我们国家一些现代化的居民住宅区的照明系统已经实现了利用太阳能发电的辅助式电源。太阳能发电方式的利用可以实现其他能源效率量的减小,同时还能让太阳辐射带来的影响大大降低,达成保护和优化生态环境的目的。而太阳能热发电是把太阳辐射直接转化成热能,继而利用所产生的热能实现发电,该技术在建筑节能方面的应用也较为普遍。

4. 沼气

太阳能的转化方式是多种多样的,在植物秸秆方面的应用是其重要的转换方式之一。利用生物质供给建筑的照明和供暖系统能源的消耗,构建集成太阳能沼气系统,这是现代化家装中利用太阳能最为重要的一种节能方式。

太阳能沼气在我们国家的农村应用较为广泛,其主要工作原理就是利用太阳光进行加热以及发酵。能够实现连续工作,并且形成较大规模的发酵池,基本上不需要利用其他加热方式加以辅助。太阳能沼气的优势不仅在于采光和加热,还是一种小型化、成本投入较低的土建工程。

沼气利用较为广泛的有储粮、照明、发电以及烹饪等。通常情况之下,沼气池的容积是 $6 \ m^3$,$1 \ d$ 能够产出大概 $1.2 \ m^3$ 沼气,相当于近 $4 \ kg$ 原煤的能量,基本可以满足一个家庭 $1 \ d$ 的生活能源用量。$1 \ m^3$ 的沼气能够让一个沼气灯照明 $6 \ h$ 左右。

5.6.3 太阳能光伏发电与建筑一体化技术

太阳能光伏发电与建筑一体化,就是将太阳能发电应用在建筑中,形成一体化的建筑系统,对于建筑来说,既可以将太阳能作为日常运行所需要的电能的来源,也可以将太阳能作为围护结构。太阳能光伏发电与建筑一体化技术是一项综合性的技术,在实施的过程中,要对建筑的实用性以及安全性等基本要求进行综合考虑。太阳能光伏发电是建筑物的一部分,在实施时要和建筑工程的建设同步进行。在建筑工程中应用太阳能光伏发电与建筑一体化技术,既可以使建筑消耗的能源得到节约,也可以使太阳能的利用率得到提高,在人们的日常生产生活中能够对太阳能资源进行充分合理的利用。而且,太阳能光伏与建筑一体化的实施,体现了城市科学技术水平,也体现了国家贯彻并实施可持续发展战略,有利于使城市的现代化水平得到提高,人们的日常生活和环境得到改善,推动绿色节能建筑的发展。

1. 太阳能光伏发电的基本原理

太阳能光伏发电的原理简单来讲就是光生伏特效应,人阳能电池在这个过程中起到了重要的能量转化作用。具体而言,当太阳光线接触到太阳能电池时,其中的光能会被电池所吸收,进而形成光生电子,而在内建电场的控制之下,光生电子会与空穴发生隔离反应,这种反应产生的异号电荷在经过一段时间的积累之后会汇聚形成光生电压,这就是所谓的光生伏特效应。另外,在内建电场中,一旦接上负载就可以使光生电源流出,从而实现功率的输出与利用,完成从太阳能转化成为电能的最终目的。

2. 太阳能光伏发电与建筑一体化技术在节能建筑中的应用

(1) 透光技术的应用。

在建筑中,顶部光伏采光是最常用的方式,效果也非常显著。在顶部进行采光,一方面,太阳相当于直射在顶部,能够使太阳能的吸收率得到提高,使玻璃幕墙不能对阳光进行足够吸收的弊端得以解决;另一方面,在顶部进行采光时,还要对没有遮挡或者遮挡率比较低的地方进行选择,这样能够保证最大的吸收太阳能。此外,为了能够对太阳能进行最大化的吸收,在安装时,可以选择透明度比较高的材质。对太阳能光伏采光顶进行利用,能够使太阳能对建筑物的辐射大幅降低,从而能够增大建筑物的受光率,并且起到对阳光的遮挡作用。

（2）光伏器件作为屋顶材料。

太阳能光伏发电的一个独特优势就是将光伏器件用作屋顶材料,一方面,平屋顶以及坡屋顶都可以利用光伏器件,不需要再占用额外的空间;另一方面,屋顶接收到的阳光照射非常充足,能够使太阳能的利用率得到很大程度的提高。此外,将光伏器件作为屋顶的材料,并将其和屋面的结构紧密连接起来,可以使不良自然因素对其造成的影响降低。而且,屋面的保温隔热层用太阳能电池组件代替,一方面可以对建筑屋面进行保护,使外界的条件不对其产生影响,也可以使建筑的建设成本降低;另一方面,也能够使太阳能光伏发电系统单位面积的价格降低。

（3）光热发电。

在建筑物中对太阳能光热加以利用进行发电,不再使用传统的发电方式,可以避免使用昂贵的硅晶光电转换工艺,从而使发电的成本得到减少。而且,利用光热发电还有将太阳能加热的水储存起来的优点,即使没有光照,也可以将汽轮带动发电好几个小时。利用光热进行发电时,充分合理的利用资源,发挥资源的价值,在技术和资金条件的允许下,还可以综合利用多种能源,进行互补发电,也可以考虑联合热电站进行发电。

（4）光伏幕墙技术的应用。

最能够体现太阳能光伏发电与建筑一体化的就是光伏幕墙技术在建筑中的应用。光伏幕墙技术指的是将光伏方阵压入玻璃幕墙夹层中,玻璃幕墙内的普通玻璃材料由双玻璃光伏组件代替,从而使玻璃幕墙具有发电、安全、隔声、隔热等多方面的功能,光伏玻璃幕墙技术的应用能够对太阳能进行充分的利用,使建筑发挥人性化、绿色化的特点,光伏幕墙技术的应用是节能建筑中应用建筑光伏一体化技术的最新研究发展方向。

3. 太阳能光伏发电在建筑工程中的优势

在我国的建筑工程中使用太阳能光伏发电技术越来越广泛,这一技术在全球范围内得到大力的推行与倡导。对于太阳能光伏发电技术的使用不仅可以起到节约能源的作用,还可以减少对环境的污染与破坏。主要的表现是:

（1）通过使用太阳能光伏发电技术可以实现电能的产生。这种发电的方式对环境可以说是没有污染并能产生清洁的能源,太阳能的生产在现代社会中属于一种可再生能源。

（2）使用光伏发电的机械设备成本比较高,但设备使用的时间很长,材料的占地面积也比较小,只需要在屋顶上简单安装就可以。不用占用其他场地与空间,这样可以在工厂中广泛使用,通常情况下在居民的住所旁也可以大范围地应用。

（3）白天太阳的光照会很强,电池可以在这一时间进行能源的大量储存,在晚间用电高峰的时候就可以提供使用,光伏发电生产的电力能源就可以有效地解决人们日常生活中出现的用电紧张的情况,为地区的发电厂减少很大的压力。

（4）在居民居住场所的屋顶或者墙壁上安装太阳能光伏发电装置,可以保证太阳能的吸收,减少阳光照射导致的建筑的损伤,也可以有效地避免光能的浪费,在夏季还可以对降低室内的温度起到很好的作用。

(5)对于建筑一体化技术中太阳能光伏发电技术的使用可以实现随时使用太阳能转化的能源,这在居民的生活中是非常重要的,能为人们的生活带来很大的便捷,也节约了电能的使用与浪费,为国家的全面发展提供重要的帮助。

(6)在太阳能光伏发电的广泛应用过程中,由于它不会排放任何有害的物质,能够实现对环境的零破坏,所以,在现代化的建筑工程中加入太阳能光伏技术具有很多优点,不仅美观,而且可以保护环境,还能起到节约能源的作用。光伏发电项目的使用与国家未来设计的发展方向是一致的,有利于国家健康、可持续地发展,也是未来高新技术发展的一个重要标志。

随着能源的日益枯竭,环境污染也日益加重,当今世界急需寻求绿色环保的可再生能源。太阳能作为清洁的可再生能源,是在能源日益枯竭的今天被大力提倡使用的,而将太阳能光伏发电与建筑一体化技术应用在节能建筑中,也具有非常广阔的发展前景,使绿色节能建筑的发展满足当今的社会需求。

第6章

建筑节能技术与设计

6.1 建筑节能概念

6.1.1 建筑节能中常用的名词术语

1. **导热系数**(λ)coefficient of thermal conductivity

导热系数是指在稳定传热条件下,1 m 厚的材料,两侧表面的温差为 1K,在单位时间内,通过单位面积传递的热量,单位:W/(m・K)。

通常把导热系数较低的材料称为保温材料,把导热系数在 0.05 W/(m・K)以下的材料称为高效保温材料。静止的空气是导热系数最小的一种材料,$\lambda = 0.017$ W/(m・K)。

2. **蓄热系数**(S)coefficient of thermal storage

当某一足够厚度的单一材料层一侧受到谐波热作用时,表面温度将按同一周期波动。通过表面的热流振幅与表面温度振幅的比值即蓄热系数,单位:W/(m^2・K)。

3. **比热容**(c)specific heat

比热容是指 1 kg 物质温度升高(或降低)1K 吸收(或放出)的热量,简称"比热",单位:kJ/(kg・K)。

4. **表面换热系数**(α)surface heat transfer coefficient

表面与附近空气之间的温差为 1 K 时 1 h 内通过 1 m^2 表面传递的热量。在内表面,称为内表面换热系数;在外表面,称为外表面换热系数;单位:W/(m^2・K)。

5. **表面换热阻**(R)surface heat transfer resistance

$R = 1/\alpha$,即表面换热系数的倒数。在内表面,称为内表面换热阻;在外表面,称为外表面换热阻;单位:(m^2・K)/W。

6. **围护结构** building envelope

建筑物及房间各面的围挡物,如墙体、屋顶、地板、地面和门窗等,按是否同室外空气直接接触以及建筑物中的位置,又可分为外围护结构和内围护结构。

7. **热桥** thermal bridge

围护结构中包含金属、钢筋混凝土或金属梁、柱、肋等部位。在室内外温差作用下,形成热流较密集、内表面温度较低的部位。这些部位成为传热较多的桥梁,故称为热桥。

8. **围护结构传热系数**(K)heat transfer coefficient of building envelope

在稳态条件下,围护结构两侧空气为单位温差,在单位时间内通过单位面积传递的热量,单位:W/(m^2・K)。

9. **围护结构传热阻**(R_0)thermal resistance of building envelope

围护结构传热系数的倒数,表征围护结构(包括两侧空气边界层)阻抗传热能力的物理量,单位:$(m^2 \cdot K)/W$。

10. 围护结构传热系数的修正系数(ε_i) correction factor for overall heat transfer coefficient of building envelope

不同地区、不同朝向的围护结构,因受太阳辐射和天空辐射的影响,使得其在两侧空气温差同样为 1 K 的情况下,在单位时间内通过单位面积围护结构的传热量要改变。这个改变后的传热量与未受太阳辐射和天空辐射影响的原有传热量的比值,即围护结构传热系数的修正系数。

11. 围护结构温差修正系数(n) correction factor for temperature difference between inside and outside of building envelope

根据围护结构与室外空气接触的状况对室内外温差采取的修正系数。

12. 体形系数(S) shape factor

建筑物与室外大气接触的外表面积与其所包围的体积的比值。外表面积中,不包括地面和不供暖楼梯间等公共空间内墙及户门的面积。

13. 窗墙面积比 window to wall ratio

窗户洞口面积与房间立面单元面积(即建筑层高与开间定位线围成的面积)之比。

14. 换气体积(V) volume of air circulation

需要通风换气的房间体积。

15. 换气次数 air change rate

单位时间内室内空气的更换次数,即通风量与房间容积的比值。

16. 采暖期天数(Z) heating period for calculation

采用滑动平均法计算出来的累年日平均温度低于或者等于 5 ℃的天数,计算采暖期天数仅供建筑节能设计计算时使用,与当地法定的采暖天数不一定相等,单位:d。

17. 计算采暖期室外平均温度(t_e) out door mean air temperature during heating period

在采暖期起止日期内,室外逐日平均温度的平均值。

18. 采暖度日数(HDD18) heating degree day based on 18 ℃

一年中,当某天室外日平均温度低于 18 ℃时,将低于 18 ℃的度数乘以 1 d,并将此乘积累加。

19. 空调度日数(CDD26) cooling degree day based on 26 ℃

一年中,当某天室外日平均温度高于 26 ℃时,将高于 26 ℃的度数乘以 1 d,并将此乘积累加。

20. 采暖能耗(Q) energy consumed for heating

用于建筑物采暖所消耗的能量,包括采暖系统运行中消耗的热能和电能,以及建筑物耗热量。标准中的采暖能耗主要指建筑物耗热量和采暖耗煤量。

21. 建筑物耗热量指标(q_H) index of heat loss of building

在采暖期室外平均温度条件下,为保持室内计算温度,单位建筑面积在单位时间内消耗的,需由室内采暖设备供给的热量,单位:W/m^2。

22. 采暖耗煤量指标(q_c) index of coal consumption for heating

在采暖期室外平均温度条件下,为保持室内计算温度(例如 18 ℃),单位建筑物面积在一个采暖期内需要消耗的标准煤量,单位:kg/m²。是用来评价建筑物采暖能耗水平的一个重要指标。

23. 采暖供热系统 heating system

由锅炉机组、室外管网、室内管网和散热器等组成的系统。

24. 建筑物耗冷量指标 index of cool loss of building

按照夏季室内热环境设计标准和设定的计算条件,计算出的单位建筑面积在单位时间内消耗的需要由空调设备提供的冷量。

25. 空调年耗电量 annual cooling electricity consumption

按照夏季室内热环境设计标准和设定的计算条件,计算出的单位建筑面积空调设备每年所要消耗的电能。

26. 采暖年耗电量 annual heating electricity consumption

按照冬季室内热环境设计标准和设定的计算条件,计算出的单位建筑面积采暖设备每年所要消耗的电能。

27. 空调、采暖设备能效比(EER)energy efficiency ratio

在额定工况下,空调、采暖设备提供的冷量或热量与设备本身所消耗的能量之比。

28. 热惰性指标(D)index of thermal inertia

表征围护结构反抗温度波动和热流波动能力的无量纲指标,其值等于材料层热阻与蓄热系数的乘积。

6.1.2　与建筑节能相关的规范与标准

1.《民用建筑热工设计规范》(GB 50176—2016)

该规范为国家强制性标准,自 2017 年 4 月 1 日起实施。主要为使民用建筑热工设计与地区气候相适应,保证室内基本的热环境要求,符合国家节能减排的方针而制定的规范,适用于新建、扩建和改建民用建筑的热工设计,不适用于室内温湿度有特殊要求和特殊用途的建筑,以及简易的临时性建筑。

2.《严寒和寒冷地区居住建筑节能设计标准》(JGJ 26—2018)

该标准为行业标准,自 2019 年 8 月 1 日起实施。主要为改善严寒和寒冷地区居住建筑的室内热环境,提高能源利用效率,适应国家清洁供暖的要求,促进可再生能源的建筑应用,进一步降低建筑能耗而制定该标准。适用于严寒和寒冷地区新建、扩建和改建居住建筑的节能设计。严寒地区主要是指东北、内蒙古和新疆北部、西藏北部、青海等地区,累年最冷月平均温度≤−10 ℃或日平均≤5 ℃的天数,一般在 145 d 以上地区。寒冷地区主要是指我国北京、天津、河北、山东、山西、宁夏、陕西大部、辽宁南部、甘肃中东部、新疆南部、河南、安徽、江苏北部以及西藏南部等地区。其主要指标为:最冷月平均温度 0～10 ℃;辅助指标为:日平均温度≤5 ℃的天数为 90～145 d。

3.《夏热冬冷地区居住建筑节能设计标准》(JGJ 134—2010)

该标准为行业标准,自 2010 年 8 月 1 日起实施。主要为改善夏热冬冷地区居住建筑热环境,提高采暖和空调的能源利用效率而制定的标准,适用于夏热冬冷地区新建、改建和扩建居住建筑的建筑节能设计。夏热冬冷地区是指长江中下游及周围地区,该地区的范围大致为陇海线以南,南岭以北,四川盆地以东,包括上海、重庆二直辖市,湖北、湖南、江西、安徽、浙江五省全部,四川、贵州二省东半部,江苏、河南二省南半部,福建省北半部,陕西、甘肃二省南端,广东、广西二省区北端。

4.《夏热冬暖地区居住建筑节能设计标准》(JGJ 75—2012)

该标准为行业标准,自 2013 年 4 月 1 日起实施。主要为改善夏热冬暖地区居住建筑室内热环境,降低建筑能耗制定的标准,适用于夏热冬暖地区新建、扩建和改建居住建筑的节能设计。夏热冬暖地区主要是指我国南部,在北纬 27°以南,东经 97°以东,包括海南全境,广东大部,广西大部,福建南部,云南小部分,以及香港、澳门与台湾。

5.《温和地区居住建筑节能设计标准》(JGJ 475—2019)

该标准为行业标准,自 2019 年 10 月 1 日起实施。主要为改善温和地区居住建筑室内热环境,降低建筑能耗而制定的标准,适用于温和地区新建、扩建和改建居住建筑的节能设计。温和地区主要是指云南和贵州两省区。

6.《既有居住建筑节能改造技术规程》(JGJ/T 129—2012)

该标准为行业标准,自 2013 年 3 月 1 日起实施。主要为能够通过采取有效的节能技术措施,改变既有居住建筑室内热环境质量差、供暖空调能耗高的现状,提高既有居住建筑围护结构的保温隔热能力,改善既有居住建筑供暖空调系统能源利用效率,改善居住热环境而制定的规程,适用于各气候区既有居住建筑进行改善围护结构保温、隔热性能以及提高供暖空调设备(系统)能效,降低供暖空调设备运行能耗的节能改造。

7.《公共建筑节能设计标准》(GB 50189—2015)

该标准为国家强制性标准,自 2015 年 10 月 1 日起实施。主要为改善公共建筑的室内环境,提高能源利用效率,促进可再生能源的建筑应用,降低建筑能耗而制定的标准,适用于新建、扩建和改建的公共建筑节能设计。

8.《居住建筑节能检测标准》(JGJ 132—2009)

该标准为行业标准,自 2010 年 7 月 1 日起实施。主要为规范居住建筑节能检测方法,推进我国建筑节能的发展而制定的标准,适用于新建、扩建、改建居住建筑的节能检测。

以北京地区为例,"十二五"期间,北京市编制了地方标准《居住建筑节能设计标准》(DB 11/891—2012),在 2006 年版北京地方标准和国家行业标准(2010 版)的基础上进行编制的,于 2012 年 6 月发布,2013 年 1 月 1 日执行,是国内第一个居住建筑节能目标为 75% 的地方标准,新建居住建筑每平方米供暖耗煤量指标从 8.82 千克标准煤降低至 6.3 千克标准煤以下。2015 年 11 月 1 日起实施了新版《公共建筑节能设计标准》(DB 11/687—2015),新建公共建筑的能效水平得到大幅提高。超额完成城镇既有建筑节能改造任务。"十二五"期间完成既有居住建筑综合节能改造 5 532 万 m²,是国家下达 2 400 万 m² 居住建筑节能改造示范城市改造任务的 2.3 倍,惠及 200 多万居民,小区环境显著改善,室内舒适度明显提高。同时,完成既有公共建筑围护结构节能改造 600 万 m²,大型公共建筑低成本节能改造 1 950 万 m²。

"十二五"时期是北京建筑节能工作取得重大进展和突破的五年。"十三五"时期是改革发展的关键时期,首都城市战略定位更加明确,京津冀协同发展战略深入实施,"大城市病"治理进入攻坚阶段,新的形势对首都的建筑节能工作提出了更高要求。"十三五"期间北京将继续加强建筑节能工作,实施全市民用建筑能源消费总量和能耗强度双控,狠抓能源需求侧调控和能源供给侧改革,控制民用建筑碳排放总量。2020 年新建城镇居住建筑单位面积能耗比"十二五"末城镇居住建筑单位面积平均能耗下降了 25%,建筑能效达到国际同等气候条件地区先进水平。为提高居住建筑节能质量,北京市最新发布了《居住建筑节能设计标准》(DB11/891),居住建筑节能率由 75% 提升至 80% 以上。这一北京市地方标准,将于2021 年 1 月 1 日正式实施。

6.1.3　国内各地建筑节能管理办法或规定

1. 严寒地区乌鲁木齐市

乌鲁木齐市 2012 年 12 月 25 日市十五届人民政府第 7 次常务会议通过《乌鲁木齐市建筑节能管理办法》,自 2013 年 3 月 1 日起施行。办法明确了建筑节能的执行范围,各区(县)人民政府及有关职能部门在建筑节能工作中承担的职责,乌市建筑节能技术、产品的发展方向以及可再生能源利用等;明确要求新建建筑要加装用热计量装置,完善按热收费制度,公共建筑还应加装用电计量装置,12 层以下配置太阳能热水系统;明确了规划部门、设计部门、施工图审查部门、施工单位、监理单位、工程质量监督以及建筑节能管理机构等的责任和义务,进一步完善了建筑节能闭合式管理制度;明确了既有建筑节能改造的基本原则、改造的范围、执行的节能标准、优先采用的技术措施、对施工单位的要求及资金来源等问题;明确对既有高能耗建筑(以公共建筑为重点)逐步实行节能改造;还建立了对建设单位、设计单位、施工图审查机构、施工单位、监理单位、检测单位等违法违规的不良行为的公示制度,将有力促进建筑节能市场的公开、公平、公正。

2. 寒冷地区北京市

2014 年 6 月 3 日北京市人民政府第 43 次常务会议审议通过《北京市民用建筑节能管理办法》(以下简称《管理办法》),自 2014 年 8 月 1 日起施行。《管理办法》提出四大主要创新措施:

(1) 进一步明确了北京新建建筑在规划、立项、工程施工、竣工验收等环节的节能管理要求,同时积极推进绿色建筑和住宅产业化。

(2) 建立既有公共建筑节能改造机制,规定既有非节能公共建筑在进行改建、扩建和外部装饰装修时,应同时进行围护结构和热计量改造。

(3) 明确了供热单位为供热计量责任主体,集中供热的新建和既有建筑改造项目的供热计量装置均由供热单位采购并指导安装,对已验收但未按热计量进行收费的,用户可以按照基本热价缴纳采暖费。

(4) 加强了民用建筑节能运行管理。据悉,该管理办法的工作重点在于推进北京市节能建筑、绿色建筑与绿色建筑园区建设,推行民用建筑节能运行,倡导行为节能。此外,北京还将实行公共建筑能耗限额管理,逐步建立分类公共建筑能耗定额管理、能源阶梯价格制度,逐步实行集中供热的民用建筑热计量收费管理。《管理办法》还提出,民用建筑节能项目可按照国家和北京市的规定,享受税收优惠和资金补贴、奖励政策。与此同时,《管理办法》还鼓励在民用建筑中推广太阳能、地热能、生物质能、风能等可再生能源,推广能源梯级利用和高效利用。

3. 夏热冬冷地区上海市

《上海市建筑节能条例》(以下简称《条例》)已由上海市第十三届人民代表大会常务委员

会第二十一次会议于 2010 年 9 月 17 日通过,自 2011 年 1 月 1 日起施行。

(1)《条例》充分考虑了上海市建筑节能工作实际。如上海市建设工程量大面广,施工过程消耗大量资源、能源,相对于《民用建筑节能条例》和其他省市的相关立法,《条例》在名称、适用范围和定义上进行拓展。又如,考虑到上海市的气候特点和节能技术、经济的可行性规定对 6 层以下的住宅建筑安装太阳能热水系统。

(2)在上位法已基本形成建筑节能法律框架的前提下,《条例》在管理环节的设定和具体条文的起草上,没有简单地重复或照抄上位法,而是凸显重点,进行了相应的制度设计以期形成比较完善的管理机制。

(3)针对上海市既有民用建筑节能改造任务重、经费少的问题,《条例》从实际出发,按照全面统计、突出重点、逐步推进的思路予以规定。《条例》规定:市房屋管理、机关事务管理、商务、旅游、教育、卫生等行政管理部门按照各自职责对既有民用建筑有关内容进行调查分析和汇总,并将调查分析报告送市建设行政管理部门,以掌握全市既有建筑的基本情况。在调查分析的基础上,由市建设行政管理部门组织相关部门制订节能改造计划,并报同级人民政府批准后,由相关部门组织实施。考虑改造费用的来源,改造重点以政府投资的项目为主。《条例》同时规定国家机关办公建筑、政府投资和以政府投资为主的公共建筑,应当进行建筑节能改造。住宅小区综合改造、房屋修缮或者公共建筑装饰装修享受政府补贴的,应当同步开展节能改造。同时,从使用成本低、见效快、技术成熟度等角度考虑,《条例》明确应优先选用建筑外遮阳、门窗改造、幕墙抗热辐射等经济合理的节能技术措施。

(4)建筑节能是一项涉及面广、参与度高的工作,需要社会公众广泛参与。为此,《条例》规定:建立施工和销售现场明示建筑节能信息、销售合同中载明建筑节能相关内容、建筑运行能耗检查结果向社会公布等制度,推动社会公众共同参与形成全民节能的社会氛围。

4. 夏热冬暖地区广州市

《广州市绿色建筑和建筑节能管理规定》(以下简称《规定》)2019 年 11 月 14 日广州市人民政府令第 168 号《广州市人民政府关于修改和废止部分政府规章的决定》第二次修订。

《规定》突出了绿色建筑发展的要求,把节能要求纳入规划、设计、施工、验收、使用等各个环节。

《规定》明确了应按照绿色建筑标准进行立项、土地出让、规划、建设和管理的四类项目。同时,要求按照建筑节能强制性技术标准实施全过程监管,实行建筑节能在项目立项、用地规划许可、用地批准、节能设计、施工管理、过程监督、竣工验收环节的"闭合管理"机制,保证建筑节能政策法规和技术标准规范的贯彻落实。要求对建筑能耗进行监测控制,建立全市建筑能耗统计工作制度,并建立建筑基本信息和能耗信息数据库。通过对建筑能耗进行监测,让业主实时了解建筑用能系统运行情况,对不合理用能现象及时更正,针对性地制定节能改造措施,合理分析评价节能改造效果。

在推广可再生能源应用方面,《规定》要求,新建 12 层以下(含 12 层)的居住建筑和实行集中供应热水的医院等公共建筑,应当统一设计、安装太阳能热水系统,不具备太阳能热水系统安装条件的,应采用其他可再生能源技术措施替代。对于达到二星以上(含二星)等级的绿色建筑,按照新的办法核定计算容积率。对获得国家和省财政资金补贴的建筑节能项目、示范工程、节能先进集体和先进个人等给予相关表彰和奖励。

6.2　建筑节能设计原理

　　建筑节能主要任务是提高建筑使用过程中的能源效率（能效），降低能耗，减排 CO_2，建筑中使用的能耗以采暖、空调和照明为主。节能的目标最终体现在建筑物的采暖和空调能耗上，建筑围护结构热工性能的优劣对采暖和空调能耗有直接影响，不同气候区域，建筑围护结构热工性能参数不同，节能设计必须结合当地的气候条件。建筑节能设计遵循并结合各类相关的建筑节能规范、标准以及性能指标等，减少建筑冷热耗量，提高采暖空调系统能效化，是实现建筑节能目标的基本途径，也是建筑节能设计基本原理。

6.2.1　建筑热工设计分区与建筑能耗

1. 建筑热工设计分区

　　我国地域广阔，各地气候条件差别很大，太阳辐射量也不一样，即使在同一个严寒地区，其寒冷时间与严寒程度也有相当大的差别。建筑物的采暖与制冷的需求各有不同。炎热的地区需要隔热、通风、遮阳，以防室内过热；寒冷地区需要保温、采暖，以保证室内具有适宜温度与湿度。因而，从建筑节能设计的角度，必须对不同气候区域的建筑进行有针对性的设计。为了明确建筑和气候二者的科学联系，使建筑物可以充分地适应和利用气候条件。《民用建筑热工设计规范》（GB 50176—2016）从建筑热工设计的角度，把我国划分为五个气候区，即严寒地区、寒冷地区、夏热冬冷地区、夏热冬暖地区和温和地区，如图 6-1 所示。

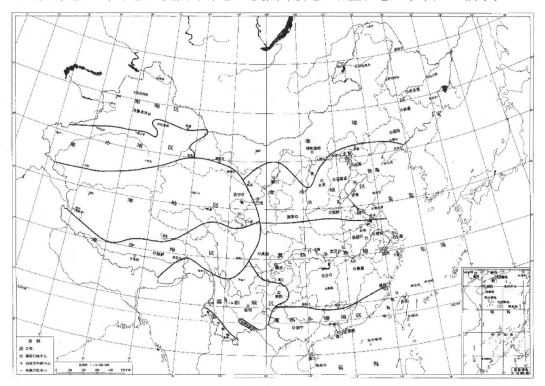

图 6-1　全国建筑热工设计分区

表 6-1 为不同热工分区的指标和建筑热工设计原则。

表 6-1　建筑热工设计一级分区区划指标及设计原则

一级分区名称	区划指标		设计原则
	主要指标	辅助指标	
严寒地区(1)	$t_{\min \cdot m} \leqslant -10\ ℃$	$145 \leqslant d_{\leqslant 5}$	必须充分满足冬季保温要求,一般可以不考虑夏季防热
寒冷地区(2)	$-10\ ℃ < t_{\min \cdot m} \leqslant 0\ ℃$	$90 \leqslant d_{\leqslant 5} < 145$	应满足冬季保温要求,部分地区兼顾夏季防热
夏热冬冷地区(3)	$0\ ℃ < t_{\min \cdot m} \leqslant 10\ ℃$ $25\ ℃ \leqslant t_{\max \cdot m} \leqslant 30\ ℃$	$0 \leqslant d_{\leqslant 5} < 90$ $40 \leqslant d_{\geqslant 25} < 110$	必须满足夏季防热要求,适当兼顾冬季保温
夏热冬暖地区(4)	$10\ ℃ < t_{\min \cdot m}$ $25\ ℃ \leqslant t_{\max \cdot m} \leqslant 29\ ℃$	$110 \leqslant d_{\geqslant 25} < 200$	必须充分满足夏季防热要求,一般可不考虑冬季保温
温和地区(5)	$0\ ℃ < t_{\min \cdot m} \leqslant 13\ ℃$ $18\ ℃ \leqslant t_{\max \cdot m} \leqslant 25\ ℃$	$0 \leqslant d_{\leqslant 5} < 90$	部分地区应注意冬季保温,一般可不考虑夏季防热

注:$t_{\min \cdot m}$ 表示最冷月平均温度;$t_{\max \cdot m}$ 表示最热月平均温度;$d \leqslant 5$ 表示日平均温度 $\leqslant 5\ ℃$ 的天数;$d \geqslant 25$ 表示日平均温度 $\geqslant 25$ 的天数。

2. 建筑能耗范围

建筑全寿命周期(The Life Cycle of the Architecture,LCA)中,与建筑相关的能源消耗包括建筑材料生产能耗、房屋建造材料运输能耗、建筑运行(维修)能耗、建筑拆除与处理能耗。我国目前处于城市建设高峰期,城市建设的飞速发展促使建材业、建造业迅猛发展,由此造成的能源消耗已占我国总商品能耗的 20%～30%。然而,这部分能耗完全取决于建造业的发展,与建筑运行能耗属两个完全不同的范畴。建筑运行的能耗,即建筑物采暖、空调、照明和各类建筑内使用电器的能耗,将一直伴随建筑物的使用过程而发生。在建筑全寿命周期中,建筑材料和建筑过程所消耗的能源一般只占其总能源消耗的 20% 左右,大部分能源消耗发生在建筑物运行过程中。因此,建筑运行能耗是建筑节能任务中最主要的关注点。本书仅讨论建筑运行能耗,书中提到的建筑能耗均为民用建筑运行能耗。

6.2.2　不同热工分区下的建筑节能设计原理

我国房屋建筑划分为民用建筑和工业建筑。民用建筑又分为居住建筑和公共建筑,居住建筑主要是指住宅建筑;公共建筑则包含办公建筑(包括写字楼、政府部门办公楼等),商业建筑(如商场、金融建筑等),旅游建筑(如旅馆饭店、娱乐场所等),科教文卫建筑(包括文化、教育、科研、医疗、卫生、体育建筑等),通信建筑(如邮电、通信、广播用房)以及交通运输用房(如机场、车站建筑等)。

在公共建筑中,尤以办公建筑、大中型商场以及高档旅馆饭店等几类建筑,在建筑的标准、功能及设置全年空调采暖系统等方面有许多共性,而且其采暖空调能耗特别高,采暖空调节能潜力也最大。居住建筑的能源消耗量,根据其所在地点的气候条件、围护结构及设备系统情况的不同,有相当大的差别,但绝大部分用于采暖空调的需要,小部分用于照明。

1. 严寒与寒冷地区

严寒与寒冷地区建筑的采暖能耗占全国建筑总能耗比重很大,严寒与寒冷地区采暖节能潜力均为我国各类建筑能耗中最大的,应是我国目前建筑节能的重点。

可以实现采暖节能的技术途径如下:

(1)改进围护结构的保温性能,进一步降低采暖需热量。围护结构全面改造可以使采暖需热量由目前的 90 kW · h/(m² · 年)降低到平均 60 kW · h/(m² · 年)。

(2)推广各类通风换气窗,实现可控的通风换气,避免为了通风换气而开窗,造成过大的热损失。这可以使实际的通风换气量控制在 0.5 次/h 以内。

(3)改善采暖的末端调节性能,避免过热。

(4)推行地板采暖等低温采暖方式,从而降低供热热源温度,提高热源效率。

(5)积极挖掘利用目前的集中供热网,发展以热电联产为主的高效节能热源。

2. 夏热冬冷地区

夏热冬冷地区包括长江流域的重庆、上海等 15 个省、自治区、直辖市,是中国经济和生活水平高速发展的地区。然而这些地区过去基本都属于非采暖地区,建筑设计不考虑采暖的要求,更顾不上夏季空调降温。如传统的建筑围护结构是 240 mm 普通黏土砖墙、简单架空屋面和单层玻璃的钢窗,围护结构的热工性能较差。

在这样的气候条件和建筑围护结构热工性能下,住宅室内热环境自然相当恶劣。随着经济的发展、生活水平的提高,采暖和空调以不可阻挡之势进入长江流域的寻常百姓家,迅速在中等收入以上家庭中普及。长江中下游城镇除用蜂窝煤炉外,电暖气和煤气红外辐射炉的使用也越来越广泛,而在上海、南京、武汉、重庆等大城市,热泵型冷暖两用空调器正逐渐成为主要的家庭取暖设施。与此同时,住宅用于采暖空调能耗的比例不断上升。

根据夏热冬冷地区的气候特征,住宅的围护结构热工性能首先要保证夏季隔热要求,并兼顾冬季防寒。

和北方采暖地区相比,体形系数对夏热冬冷地区住宅建筑全年能耗的影响程度要小。另外,由于体形系数不只是影响围护结构的传热损失,它还与建筑造型、平面布局、功能划分、采光通风等若干方面有关。因此,节能设计时不应过于追求较小的体形系数,而是应该和住宅采光、日照等要求有机地结合起来。例如,夏热冬冷地区西部全年阴天很多,建筑设计应充分考虑利用天然采光以降低人工照明能耗,而不是简单地考虑降低采暖空调能耗。

夏热冬冷的部分地区室外风小,阴天多,因此需要从提高住宅日照、促进自然通风角度综合确定窗墙比。由于在夏热冬冷地区,无论是过渡季节还是冬、夏两季,人们普遍有开窗加强房间通风的习惯,目的是通过自然通风改善室内空气品质,同时当夏季在两个连晴高温期间的阴雨降温过程或降雨后连晴高温开始升温过程的夜间,室外气候凉爽宜人,加强房间通风能带走室内余热和积蓄冷量,可以减少空调运行时的能耗。因此住宅设计时应有意识地考虑自然通风设计,即适当加大外墙上的开窗面积,同时注意组织室内的通风,否则南北窗面积相差太大,或缺少通畅的风道,则自然通风无法实现。此外,南窗大有利于冬季日照,可以通过窗口直接获得太阳辐射热。因此,在提高窗户热工性能的基础上,应适当提高窗墙的面积比。

对于夏热冬冷气候条件下的不同地区,由于当地不同季节的室外平均风速不同,因此在进行窗墙比优化设计时要注意灵活调整。例如,对于上海、南京、合肥、武汉等地,冬季室外平均风速一般都大于 2.5 m/s,因此北向窗墙比建议不超过 0.25。而西部重庆、成都地区冬、夏季室外平均风速一般在 1.5 m/s 左右,且西部冬季室外气温比上海、南京、合肥、武汉等地偏高 3～7 ℃,因此,这些地区的北向窗墙比建议不超过 0.3,并注意与南向窗墙比匹配。

对于夏热冬冷地区,由于夏季太阳辐射强,持续时间久,因此要特别强调外窗遮阳、外墙和屋顶隔热的设计。在技术经济可能的条件下,通过提高优化屋顶和东、西墙的保温隔热设计,尽可能降低这些外墙的内表面温度。例如,如果外墙的内表面最高温度能控制在 32 ℃以下,只要住宅能保持一定的自然通风,即可让人感觉到舒适。此外,还要利用外遮阳等方式避免或减少主要功能房间的东晒或西晒情况。

3. 夏热冬暖地区

在夏热冬暖地区,由于冬季暖和,而夏季太阳辐射强烈,平均气温偏高,因此住宅设计以改善夏季室内热环境、减少空调用电为主。在当地住宅设计中,屋顶、外墙的隔热和外窗的遮阳主要用于防止大量的太阳辐射得热进入室内,而房间的自然通风则可有效带走室内热量,并对人体舒适感起调节作用。

因此,隔热、遮阳、通风设计在夏热冬暖地区中非常重要。例如,过去广州地区的传统建筑没有机械降温手段,比较重视通风遮阳,室内层高较高,外墙采用 370 mm 厚的黏土实心砖墙,屋面采用一定形式的隔热,如大阶砖通风屋面等,起到较好的隔热效果。

空调器已成为居民住宅降温的主要手段。对于夏热冬暖地区而言,空调能耗已经成为住宅能耗的大户。此外,由于这些地区的经济水平相对较发达,未来空调装机容量还会继续增加,可能会对国家电力供求以及能源安全性带来威胁,因此必须依托集成化的技术体系,通过改善设计来实现住宅节能,改善室内热环境,并减少空调装机容量及运行能耗。

设计中首先应考虑的因素是如何有效防止夏季的太阳辐射。外围护结构的隔热设计主要在于控制内表面温度,防止对人体和室内过量的辐射传热,因此要同时从降低传热系数、增大热惰性指标、保证热稳定性等出发,合理选择结构的材料和构造形式,达到隔热保温要求。目前夏热冬暖地区居住建筑屋顶和外墙采用重质材料居多,如以混凝土板为主要结构层的架空通风屋面,在混凝土板上铺设保温隔热板屋面,黏土实心砖墙和黏土空心砖墙等。但是随着新型建筑材料的发展,轻质高效的保温隔热材料作为屋顶和墙体材料也日益增多。有研究表明,传热系数为 3.0 W/(m² · K) 的传统架空通风屋顶,在夏季炎热的气候条件下,屋顶内外表面最高温度差值只有 5 ℃ 左右,居住者有明显的烘烤感。而使用挤塑泡沫板铺设的重质屋顶,传热系数为 1.13 W/(m² · K),屋顶内外表面最高温度差值达到 15 ℃ 左右,居住者没有烘烤感,感觉较舒适。因此推荐使用重质围护结构构造方式。

同时,在围护结构的外表面要采取浅色粉刷或光滑的饰面材料,以减少外墙表面对太阳辐射热的吸收。为了屋顶隔热和美化的双重目的,应考虑通风屋顶、蓄水屋顶、植被屋顶、带阁楼层的坡屋顶以及遮阳屋顶等多种样式的结构形式。

窗口遮阳对于改善夏热冬暖地区住宅的热环境并实现节能非常重要。它的主要作用在于阻挡直射阳光进入室内,防止室内局部过热。遮阳设施的形式和构造的选择,要充分考虑房屋不同朝向对遮挡阳光的实际需要和特点,综合平衡夏季遮阳和冬季阳光入内,设计有效的遮阳方式。例如,根据建筑所在经纬度的不同,南向可考虑采用水平固定外遮阳,东西朝向可考虑采用带一定倾角的垂直外遮阳。同时也可以考虑利用绿化和结合建筑构件的处理来解决,如利用阳台、挑檐、凹廊等。此外,建筑的总体布置还应避免主要的使用房间受东、西向日晒。

合理组织住宅的自然通风同样很重要。对于夏热冬暖地区中的湿热地区,由于昼夜温差小,相对湿度高,因此可设计连续通风以改善室内热环境。而对于干热地区,则考虑白天关窗、夜间通风的方法来降温。另外,我国南方亚热带地区有季候风,因此在住宅设计中要充分考虑利用海风、江风的自然通风优越性,并按自然通风为主、空调为辅的原则来考虑建筑朝向和布局。为此,要合理选择建筑间距、朝向、房间开口的位置及其面积。此外,还应控制房间的进深以保证自然通风的有效性。同时,在设计中还要防止片面追求增加自然通风效果、盲目开大窗而不注重遮阳设施设计的做法,因此这样容易把大量的太阳辐射得热带入室内,引起室内过热,得不偿失。

同时,建筑设计要注意利用夜间长波辐射来冷却,这对于干热地区尤其有效。在相对湿度较低的地区可利用蒸发冷却来增加室内的舒适程度。

6.2.3　采暖居住建筑节能基本原理和节能途径

1. 采暖居住建筑的主要特点

统计显示,在居住建筑中,住宅大约占 92%,其余的为集体宿舍、招待所、托幼建筑等。这些建筑的共同特点是供人们昼夜连续使用,所以这类建筑常对室内热环境和空气质量有较高要求,室内都设计安装有采暖设备及通风换气装置。按我国现行标准,冬季室内温度要求达到 16~18 ℃,高级别建筑要求达到 20~22 ℃。从建筑尺度上看,居住建筑层高一般为 2.7~3.0 m,开间一般为 3.3~4.5 m。住宅建筑中人均占有居住面积 7~8 m²,占有居住容积 18.2~20.8 m³。城镇居住建筑以多层建筑为主,大城市中有一定数量的中高层住宅。近年来由于建筑设计的多样化,城镇新建居住建筑物体形系数有变大的趋势。例如,在北京市和天津市等寒冷地区,多层住宅体形系数已从原来的 0.30 左右向 0.35 左右增大。

2. 采暖居住建筑的能耗构成

采暖居住建筑的耗热量由通过围护结构的传热耗热量和通过门窗缝隙的空气渗透耗热量两部分组成。以北京地区 80 住 2-4、80MD1、81 塔 1 等三种多层住宅为例,建筑物耗热量主要由通过围护结构的传热耗热量构成,占 73%~77%;其次为通过门窗缝隙的空气渗透耗热量,占 23%~27%。传热耗热总量中,外墙占 23%~34%;窗户占 23%~25%;楼梯间隔墙占 6%~11%;屋顶占 7%~8%;阳台门下部占 2%~3%;户门占 2%~3%;地面占 2%。窗户总耗热量,即窗的传热耗热量加上空气渗透耗热量约占建筑物全部耗热量的 50%。

从上述可见,窗户是耗热较大的构件,是节能的重点部位,改善建筑物窗户(包括阳台门)的保温性能和加强窗户的气密性是节能的关键措施。此外,我国对保证室内空气卫生要求所需的换气次数有明确标准,加强窗户的气密性以减少冷风渗透耗量需注意保证室内最低换气次数。使用气密性很高的窗户时应考虑增加主动式排风装置。

从围护结构各部位传热耗热量所占比例看,外墙最大,第二大是窗户,之后是楼梯间隔墙(以楼梯间不采暖住宅为例)和屋顶等。所以外墙仍是节能设计的重点部位。

3. 采暖居住建筑节能基本原理

为了在冬季获得适于居住生活的室内温度,采暖居住建筑物必须有持续稳定的得热途径。建筑物总的热量中,采暖供热设备供热占大多数,其次为太阳辐射得热,建筑物内部得热(包括炊事、照明、家电和人体散热等)。这些热量的一部分会通过围护结构的传热和门窗缝隙的空气渗透向室外散失。当建筑物的总得热和总失热达到平衡时,室温得以稳定维持。所以建筑节能的基本原理是,最大限度地争取得热,最低限度地向外散热。

根据严寒和寒冷地区的气候特征,住宅设计中首先要保证围护结构热工性能满足冬季保温要求,并兼顾夏季隔热。通过降低建筑体形系数,采取合理的窗墙比,提高外墙、屋顶和外窗的保温性能,以及尽可能利用太阳得热等,可以有效地降低采暖能耗。具体的冬季保温措施有:

(1)建筑群的规划设计,单体建筑的平、立面设计和门窗的设置应保证在冬季有效地利用日照并避开主导风向。

(2)尽量减小建筑物的体形系数,平、立面不宜出现过多的凹凸面。

(3)建筑北侧宜布置次要房间,北向窗户的面积应尽量小,同时适当控制东西朝向的窗墙比和单窗尺寸。

(4)加强围护结构保温能力,以减少传热耗热量,提高门窗的气密性,减少空气渗透耗热量。

(5)改善采暖供热系统的设计和运行管理,提高锅炉运行效率,加强供热管线保温,加强热网供热的调控能力。

因此,对于寒冷地区的住宅建筑,还应该注意通过优化设计来改善夏季室内的热环境,以减少空调使用时间。而通过模拟计算表明,对于严寒和寒冷气候条件下的多数地区,完全可以通过合理的建筑设计,实现夏季不用空调或少用空调以达到舒适的室内环境的要求。

6.2.4 空调建筑节能原理

1. 影响空调负荷的主要因素

热动态模拟研究结果表明,影响空调负荷的主要因素包括以下几点:

(1)围护结构的热阻与蓄热性能。

对于非顶层房间,当窗墙面积比为 30% 时,增加建筑物各朝向外墙热阻,对空调设计日冷负荷和运行负荷的降低并不显著。例如,外墙热阻从 $0.34\ \mathrm{m^2 \cdot K/W}$ 增至 $1.81\ \mathrm{m^2 \cdot K/W}$,设计日冷负荷降低 10%~13%。对于顶层房间,当窗墙面积比为 30% 时,增加屋顶热阻值,可使设计日冷负荷降低 42%,运行负荷降低 32%,效果明显。对于任何位置、任何朝向的空调房间,外墙和屋顶的蓄热能力对空调负荷的影响极小,仅 2% 左右。但当外墙和屋顶蓄热能力较弱时,增加热阻带来的效果就会很明显;而当外墙和屋顶蓄热能力较强时,增加热阻带来的降低空调负荷的效果较差。也就是说从降低空调负荷效果上看,热阻作用大于蓄热能力的作用,即采用热阻较大、蓄热能力较弱的轻质围护结构,以及内保温的构造作法,对空调建筑的节能是有利的。

(2)房间朝向与蓄热能力。

房间朝向对空调负荷影响很大。不论围护结构热阻和蓄热能力怎样,顶层及东西向房间的空调负荷都大于南北向房间,因此将空调房间避开顶层设置以及减少东西向空调房是空调建筑节能的重要措施。

对于允许室温有一定波动范围的舒适性空调房间,增加围护结构的蓄热能力,对降低空调能耗具有显著作用。例如,当室温允许波动范围为±2 ℃时,厚重的围护结构房间的运行能耗仅为轻质房间的1/3左右。

(3)窗墙面积比与空气渗透情况。

空调设计日冷负荷和运行负荷是随着窗墙面积增大而增加的。大面积窗户,特别是东西向大面积窗户,对空调建筑节能极为不利。加强门窗的气密性,对空调建筑节能有一定意义。

(4)遮阳。

提高窗户的遮阳性能,能较大幅度地降低空调负荷,特别是运行负荷,因此要根据窗的朝向及形式,选择适当的外置、内置或中置遮阳设施,合理设计遮阳参数,条件允许情况下应采用手动或自动可变遮阳调节技术,在空调运行期内最大程度地阻隔太阳辐射热量。

(5)室内自然通风。

自然通风可通过对流方式有效带走室内热量,不仅可以降低室内温度,从而减少空调开启时间,还能够改善室内空气质量,所以应采用建筑设计手段合理组织室内横向和纵向通风,还可以利用风帽、通风井、通风塔等技术手段提高自然通风效率。

2. 空调建筑节能基本原理

我国夏热冬冷的长江流域中下游地区和夏热冬暖的广东、广西、福建地区,空调在建筑中的使用越来越普遍。这些地区的空调耗电已成为建筑能耗的重点,因此,必须通过技术途径实现空调建筑的节能。本书所述空调建筑系指一般夏季空调降温建筑,即室温允许波动范围为±2 ℃的舒适性空调建筑。

空调建筑得热一般有以下三种途径:①太阳辐射通过窗户进入室内构成太阳辐射得热;②围护结构传热得热;③门窗缝隙空气渗透得热。这些得热随时间而变化,且部分得热被内部围护结构所吸收和暂时贮存,其余部分构成空调负荷。空调负荷有设计日冷负荷和运行负荷之分。设计日冷负荷专指在空调室内外设计条件下,空调逐小时冷负荷的峰值,其目的在于确定空调设备的容量。运行负荷系指在夏季空调运行期间为维持室内恒定的设计温度,需由空调设备从室内除去的热量。空调运行能耗系指在夏季空调运行期间,在空调设备采用某种运行方式的条件下(连续空调或间歇空调),为将室温维持在允许的波动范围内,需由空调设备从室内除去的热量。

根据空调建筑物夏季得热途径,总结出以下节能设计要点:

(1)空调建筑应尽量避免东西朝向或东西向窗户,以减少太阳直接辐射得热。

(2)空调房应集中布置,上下对齐。温湿度要求相近的空调房间宜相邻布置。

(3)空调房间应避免布置在转角处、有伸缩缝处及顶层。当必须布置在顶层时,屋顶应有良好的隔热措施。

(4)在满足功能要求的前提下,空调建筑外表面积宜尽可能的小,表面宜采用浅色,房间净高宜降低。

(5)外窗面积应尽量减小,向阳或东西向窗户,宜采用热反射玻璃、反射阳光镀膜和有效的遮阳构件。

（6）外窗气密性等级不应低于《建筑外窗空气渗透性能分级及其检测方法》（GB/T 7106—2008)中的相关规定。

（7）围护结构的传热系数应符合节能标准的规定。

（8）间歇使用的空调建筑，其外围结构内侧和内围护结构宜采用轻质材料；连续使用的空调建筑，其外围护结构内侧和内围护结构宜采用厚重材料。

6.2.5　居住建筑建筑物耗热量指标及计算

1. 居住建筑建筑物耗热量指标

（1）建筑物耗热量与建筑物耗热量指标。

建筑物耗热量系指采暖建筑在一个采暖期内，为保持室内计算温度由室内采暖设备供给建筑物的热量，其单位是 kW·h/a，a 为每年，但实际指的是一个采暖期。建筑物耗热量指标系指在采暖期室外平均温度条件下采暖建筑为保持室内计算温度，单位建筑面积在单位时间内消耗的，需由室内采暖设备供给的热量，其单位为 W/m^2，它是用来评价建筑能耗水平的一个重要指标，也是评价采暖居住建筑节能设计的一个综合指标。这个指标也可按单位建筑体积来规定。考虑到居住建筑，特别是住宅建筑的层高差别不大，故仍按单位建筑面积来规定。

建筑物耗热量指标实际上是一个"功率"，即单位建筑面积单位时间内消耗的热量，将其乘上采暖时间，就得到单位建筑面积需要供热系统提供的热量。严寒和寒冷地区的建筑物耗热量指标采用稳态传热的方法来计算。在设计阶段，要控制建筑物耗热量指标，最主要的就是控制折合到单位建筑面积上的单位时间内通过建筑围护结构的传热量。

建筑物耗热量指标与采暖期室外平均温度有关，与采暖期天数无关，而且也不必采用采暖期度日数进行计算，所以就直接将建筑物耗热量指标与采暖室外平均温度挂钩。

（2）建筑物耗热量指标与采暖设计热负荷指标。

在进行建筑节能设计时，建筑物耗热量指标是一个非常重要的衡量节能效果的指标。采暖设计热负荷指标（在采暖设计中常常简称为采暖设计热指标），是指在采暖室外计算温度条件下，为保持室内计算温度，单位建筑面积在单位时间内需由锅炉房或其他供热设施供给的热量，单位是 W/m^2。这一指标是在冬季最不利气象条件下来设计确定采暖设备容量的一个重要指标。所以建筑物耗热量指标是建筑物在一个采暖季节中耗热强度的平均值，而采暖设计热负荷指标是建筑物在一个采暖季节中耗热强度的最大极限设计值。由于采暖期室外平均温度比采暖期室外计算温度高，因此建筑物耗热量指标在数值上比采暖设计热负荷指标要小。

（3）影响建筑物耗热量指标的几个因素。

① 体形系数：在建筑物各部分围护结构传热系数和窗墙面积比不变的条件下，耗热量指标与体形系数成正比。低层和小单元住宅对节能不利。

体形系数的大小对建筑能耗的影响非常显著，体形系数越小，单位建筑面积对应的外表面积越小，外围护结构的传热损失就越小。从降低建筑能耗的角度出发，应该将体形系数控制在一个较低的水平。但体形系数限值规定过小，将制约建筑师们的创造性，造成建筑造型呆板,平面布局困难,甚至损害建筑功能。

《严寒和寒冷地区居住建筑节能设计标准规范》(JCJ 26—2018)中规定:建筑物的体形系数不应大于规定的限值,若是大于,则必须按照该标准的规定进行围护结构热工性能的权衡判断。

控制体形系数大小有以下几种方法:

a. 减少建筑的面宽,加大建筑的进深。面宽与进深之比不宜过大,长宽比应适宜。

c. 增加建筑的层数,多分摊屋面或架空楼板面积。

d. 建筑体型不宜变化过多,立面不宜太复杂,造型宜简练。

② 围护结构传热系数:在建筑物整体尺寸和窗墙面积比不变情况下,耗热量指标随围护结构的传热系数的下降而降低。

③ 窗墙面积比:在寒冷地区采用单层窗、严寒地区采用双层窗或双玻窗条件下,加大窗墙面积比对节能不利。

④ 楼梯间开敞与否:多层住宅楼梯间采用开敞式楼梯间比采用有门窗的楼梯间,其耗热量指标上升 10%～20%。

⑤ 换气次数:提高门窗的气密性,换气次数由 0.8 次/小时降至 0.5 次/小时,耗热量指标可降低 10%左右。

⑥ 朝向:建筑物朝向对太阳辐射得热量和空气渗透耗热量都有影响;多层住宅东西朝向与南北朝向相比,耗热量指标约增加 5.5%。

⑦ 住宅结构:层数在 10 层以上时,耗热量指标趋于稳定。高层住宅中,带北向封闭式交通廊的板式住宅(板式住宅的特点:面宽较大,南向房间多,采光好;进深较小,一般为南北通透格局,通风好),其耗热量指标比多层板式住宅低 6%。在建筑面积近似的条件下,高层塔式住宅的耗热量指标比高层板式住宅高 10%～14%。体形复杂,凹凸面过多的塔式住宅,对节能不利。

⑧ 避风设施:建筑物入口处设置门斗或采取其他避风设施,有利于节能。

2. 居住建筑物耗热量指标计算

(1)建筑物耗热量指标的计算。

$$q_{\mathrm{H}} = q_{\mathrm{HT}} + q_{\mathrm{INF}} - q_{\mathrm{IH}} \tag{6-1}$$

式中　q_{H}——建筑物耗热量指标($\mathrm{W/m^2}$);

　　　q_{HT}——折合到单位建筑面积上单位时间内通过建筑围护结构的传热量($\mathrm{W/m^2}$);

　　　q_{INF}——折合到单位建筑面积上单位时间内建筑物空气渗透耗热量($\mathrm{W/m^2}$);

　　　q_{IH}——折合到单位建筑面积上单位时间内建筑物内部得热量($\mathrm{W/m^2}$),取 3.80 $\mathrm{W/m^2}$。

(2)折合到单位建筑面积上通过建筑围护结构的传热量。

在设计阶段,要控制建筑物耗热量指标,最主要的就是控制折合到单位建筑面积上单位时间内通过建筑围护结构的传热量。

折合到单位建筑面积上单位时间内通过建筑围护结构的传热量 q_{HT},按式(6-2)计算:

$$q_{HT} = q_{Hq} + q_{Hw} + q_{Hd} + q_{Hmc} + q_{Hy} \tag{6-2}$$

式中　q_{Hq}——折合到单位建筑面积上单位时间内通过墙的传热量（W/m²）；

　　　q_{Hw}——折合到单位建筑面积上单位时间内通过屋面的传热量（W/m²）；

　　　q_{Hd}——折合到单位建筑面积上单位时间内通过地面的传热量（W/m²）；

　　　q_{Hmc}——折合到单位建筑面积上单位时间内通过门、窗的传热量（W/m²）；

　　　q_{Hy}——折合到单位建筑面积上单位时间内非采暖封闭阳台的传热量（W/m²）。

折合到单位建筑面积上单位时间内通过外墙的传热量 q_{Hq}，按式（6-3）计算：

$$q_{Hq} = \frac{\sum q_{Hqi}}{A_0} = \frac{\sum \varepsilon_{qi} K_{mqi} F_{qi}(t_n - t_e)}{A_0} \tag{6-3}$$

式中　t_n——室内计算温度，取 18 ℃；当外墙内侧是楼梯间时，则取 12 ℃；

　　　t_e——采暖期室外平均温度（℃）；

　　　ε_{qi}——外墙传热系数的修正系数；

　　　K_{mqi}——外墙平均传热系数[W/(m²·K)]；

　　　F_{qi}——外墙的面积（m²）；

　　　A_0——建筑面积（m²）。

对于严寒和寒冷地区住宅建筑大量使用的外保温墙体，如果窗口等节点处理得比较合理，其热桥的影响可以控制在一个相对较小的范围。为了简化计算，方便设计，针对外保温墙体也规定了修正系数，墙体的平均传热系数可以用主断面传热系数乘以修正系数来计算，避免复杂的线传热系数计算。

折合到单位建筑面积上单位时间内通过屋面的传热量 q_{Hw}，按式（6-4）计算：

$$q_{Hw} = \frac{\sum q_{Hwi}}{A_0} = \frac{\sum \varepsilon_{wi} K_{wi} F_{wi}(t_n - t_e)}{A_0} \tag{6-4}$$

式中　ε_{wi}——屋面传热系数的修正系数；

　　　K_{wi}——屋面传热系数[W/(m²·K)]；

　　　F_{wi}——屋面的面积（m²）。

屋顶传热系数的修正系数主要是考虑太阳辐射和夜间天空辐射对屋顶传热的影响。与外墙相比，屋顶上出现热桥的可能性要小得多，因此，如果确有明显的热桥，同样需要计算屋顶的平均传热系数，如无明显的热桥，则屋顶的平均传热系数就等于屋顶主断面的传热系数。

折合到单位建筑面积上单位时间内通过地面的传热量 q_{Hd}，按式（6-5）计算：

$$q_{Hd} = \frac{\sum q_{Hdi}}{A_0} = \frac{\sum K_{di} F_{di}(t_n - t_e)}{A_0} \tag{6-5}$$

式中　K_{di}——地面的传热系数[W/(m²·K)]；

F_{di}——地面的面积(m^2)。

由于土的巨大蓄热作用，地面的传热是一个很复杂的非稳态传热过程，而且具有很强的二维或三维（墙角部分）特性。式(6-5)中的地面传热系数实际上是一个当量传热系数，无法简单地通过地面的材料层构造计算确定，只能通过非稳态二维或三维传热计算程序确定。式中的温差项也是为了计算方便而取的，并没有很强的物理意义。

外窗、外门的传热分成两部分来计算，前一部分是室内外温差引起的传热，后一部分是透过外窗、外门的透明部分进入室内的太阳辐射得热。

折合到单位建筑面积上单位时间内通过外窗（门）的传热量 q_{Hmc}，按式(6-6)计算：

$$\left.\begin{aligned} q_{Hmc} &= \frac{\sum q_{Hmci}}{A_0} = \frac{\sum\left[K_{mci}F_{mci}(t_n-t_e) - I_{tyi}C_{mci}F_{mci}\right]}{A_0} \\ C_{mci} &= 0.87 \times 0.70 \times SC \end{aligned}\right\} \quad (6\text{-}6)$$

式中　K_{mci}——窗（门）的传热系数[$W/(m^2 \cdot K)$]；

F_{mci}——窗（门）的面积(m^2)；

I_{tyi}——窗（门）外表面采暖期平均太阳辐射热(W/m^2)；

C_{mci}——窗（门）的太阳辐射修正系数；

SC——窗的综合遮阳系数；

0.87——3 mm 普通玻璃的太阳辐射透过率；

0.70——折减系数。

通过非采暖封闭阳台的传热分成两部分来计算，前一部分是室内外温差引起的传热，后一部分是透过两层外窗（门）的透明部分进入室内的太阳辐射得热。

折合到单位建筑面积上单位时间内通过非采暖封闭阳台的传热量 q_{Hy}，按式(6-7)计算：

$$\left.\begin{aligned} q_{Hy} &= \frac{\sum q_{Hyi}}{A_0} = \frac{\sum\left[K_{qmci}F_{qmci}\xi_i(t_n-t_e) - I_{tyi}C'_{mci}F_{mci}\right]}{A_0} \\ C'_{mci} &= (0.87 \times SC_W) \times (0.87 \times 0.70 \times SC_N) \end{aligned}\right\} \quad (6\text{-}7)$$

式中　K_{qmci}——分隔封闭阳台和室内的墙、窗（门）的平均传热系数[$W/(m^2 \cdot K)$]；

F_{qmci}——分隔封闭阳台和室内的墙、窗（门）的面积(m^2)；

ξ_i——阳台的温差修正系数；

I_{tyi}——封闭阳台外表面采暖期平均太阳辐射热(W/m^2)；

F_{mci}——分隔封闭阳台和室内的窗（门）的面积；

C'_{mci}——分隔封闭阳台和室内的窗（门）的太阳辐射修正系数；

SC_W——外侧窗的综合遮阳系数；

SC_N——内侧窗的综合遮阳系数。

（3）折合到单位建筑面积的空气渗透耗热量。

折合到单位建筑面积的空气渗透耗热量应按式(6-8)计算：

$$q_{INF} = (t_n-t_e)(c_p\rho NV)/A_0 \quad (6\text{-}8)$$

式中 c_p——空气比热容,取 0.28 W·h/(kg·K);

ρ——空气密度(kg/m^3),取采暖期室外平均温度 t_e 下的值;

N——换气次数,取 0.5 h^{-1};

V——换气体积(m^3)。

6.2.6 热工参数基本计算方法

本节介绍的热工参数基本计算方法来自《民用建筑热工设计规范》(GB 50176—2016)(以下简称"规范")。

(1) 单一匀质材料层的热阻应按式(6-9)计算:

$$R = \frac{\delta}{\lambda} \tag{6-9}$$

式中 R——材料层的热阻(m^2·K/W);

δ——材料层的厚度(m);

λ——材料的导热系数[W/(m·K)],应按规范附录 B 表 B.1 的规定取值。

(2) 多层匀质材料层组成的围护结构平壁的热阻应按式(6-10)计算:

$$R = R_1 + R_2 + \cdots + R_n \tag{6-10}$$

式中 R_1,R_2,$\cdots$,R_n——各层材料的热阻(m^2·K/W),其中,实体材料层的热阻应按规范第 3.4.1 条的规定计算,封闭空气间层热阻应按规范附录表 B.3 的规定取值。

(3) 围护结构平壁的传热阻应按式(6-11)计算:

$$R_0 = R_i + R + R_e \tag{6-11}$$

式中 R_0——围护结构的传热阻(m^2·K/W);

R_i——内表面换热阻(m^2·K/W),应按规范附录 B 第 B.4 节的规定取值;

R_e——外表面换热阻(m^2·K/W),应按规范附录 B 第 B.4 节的规定取值;

R——围护结构平壁的热阻(m^2·K/W),应根据不同构造按规范第 3.4.1～3.4.3 条的规定计算。

(4) 围护结构平壁的传热系数应按式(6-12)计算:

$$K = \frac{1}{R_0} \tag{6-12}$$

式中 K——围护结构平壁的传热系数[W/(m^2·K)];

R_0——围护结构的传热阻(m^2·K/W),应按规范第 3.4.4 条的规定计算。

(5) 围护结构单元的平均传热系数应考虑热桥的影响,并应按式(6-13)计算:

$$K_m = K + \frac{\sum \psi_j l_j}{A} \tag{6-13}$$

式中　K_m——围护结构单元的平均传热系数[W/(m²·K)]；

　　　K——围护结构平壁的传热系数[W/(m²·K)]，应按规范第 3.4.5 条的规定计算；

　　　ψ_j——围护结构上的第 j 个结构性热桥的线传热系数[W/(m·K)]，应按规范第 C.2 节的规定计算；

　　　l_j——围护结构第 j 个结构性热桥的计算长度(m)；

　　　A——围护结构的面积(m²)。

（6）材料的蓄热系数应按式(6-14)计算：

$$S = \sqrt{\frac{2\pi\lambda c\rho}{3.6T}} \qquad (6\text{-}14)$$

式中　S——材料的蓄热系数[W/(m²·K)]，应按规范附录 B 表 B.1 的规定取值；

　　　λ——材料的导热系数[W/(m·K)]；

　　　c——材料的比热容[kJ/(kg·K)]，应按规范附录 B 表 B.1 的规定取值；

　　　ρ——材料的密度(kg/m³)；

　　　T——温度波动周期(h)，一般取 $T=24$ h；

　　　π——圆周率，取 $\pi=3.14$。

（7）单一匀质材料层的热惰性指标应按式(6-15)计算：

$$D = R \cdot S \qquad (6\text{-}15)$$

式中　D——材料层的热惰性指标，无量纲；

　　　R——材料层的热阻(m²·K/W)，应按规范第 3.4.1 条的规定计算；

　　　S——材料层的蓄热系数[W/(m²·K)]，应按规范第 3.4.7 条的规定计算。

（8）多层匀质材料层组成的围护结构平壁的热惰性指标应按式(6-16)计算：

$$D = D_1 + D_2 + \cdots + D_n \qquad (6\text{-}16)$$

式中　D_1，D_2，$\cdots$，D_n——各层材料的热惰性指标，无量纲，其中，实体材料层的热惰性指标应按规范第 3.4.8 条的规定计算，封闭空气层的热惰性指标应为零。

（9）计算由两种以上材料组成的、二(三)向非均质复合围护结构的热惰性指标 D 值时，应先将非匀质复合围护结构沿平行于热流方向按不同构造划分成若干块，再按式(6-17)计算：

$$\bar{D} = \frac{D_1 A_1 + D_2 A_2 + \cdots + D_n A_n}{A_1 + A_2 + \cdots + A_n} \qquad (6\text{-}17)$$

式中　$\bar{D}$——非匀质复合围护结构的热惰性指标，无量纲；

　　　A_1，A_2，$\cdots$，A_n——平行于热流方向的各块平壁的面积(m²)；

　　　D_1，D_2，$\cdots$，D_n——平行于热流方向的各块平壁的热惰性指标，无量纲，应根据不同构造按规范第 3.4.8~3.4.9 条的规定计算。

(10) 室外综合温度应按式(6-18)计算：

$$t_{se} = t_e + \frac{\rho_s I}{\alpha_e} \tag{6-18}$$

式中　t_{se}——室外综合温度(℃)；

t_e——室外空气温度(℃)；

I——投射到围护结构外表面的太阳辐射照度(W/m^2)；

ρ_s——外表面的太阳辐射吸收系数，无量纲，应按规范附录 B 表 B.5 的规定取值；

α_e——外表面换热系数[$W/(m^2 \cdot K)$]，应按规范附录 B 第 B.4 节的规定取值。

(11) 围护结构的衰减倍数应按式(6-18)计算：

$$\nu = \frac{\Theta_e}{\Theta_i} \tag{6-19}$$

式中　ν——围护结构的衰减倍数，无量纲；

Θ_e——室外综合温度或空气温度波幅(K)；

Θ_i——室外综合温度或空气温度影响下的围护结构内表面温度波幅(K)，应采用围护结构周期传热计算软件计算。

(12) 围护结构的延迟时间应按式(6-20)计算：

$$\xi = \xi_i - \xi_e \tag{6-20}$$

式中　ξ——围护结构的延迟时间(h)；

ξ_e——室外综合温度或空气温度达到最大值的时间(h)；

ξ_i——室外综合温度或空气温度影响下的围护结构内表面温度达到最大值的时间(h)，应采用围护结构周期传热计算软件计算。

(13) 单一匀质材料层的蒸汽渗透阻应按式(6-21)计算：

$$H = \frac{\delta}{\mu} \tag{6-21}$$

式中　H——材料层的蒸汽渗透阻($m^2 \cdot h \cdot Pa/g$)，常用薄片材料和涂层的蒸汽渗透阻应按规范附录表 B.6 的规定选用；

δ——材料层的厚度(m)；

μ——材料的蒸汽渗透系数[$g/(m \cdot h \cdot Pa)$]，应按规范附录 B 表 B.1 的规定取值。

(14) 多层匀质材料层组成的围护结构的蒸汽渗透阻应按式(6-22)计算：

$$H = H_1 + H_2 + \cdots + H_n \tag{6-22}$$

式中　$H_1, H_2, \cdots, H_n$——各层材料的蒸汽渗透阻($m^2 \cdot h \cdot Pa/g$)，其中，实体材料层的蒸汽渗透阻应按规范第 3.4.14 条的规定计算或选用，封闭空气层的蒸汽渗透阻应为零。

（15）冬季围护结构平壁的内表面温度应按式（6-23）计算：

$$\theta_i = t_i - \frac{R_i}{R_0}(t_i - t_e) \qquad (6\text{-}23)$$

式中　θ_i——围护结构平壁的内表面温度（℃）；

R_0——围护结构平壁的传热阻（m²·K/W）；

R_i——内表面换热阻（m²·K/W）；

t_i——室内计算温度（℃）；

t_e——室外计算温度（℃）。

6.3　建筑围护结构的节能技术与设计

6.3.1　墙体

墙体保温隔热技术可分为保温和复合保温隔热两大类。这类墙体是由绝热材料与传统墙体材料或某些新型墙体材料复合构成。绝热材料主要是聚苯乙烯泡沫塑料、岩棉、玻璃棉、矿棉、膨胀珍珠、加气混凝土等。根据绝热材料在墙体中的位置不同，又可分为内保温、外保温和中间保温三种形式。与单一材料节能墙体相比，复合节能墙体由于采用了高效绝热材料而具有更好的热工性能，但其施工难度大，质量风险增加，造价也要高得多。

1. 墙体内保温

（1）在这类墙体中，绝热材料复合在建筑物外墙的内侧。构造层包括：

① 墙体结构层，为外围护结构的承重受力墙体部分，或框架结构的填充墙体部分。它可以是现浇或预制混凝土外墙、内浇外砌或砖混结构的外砖墙以及其他承重外墙（如承重多孔砖外墙）等。

② 空气层，其主要作用是切断液态水分的毛细渗透，防止保温材料受潮。同时，外侧墙体结构层有吸水能力，其内侧表面由于温度低而出现冷凝水。在空气层的阻挡下，被结构材料吸入的水分不断地向室外转移、散发。另外，空气间层还增加了热阻，而且造价比专门设置隔汽层要低。空气间层的设置对易吸水的绝热材料是十分必要的。

③ 绝热材料层（即保温层、隔热层），是节能墙体的主要功能部分，采用高效绝热料（导热系数 λ 值小）。

④ 覆面保护层，其作用主要是防止保温层受破坏，同时在一定程度上阻止室内水汽浸入保温层。

（2）内保温节能墙体的应用特点。

① 设计中要注意采取措施（如设置空气层、隔汽层），避免冬季由于室内水蒸气向外渗透，在墙体内产生结露而降低保温隔热层的热工性能。

② 施工方便，室内连续作业面不大，多为干作业施工，较为安全方便，有利于提高施工效率、减轻劳动强度。

③ 由于绝热层置于内侧，夏季晚间外墙内表面温度随空气温度的下降而迅速下降，能

减少烘烤感。

④ 由于这种节能墙体的绝热层设在内侧,会占据一定的使用面积,若用于旧房节能改造,在施工时会影响室内住户的正常生活。

⑤ 不同材料的内保温,其施工技术要求和质量要点是不相同的,应严格遵守其相关的技术标准。

2. 墙体外保温

(1) 在这类墙体中,绝热材料复合在建筑物外墙的外侧,并覆以保护层。

① 保温隔热层。采用导热系数小的高效保温材料,其导热系数一般小于 0.05 W/(m·K)。

② 保温隔热材料的固定系统。不同的外保温体系,采用的保温固定系统各有不同。有的将保温板黏结或钉固在基底上,有的为二者结合,以黏结为主,或以钉固为主,超轻保温浆料可直接涂抹在外墙外表面上。

③ 面层。保温板的表面覆盖层有不同的做法,薄面层一般为聚合物水泥胶浆抹面,厚面层则仍采用普通水泥砂浆抹面。有的则在龙骨上吊挂薄板覆面。

④ 零配件与辅助材料。在外墙外保温体系中,在接缝处、边角部,还要使用一些零配件与辅助材料,如墙角、端头、角部使用的边角配件和螺栓、销钉等,以及密封膏如丁基橡胶、硅膏等,根据各个体系的不同做法选用。

(2) 外墙外保温应用特点。

① 外保温有利于消除冷热桥。

② 在夏季,外保温层能减少太阳辐射热进入墙体和室外高温高湿对墙体的综合影响,使外墙体内温度降低和梯度减小,有利于稳定室内空气温度。

③ 由于采用外保温,内部的砖墙或混凝土墙受到保护。

④ 外保温施工难度大,质量风险多。

保温材料的吸湿率要低,而黏结性能要好。可采用的保温材料有膨胀型聚苯乙烯(EPS)板、挤塑型聚苯乙烯(XPS)板、岩棉板、玻璃棉毡以及超轻保温浆料等,其中以阻燃膨胀型聚苯乙烯板应用得较为普遍。

⑤ 抹灰面层。薄型抹灰面层为在保温层的所有表面上涂抹聚合物水泥胶浆。直接涂覆于保温层上的为底涂层,厚度较薄(一般为 4~7 mm),内部包覆有加强材料。加强材料一般为玻璃纤维网格布,有的则为纤维或钢丝网。

我国不少低层或多层建筑,用砖或混凝土砌块作外侧面层,用石膏板作内侧面层,中间夹以高效保温材料。

⑥ 基层处理。固定保温层的基底应坚实、清洁。如旧墙表面有抹灰层,此抹灰层应与主墙体牢固结合、无松散、空鼓表面。

对于既有建筑,考虑到保温层厚度的增加,拟建成的窗台应伸出装修层表面以外;对于新建建筑,应有足够深度的窗台。

(3) 几种国外广泛应用的外墙外保温体系。

① 墙/钢框架墙体系。

这种体系以钢结构为主体,装饰砖为外墙,玻璃棉毡和挤塑泡沫板为保温隔热层。其特点是：

    a. 钢框架具有可靠性和耐燃性,并不受白蚁的侵蚀。

    b. 钢框架提供了保温用的玻璃棉毡间隙,安装简便。

    c. 用挤塑泡沫板外保温可消除各热桥部位传热,从而大大提高墙体保温性能。

    d. 墙体和保温板之间的空隙提高墙体抗湿性能使内墙保持干燥。

    e. 外墙装饰砖美观耐用。

    其常规构造为 25 mm 挤塑聚苯板、25 mm 空气间层、115 mm 外墙装饰砖,其墙体总平均热阻为 2.604 $m^2 \cdot K/W$,传热系数为 0.384 $W/(m^2 \cdot K)$,保温效果是一般 370 mm 厚黏土砖墙的 4～5 倍。

    ② 保温中空墙体系。这是一种以混凝土砌块体为结构主体、装饰砖作外墙、挤塑聚苯板作保温材料的外墙保温体系。其优点是体系中各种材料都能最大限度地发挥其优势。内侧与挤塑聚苯板之间所预留的 25～50 mm 空气层将外界的湿气隔绝在主体结构之外,从而有效地保持了墙体的干燥。

    其常规构造为 190 mm 厚空心砌块、25 mm 空气间层、115 mm 厚外墙装饰砖,挤塑聚苯板厚为 25 mm, 40 mm, 50 mm 三种规格,其墙体总平均热阻分别为 1.63 $m^2 \cdot K/W$, 2.16 $m^2 \cdot K/W$, 2.15 $m^2 \cdot K/W$。

    ③ 木框架轻质墙体。

    通常木结构墙体由内装饰板(大多用石膏板)、隔汽层、木框架、外用胶合板和外装饰墙组成。这种墙体的保温防湿性能不足,如果能在木框架之间填充玻璃棉毡,则可明显提高其墙体保温效果。木框架和横梁部位传热量较大,为消除这一热桥,将挤塑聚苯板(XPS)取代原体系中的外用胶合板,则可使木结构的保温效果再增加 30%。

    其常规构造为 50 mm 厚玻璃棉、50 mm×100 mm 木框架、25 mm 厚挤塑聚苯板、12 mm 厚胶合板、塑料挂板,其墙体总平均热阻为 2.764 $m^2 \cdot K/W$,传热系数为 0.362 $W/(m^2 \cdot K)$。

    经济技术分析表明,使用挤塑聚苯板和玻璃棉只需增加墙体材料费用的 7%～14%,却能使墙体保温效果增加近 40%。

    ④ 保温混凝土夹心墙体系。

    保温夹心墙是由 4 个部分组成:混凝土结构内墙,挤塑聚苯板保温板(XPS),混凝土外装饰墙体和连接内、外墙的低导热性的连接件。这种体系的优点是墙体的保温隔热性能有很大提高,同时具有耐久、防火性能好、施工方便等优点。

    其常规构造为 100 mm 钢筋混凝土内墙体,中间为 50 mm(75 mm)挤塑聚苯板(XPS), 75 mm 钢筋混凝土外墙体,体总平均热阻为 2.00 $m^2 \cdot K/W$(2.88 $m^2 \cdot K/W$),墙体传热系数为 0.50 $W/(m^2 \cdot K)$[0.347 $W/(m^2 \cdot K)$]。

    3. 热桥的成因与处理

    建筑物因抗震和构造的需要,外墙若干位置都必须和混凝土或者金属的梁、柱、板等连接穿插。这些构造、构件材料的导热系数大,保温隔热性能远低于已做保温隔热部分的性能,因此该部位的热流密度远远大于墙体平均值,造成大量冷热量流失,工程上称为(冷)热桥。热桥部位必然使外墙总传热损失增加。墙体温度场模拟计算结果表明,在 370 mm 砖墙条件下,热桥使墙体平均传热系数增加 10% 左右;内保温 240 mm 砖墙,热桥能使墙体平均传热系数增加 51%～59%(保温层愈厚,增加愈大);外保温 240 mm 砖墙,能够有效消除热桥,使得热桥影响仅为 2%～5%(保温层愈厚,影响愈小)。平屋顶一般都是外保温结构,故可不考虑这种影响。对于一般砖混结构墙体、内保温和夹芯保温墙体,如不考虑这种情况,耗热量计算结果将会偏小,或使所设计的建筑物达不到预期的节能效果。考虑这一影响,有两种主要做法:一种是考虑热桥影响,用外墙平均传热系数来代替主体部位的传热系数;另一种是将热桥部位与主体部分分开考虑,热桥部位另行确定其传热系数。我国工程实际中普遍采用前者。

单一材料和内保温复合节能墙体,不可避免存在热桥。在分析热桥对墙体热工性能影响的基础上,为避免在低温或一定气候条件下热桥部位结露,因此应对热桥作保温处理。

可用聚苯乙烯泡沫塑料增强加气混凝土外墙板转角部分的保温能力。为防止雨水或冷风侵入接缝,在缝口内需附加防水塑料条。类似的方法也可用于解决内墙与外墙交角的局部保温。

屋顶与外墙交角的保温处理,有时比外墙转角还要复杂,较简单的处理方法之一是将屋顶保温层伸展到外墙顶部,以增强交角的保温能力。

4. 墙体保温隔热的气候适应性

(1) 不同气候地区应采取相应的隔热措施。

严寒与寒冷地区墙体主要考虑冬季保温的技术要求,解决热桥是其主要问题。夏热冬暖地区,主要考虑夏季的隔热。要求围护结构白天隔热好,晚上内表面温度下降快。夏热冬冷地区,围护结构既要保证夏季隔热为主,又要兼顾冬天保温要求。夏季闷热地区,即炎热而风小地区,隔热能力应大,衰减倍数宜大,延迟时间要足够长,使夏季内表面温度的峰值延迟出现在室外气温下降至可以开窗通风的时段,如清晨。

(2) 要根据房屋的用途选择不同的隔热措施。

对于白天使用和日夜使用的建筑有不同的隔热要求。白天使用的民用建筑,如学校、办公楼等要求衰减值大,对于屋顶而言延迟时间要有 6 h 左右。这样,内表面最高温度出现的时间是晚上 19:00 左右,这已是下班或放学之后了。对于住宅,一般要求衰减值大,屋顶的延迟时间要有 10 h,西墙要有 8 h,使得内表面最高温度出现在半夜。此时,围护结构已散发了较多的热量,同时,室外气温也较低,减小了散热对室内的影响。对于间歇使用空调的建筑,应保证外围护结构有一定的热阻,外围护结构内侧宜采用轻质材料,这样既有利于空调使用房间的节能,也有利于室外温度降低时、空调停止使用后房间的散热降温。

(3) 加强屋面与西墙的隔热。

在外围护结构中,受太阳照射最多、最强,即受室外综合温度作用最大的是屋面,其次是西墙;在冬季,受天空冷辐射作用最强的也是屋面。所以,隔热要求最高的是屋顶,其次是西墙。

(4) 散热问题。

节能建筑不能完全依赖提高外围护结构热阻来实现。依据传热规律,要求一般保温隔热外墙承担建筑的散热在技术上是不合理的。建筑外围护结构基本功能就是用来隔断室内外两空间的,散热则要求加强室内外两空间的连通,这与外墙的基本功能相冲突。散热应要充分利用通风进行。为此，要设计合理的进风口与出风口，有适宜的通风口面积，房屋要基本朝向夏季的主导风向。围护结构的蓄热量要适宜，内部蓄热量能改善室内热环境，但蓄热量过大，不利于建筑物的散热，故不能仅以增加围护结构蓄热能力实现围护结构的隔热。此外，蓄热量大的结构层置于外层，也有利于建筑夜间散热。

（5）夏热冬冷、夏热冬暖地区内保温的热桥耗能和结露等问题不及严寒、寒冷地区严重。内保温是适用于夏热冬冷、夏热冬暖地区的。

5. 外墙的绿化遮阳

要想达到外墙绿化遮阳隔热的效果，外墙在阳光方向必须大面积地被植物遮挡。常见的有两种形式，一种是植物直接爬在墙上，覆盖墙面，如图 6-2 所示；另一种是在外墙的外侧种植密集的树林，利用树阴遮挡阳光，如图 6-3 所示。

图 6-2　爬墙植物遮阳　　　　　　　　图 6-3　植树遮阳

爬墙植物遮阳隔热的效果与植物叶面对墙面覆盖的疏密程度（用叶面积指数表示）有关，覆盖越密，遮阳效果越好。这种形式的缺点是植物覆盖层妨碍了墙面通风散热，因此墙面平均温度略高于空气平均温度。植树遮阳隔热的效果与投射到墙面的树阴疏密程度有关，由于树林与墙面有一定距离，墙面通风比爬墙植物的情况好，因此墙面平均温度几乎等于空气平均温度。

为了不影响房屋冬季争取日照的要求，南向外墙宜植落叶植物。冬季叶片脱落，墙面暴露在阳光下，成为太阳能集热面，能将太阳能吸收并缓缓向室内释放，节约常规采暖能耗。

外墙绿化具有隔热和改善室外热环境双重热效益。被植物遮阳的外墙，其外表面温度与空气温度相近但略高于空气平均温度，而直接暴露于阳光下的外墙，与空气平均温度相比，其外表面温度最高可高出 15 ℃以上。为了达到节能建筑所要求的隔热性能，完全暴露于阳光下的外墙，其热阻值比被植物遮阳的外墙至少应高出 50% 才能达到同样的隔热效果。在阳光下，外墙外表面温度随外墙热阻的增大而增大，最高可达 60 ℃以上，对周围环境产生明显的加热作用，而一般植物的叶面温度最高为 45 ℃左右。因此，外墙绿化还有利于改善小区的局部热环境，降低城市的热岛强度。

与建筑遮阳构件相比，外墙绿化遮阳的隔热效果更好。被植物遮阳的外墙表面温度低于被遮阳构件遮阳的墙面温度，外墙绿化遮阳的隔热效果优于遮阳构件。

植物覆盖层所具有的良好生态隔热性能源于它的热反应机理。太阳辐射投射到植物叶片表面后,约有 20％被反射、80％被吸收。由于植物叶面朝向天空,反射到天空的比率较大。在被吸收的热量中,通过一系列复杂的物理化学生物反应后,很少部分储存起来,大部分以显热和潜热的形式转移出去,其中很大部分是通过蒸腾作用转变为水分的汽化潜热。潜热交换占了绝大部分,显热交换占少部分,而且日照越强,潜热交换量越大。潜热交换的结果是增加空气的湿度,显热交换的结果是提高空气的温度。因此,外墙绿化热作用的主要特点是增湿降温。对于干热气候区,有非常明显的改善热环境和节能效果。对于湿热地区,一方面降低了干球温度,减少了墙体带来的显热负荷;另一方面,由于增加了空气的含湿量,新风的潜热负荷增加,增加了新风处理能耗。综合起来是节能还是增加能耗,取决于墙体面积和新风量之间的相对大小关系,通常仍是节能的。

外墙绿化具有良好的隔热性能,然而要达到遮阳隔热的效果却并非易事。首先,遮阳植物的生长需要较长的时间,遮阳面积越大,植物所需的生长时间越长。凡是绿化遮阳好的建筑,其遮阳植物都经过了多年的生长期,例如,爬墙植物从地面生长到布满一幢三层楼的外墙大约需要 5 年时间,不像建筑的其他隔热措施,一旦施工完毕,其隔热效果就立竿见影。此外,遮阳植物的生长高度有限,遮阳的建筑一般为低层房屋。

6.3.2 门窗

1. 门

(1) 户门。

要求:具有多功能,一般应具有防盗、保温、隔热等功能。

构造:一般采用金属门板,采取 15 mm 厚玻璃棉板或 18 mm 厚岩棉板为保温、隔声材料。

传热系数应不大于 2.0 W/(m² · K)。

(2) 阳台门。

目前阳台门有两种类型:一种是落地玻璃阳台门,这种可按外窗作节能处理;另一种是有门心板的及部分玻扇的阳台门。这种门玻璃扇部分按外窗处理。阳台门下门心板采用菱镁、聚苯板加芯型代替钢质门心板(聚苯板厚 19 mm,菱镁内、外面层 2.5 mm 厚,含玻纤网格布),门心板传热系数为 1.69 W/(m² · K)。

表 6-2 为常用各类门的热工指标。

表 6-2 门的传热系数和传热阻

门框材料	门的类型	传热系数 K_0 /[W · (m² · K)$^{-1}$]	传热阻 R_0 /(m² · K · W^{-1})
木、塑料	单层实体门	3.5	0.29
	夹板门和蜂窝夹芯门	2.5	0.40
	双层玻璃门(玻璃比例不限)	2.5	0.40
	单层玻璃门(玻璃比例<30％)	4.5	0.22
	单层玻璃门(玻璃比例为 30％~60％)	5.0	0.20

门框材料	门的类型	传热系数 K_0 /$[W \cdot (m^2 \cdot K)^{-1}]$	传热阻 R_0 /$(m^2 \cdot K \cdot W^{-1})$
金属	单层实体门	6.5	0.15
	单层玻璃门（玻璃比例不限）	6.5	0.15
	单框双玻门（玻璃比例＜30%）	5.0	0.20
	单框双玻门（玻璃比例为30%～70%）	4.5	0.22
无框	单层玻璃门	6.5	0.15

2. 窗

窗户（包括阳台的透明部分）是建筑外围护结构的开口部位，是阻隔外界气候侵扰的基本屏障。窗户除需要满足视觉的联系、采光、通风、日照及建筑造型等功能要求外，作为围护结构的一部分应同样具有保温隔热、得热或散热的作用。因此，外窗的大小、形式、材料和构造就要兼顾各方面的要求，以取得整体的最佳效果。

从围护结构的保温节能性能来看，窗户是薄壁轻质构件，是建筑保温、隔热、隔声的薄弱环节。窗户不仅有与其他围护结构所共有的温差传热问题，还有通过窗户缝隙的空气渗透传热带来的热能消耗。窗户节能的主要措施是减少传热量和减少空气渗透量。对于夏季气候炎热的地区，窗户还有通过玻璃的太阳能辐射引起室内过热而增加空调制冷负荷的问题。但是，对于严寒及寒冷地区南向外窗，通过玻璃的太阳能辐射对降低建筑采暖能耗是有利的。

以往我国大多数建筑外窗保温隔热性能差，密封不良，阻隔太阳辐射能力薄弱。在多数建筑中，尽管窗户面积一般只占建筑外围护结构表面积的1/5～1/3，但通过窗户损失的采暖和制冷能量，往往占到建筑围护结构能耗的一半以上，因而窗户是建筑节能的关键部位。也正是由于窗户对建筑节能的突出重要性，使窗户节能技术得到了巨大的发展。

在不同地域、气候条件下，不同的建筑功能对窗户的要求是有差别的。但是总体说来，节能窗技术的进步，都是在保证一定的采光条件下，围绕着控制窗户的得热和失热展开的。我们可以通过以下措施使窗户达到节能要求。

1）窗户的保温性能及分级

窗户的传热系数和热阻见表6-3。

表6-3　窗户的传热系数和热阻

窗框材料	窗户类型	空气层厚度/mm	窗框窗洞面积比/%	传热系数 K/ $[W \cdot (m^2 \cdot K)^{-1}]$	热阻 R_0/ $[(m^2 \cdot K) \cdot W^{-1}]$
钢、铝	单层窗	—	20～30	6.4	0.16
	单框双玻窗	12	20～30	3.9	0.26
		16	20～30	3.7	0.27
		20～30	20～30	3.6	0.28
	双层窗	100～140	20～30	3.0	0.33
	单层窗＋单框双玻窗	100～140	20～30	2.5	0.40

（续表）

窗框材料	窗户类型	空气层厚度/mm	窗框窗洞面积比/%	传热系数 K/$[W \cdot (m^2 \cdot K)^{-1}]$	热阻 R_0/$[(m^2 \cdot K) \cdot W^{-1}]$
木、塑料	单层窗	—	30～40	4.7	0.21
	单框双玻窗	12	30～40	2.7	0.37
		16	30～40	2.6	0.38
		20～30	30～40	2.5	0.40
	双层窗	100～140	30～40	2.3	0.43
	单层窗＋单框双玻窗	100～140	30～40	2.0	0.50

采用节能玻璃降低窗的传热耗能，三种应用最广泛的节能玻璃是热发射玻璃、Low-E玻璃和真空玻璃。对有采暖要求的地区，节能玻璃应具有传热小、可利用太阳辐射热的性能。对于夏季炎热地区，节能玻璃应具有阻隔太阳辐射热的隔热、遮阳性能。节能玻璃技术中的中空、真空玻璃主要是减少其传热能力，而表面镀膜技术主要是为了降低其表面向室外辐射热的能力和阻隔太阳辐射热透射。

窗框是固定窗玻璃的支撑结构，它需要有足够的强度和刚度。同时，窗框也需要具有较好的保温隔热能力，以避免窗框成为整个窗户的热桥。目前窗框的材料主要有PVC（聚氯乙烯）塑料窗框、铝合金（钢）窗框和木窗框等。

框扇型材部分加强保温节能效果可采取以下三个途径：一是选择导热系数较小的框料，如PVC塑料[其导热为0.16 W/(m·K)]。表6-4中给出了几种主要框料的热工指标。二是采用导热系数小的材料截断金属框料型材的热桥支撑断桥式框料。三是利用框料内的空气腔室或利用空气层截断金属框扇的热桥。目前应用的双樘串联钢窗即以作为隔断传热的一种有效措施。

表6-4 几种主要框料的导热系数和密度

材料	铝	钢材	松、杉木	PVC塑料	空气
导热系数 λ $[W \cdot (m \cdot K)^{-1}]$	203	58.2	0.17～0.35	0.13～0.29	0.026
密度/$(kg \cdot m^{-3})$	2 700	7 850	500	40～50	1.177

窗户保温性能分级见表6-5。

表6-5 窗户保温性能分级

等级	传热系数 K/$[W \cdot (m^2 \cdot K)^{-1}]$	等级	传热系数 K/$[W \cdot (m^2 \cdot K)^{-1}]$
1	$K \geqslant 5.5$	6	$3.5 > K \geqslant 3.0$
2	$5.5 > K \geqslant 5.0$	7	$3.0 > K \geqslant 2.5$
3	$5.0 > K \geqslant 4.5$	8	$2.5 > K \geqslant 2.0$
4	$4.5 > K \geqslant 4.0$	9	$2.0 > K \geqslant 1.5$
5	$4.0 > K \geqslant 3.5$	10	$K < 1.5$

注：本表的依据为《建筑外门窗保温性能分级及检测方法》(GB/T 8484—2008)。

2) 窗的气密性

完善的密封措施是保证窗的气密性、水密性、隔声性和隔热性达到一定水平的关键。气密性是指外门窗在正常关闭状态时，阻止空气渗透的能力，是表征窗户节能的重要性能指标之一。由于窗户在框与扇、扇与扇、扇框与镶嵌材料之间都存在缝隙，如不加以密封，空气就会自由通过这些缝隙，造成能量损失。因此，提高窗户的气密性是降低门窗能耗的重要方法。《建筑外门窗气密、水密、抗风压性能分级及检测方法》(GB/T 7106—2008) 中，将外窗的气密性分为 8 个等级，具体数值见表 6-6。其中 8 级最佳，节能标准中规定外窗及敞开式阳台门应具有良好的密闭性能。严寒地区外窗及敞开式阳台门的气密性等级不应低于 6级；寒冷地区和夏热冬冷地区 1~6 层建筑的气密性等级不应低于 4 级，7 层及 7 层以上建筑的气密性等级不应低于 6 级；夏热冬暖地区 1~9 层外窗的气密性等级不应低于 4 级，10 层及 10 层以上建筑的气密性等级不应低于 6 级。

表 6-6　建筑外门窗气密性能分级

分级	1	2	3	4	5	6	7	8
单位缝长分级指标值 q_1 /[m³·(m·h)⁻¹]	4.0≥ q_1>3.5	3.5≥ q_1>3.0	3.0≥ q_1>2.5	2.5≥ q_1>2.0	2.0≥ q_1>1.5	1.5≥ q_1>1.0	1.0≥ q_1>0.5	q_1≤0.5
单位面积分级指标值 q_2 /[m³·(m²·h)⁻¹]	12≥ q_2>10.5	10.5≥ q_2>9.0	9.0≥ q_2>7.5	7.5≥ q_2>6.0	6.0≥ q_2>4.5	4.5≥ q_2>3.0	3.0≥ q_2>1.5	q_2≤1.5

注：单位开启缝长空气渗透量 q_1 是指门窗试件两侧空气压力差为 10 Pa 的条件下，每小时通过每米缝长的空气渗透量；单位面积空气渗透量 q_2 是指门窗试件两侧空气压力差为 10 Pa 的条件下，每小时通过每平方米面积的空气渗透量。

需要说明的是，上述指标仅反映窗户本身的气密性，但在建筑工程中，还存在窗框与窗墙之间的缝隙，也需加以密封，这样才能提高窗户的实际气密性。

表 6-7 列出了目前常用窗户的气密性等级。

表 6-7　窗户气密性等级

常用窗户类型		空气渗透量 q_1 /[m³·(m·h)⁻¹]	所属等级
实腹钢窗	标准型气密窗	1.7	5
	国标气密条密封窗	0.23	8
空腹钢窗	改进非气密型窗	3.5	1
	标准型气密窗	2.3	4
	国标气密条密封窗	0.56	7
推拉铝窗		2.5	3
平开铝窗		0.5	8
塑料窗		1.0	6

3）窗墙比

窗墙面积比是影响建筑能耗的重要因素,窗墙面积比的确定要综合考虑多方面的因素,其中最主要的是不同地区冬/夏季日照情况(日照时间长短、太阳总辐射强度、阳光入射角大小)、季风影响、室外空气温度、室内采光设计标准、通风要求等因素。一般普通窗户的保温性能比外墙差很多,而且窗的四周与墙相交之处也容易出现热桥,窗越大,温差传热量也越大。因此,从降低建筑能耗的角度出发。必须限制窗墙面积比。建筑节能设计中对窗的设计原则是在满足功能要求的基础上尽量减少窗户的面积。

(1)严寒及寒冷地区居住建筑的窗墙比。

严寒和寒冷地区的冬季比较长,建筑的采暖用能较大,对建筑窗墙面积比要有一定的限制。表 6-8 是严寒和寒冷地区居住建筑的窗墙面积比限值。北向取值较小,主要是考虑居室设在北向时的采光需要。从节能角度上看,在受冬季寒冷气流吹拂的北向及接近北向的主面墙应尽量减少窗户的面积。东、西向的取值,主要考虑夏季防晒和冬季防冷风渗透的影响。在严寒和寒冷地区,当外窗 K 值降低到一定程度时,冬季可以获得从南向外窗进入的太阳辐射热,有利于节能,因此南向窗墙面积比较大。由于目前住宅客厅的窗有越开越大的趋势,为减少窗的耗热量,保证节能效果,应降低窗的传热系数。

表 6-8　严寒和寒冷地区居住建筑的窗墙面积比限值

朝向	窗墙面积比	
	严寒地区	寒冷地区
北	≤0.25	≤0.30
东、西	≤0.30	≤0.35
南	≤0.45	≤0.50

一旦所设计的建筑超过规定的窗墙面积比时,则要求提高建筑围护结构的保温隔热性能,如选择保温性能好的窗框和玻璃以降低窗的传热系数,加厚外墙的保温层厚度以降低外墙的传热系数等,并应进行围护结构热工性能的权衡判断,检查建筑物耗热量指标是否能控制在规定范围内。

(2)夏热冬冷地区居住建筑窗墙比。

我国夏热冬冷地区气候夏季炎热、冬季湿冷。夏季室外空气温度大于 35 ℃ 的天数有 10～40 天,最高温度可达到 40 ℃ 以上;冬季气候寒冷,日平均温度小于 5 ℃ 的天数有 20～80 天,相对湿度大,而且日照率远低于北方。北方冬季日照率大多超过 60%,而夏热冬冷地区从地理位置上由东到西,冬季日照率逐渐减少,最高的东部也不超过 50%,西部只有 20% 左右。加之空气湿度高达 80% 以上,造成了该地区冬季基本气候特点是阴冷潮湿。

确定窗墙面积比,是依据这一地区不同朝向墙面冬/夏日照情况、季风影响、室外空气温度、室内采光设计标准及开窗面积与建筑能耗所占的比率等因素综合确定的。从这一地区建筑能耗分析看,窗造成的建筑能耗损失主要有两个原因,一是夏季空调、冬季采暖时室内外温差通过窗的温差传热所造成的热量损失的增加;二是窗因受太阳辐射影响而导致建筑室内空调采暖能耗的增加。从冬季来看,通过窗口进入室内的太阳辐射有利于建筑的节能,因此,减少窗的温差传热是建筑节能中减少窗口热损失的主要途径。而在夏季,由于这一地区因窗造成的建筑能耗中,太阳辐射是主要因素。夏季不同朝向墙面的太阳辐射温度日变化比冬季要复杂,不同朝向墙面的日辐射强度和峰值出现的时间是不同的,因此,在确定不同朝向的窗墙面积比时也应有差别。

据这一地区几个城市最近 10 年气象参数统计的分析结果,冬季南向垂直表面太阳辐射量最大,夏季南向垂直表面反而变小,东西向垂直表面最大。这也就是这一地区尤其注重夏季防止东、西向日晒和冬季尽可能争取南向日照的原因。表 6-9 为夏热冬冷地区不同朝向、不同窗墙面积比的外窗传热系数。

表 6-9　不同朝向、不同窗墙面积比的外窗传热系数

建筑	窗墙面积比	传热系数 K/ $[\mathrm{W} \cdot (\mathrm{m}^2 \cdot \mathrm{K})^{-1}]$	外窗综合遮阳系数 SC_w(东、西向/南向)
体形系数 ≤0.40	窗墙面积比≤0.20	4.7	—/—
	0.20<窗墙面积比≤0.30	4.0	—/—
	0.30<窗墙面积比≤0.40	3.2	夏季≤0.40/夏季≤0.45
	0.40<窗墙面积比≤0.45	2.8	夏季≤0.35/夏季≤0.40
	0.45<窗墙面积比≤0.60	2.5	东、西、南向设置外遮阳 夏季≤0.25/冬季≥0.60
体形系数 >0.40	窗墙面积比≤0.20	4.0	—/—
	0.20<窗墙面积比≤0.30	3.2	—/—
	0.30<窗墙面积比≤0.40	2.8	夏季≤0.40/夏季≤0.45
	0.40<窗墙面积比≤0.45	2.5	夏季≤0.35/夏季≤0.40
	0.45<窗墙面积比≤0.60	2.3	东、西、南向设置外遮阳 夏季≤0.25/冬季≥0.60

注:1. 表中的"东、西"代表从东或西偏北 30°(含 30°)至偏南 60°(含 60°)的范围,"南"代表从南偏东 30°至偏西 30°的范围。

2. 楼梯间、外走廊的窗不按本表规定执行。

夏热冬冷地区,无论是过渡季节还是冬、夏两季,人们普遍有通过开窗来加强房间通风的习惯,这有三方面的好处:一是自然通风改善了空气质量;二是冬季中午开窗,可以通过窗口直接获得太阳辐射;三是在夏季两个连晴高温期间的阴雨降温过程或降雨后连晴高温开始升温过程中,夜间气候凉爽宜人,房间通风能带走室内余热并蓄冷。因此,南向窗墙面积比一般控制在 0.35 以内。对于北向窗墙面积比,由于西部地区比东部地区(如上海、南京)和中部地区(如武汉等地)室外风速小,自然通风时,如果南北向窗墙比面积相差过大,不易于夏季穿堂风的形成。冬季北向季风对北向窗口造成的热损失不明显大于南窗,而窗口面积太小,容易造成室内采光不足,例如,西南地区全年阴雨天较多,冬季平均日照率不大于25%,所增加的室内照明用电能耗将超过节约的冷暖能耗。

(3)夏热冬暖地区居住建筑窗墙比。

夏热冬暖地区位于我国南部,在北纬 27°以南,东经 97°以东,包括海南全境、福建南部、

广东大部、广西大部、云南小部分地区以及香港、澳门和台湾。

该地区为亚热带湿润季风气候(湿热型气候),其特征为夏季漫长、冬季寒冷时间很短,甚至几乎没有冬季,长年气温高而且湿度大,太阳辐射强烈,雨量充沛。由于夏季时间长达半年左右,降水集中,炎热潮湿,因而该地区建筑必须充分满足隔热、通风、防雨、防潮的要求。为遮挡强烈的太阳辐射,宜设遮阳设施,并避免西晒。夏热冬暖地区又细化成北区和南区,北区冬季稍冷,窗户要具有一定的保温性能,南区则不必考虑。

该地区居住建筑的外窗面积不应过大,各朝向的单一朝向窗墙面积比,南、北向不应大于0.40,东、西向不应大于0.30。当设计建筑的外窗不符合上述规定时,其空调采暖年耗电量不应超过参照建筑的空调采暖年耗电量。

4)开扇的形式与节能

窗的几何形式与面积以及开启窗扇的形式对窗的保温节能性能有很大影响。在具有相近的开扇面积下,开扇缝较短,节能效果好。开扇形式的设计要点:

(1)在保证必要的换气次数前提下,尽量缩小开扇面积;

(2)选用周边长度与面积比小的窗扇形式,即越接近正方形越有利于节能;

(3)镶嵌的玻璃面积尽可能大。

5)窗的遮阳

大量的调查和测试表明,太阳辐射通过窗进入室内的热量是造成夏季室内过热的主要原因。日本、美国、欧洲以及中国香港等国家和地区,都把提高窗的热工性能和阳光控制作为夏季防热以及建筑节能的重点,窗外普遍安装有遮阳设施。

夏季,南方水平面太阳辐射强度可高达1 000 W/m^{2}以上,在这种强烈的太阳辐射条件下,阳光直射到室内,将严重地影响建筑室内热环境,增加建筑空调能耗。因此,减少窗的辐射传热是建筑节能中降低窗口得热的主要途径。应采取适当遮阳措施,防止直射阳光的不利影响。

在严寒地区,阳光充分进入室内,有利于降低冬季采暖能耗。这一地区采暖能耗在全年建筑总能耗中占主导地位,如果遮阳设施阻挡了冬季阳光进入室内,对自然能源的利用和节能是不利的。因此,遮阳设施一般不适用于北方严寒地区。在夏热冬冷地区,窗和透明幕墙的太阳辐射得热在夏季增大了空调负荷,冬季则减小了采暖负荷,应根据负荷分析确定采取何种形式的遮阳。一般而言,外卷帘或外百叶式的活动遮阳实际效果比较好。

6.3.3 屋面

1. 屋面的类型

(1)屋面按其保温层所在位置分类,主要有单一保温屋面、外保温屋面、内保温屋面和夹芯屋面四种类型,但目前绝大多数为外保温屋面。

(2)屋面按其保温层所用材料分类,主要有加气混凝土保温屋面,乳化沥青珍珠岩保温屋面,憎水型珍珠岩保温屋面,聚苯板保温屋面,水泥聚苯板保温屋面,岩棉、玻璃棉板保温屋面,浮石砂保温屋面,彩色钢板聚苯乙烯泡沫夹芯保温屋面,以及彩色钢板聚氨酯硬泡夹芯保温屋面等。

2. 屋面节能设计要点

(1)屋面保温层不宜选用堆密度较大、热导率较高的保温材料,以防止屋面质量、厚度过大。

（2）屋面保温层不宜选用吸水率较大的保温材料，以防止屋面湿作业时，保温层大量吸水，降低保温效果。如果选用了吸水率较高的保温材料，屋面上应设置排气孔以排除保温层内不易排出的水分。用加气混凝土块作为保温层的屋面，每 100 m² 左右应设置排气孔一个，如图 6-4 所示。

（3）在确定屋面保温层时，应根据建筑物的使用要求、屋面的结构形式、环境气候条件、防水处理方法和施工条件等因素，经技术经济比较后确定。

（4）设计标准对屋面传热系数限值的规定见相关的设计规范。

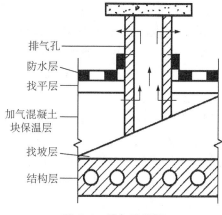

图 6-4　排气孔设置

（5）在设计规范中没有列入的屋面，设计人员可按有关书籍提供的方法计算该屋面的传热系数，并使之小于或等于规范中规定的限值，即为符合设计要求。

3. 几种节能屋面

1）倒置式保温屋面

所谓倒置式屋面就是将传统屋面构造中保温隔热层与防水层"颠倒"，将保温隔热层设在防水层上面，故有"倒置"之称，所以称"侧铺式"或"倒置式"屋面。由于倒置式屋面为外隔热保温形式，外隔热保温材料层的热阻作用对室外综合温度波首先进行了衰减，使其后产生在屋面其他材料上的内部温度分布低于传统保温隔热屋顶内部温度分布，屋面所蓄有的热量始终低于传统屋面保温隔热方式，向室内散热也小，因此，倒置式屋面是一种隔热保温效果更好的节能屋面构造形式。

倒置式屋面主要特点如下：

（1）可以有效延长防水层使用年限。倒置式屋面将保温层设在防水层之上，大大减弱了防水层受大气、温差及太阳光紫外线照射的影响，使防水层不易老化，因而能长期保持其柔软性、延伸性等性能，有效延长使用年限。据国外有关资料介绍，可延长防水层使用寿命 2～4 倍。

（2）保护防水层免受外界损伤。由于保温材料组成不同厚度的缓冲层，使卷材防水层在施工中不易受外界机械损伤，同时又能衰减各种外界对屋面冲击产生的噪声。

（3）如果将保温材料做成放坡（一般不小于 2%），雨水可以自然排走，因此进入屋面体系的水和水蒸气不会在防水层上冻结，也不会长久凝聚在屋面内部，而能通过多孔材料蒸发掉。同时也避免了传统屋面防水层下面水汽凝结、蒸发造成防水层鼓泡而被破坏的质量通病。

（4）施工方便，利于维修。倒置式屋面省去了传统屋面中的隔汽层及保温层上的找平层，施工简化，更加经济。即使出现个别地方渗漏，只要揭开几块保温板，就可以进行处理维修。

综上所述，倒置式屋面具有良好的防水、保温隔热功能，特别是对防水层起到保护、延缓衰老、延长使用年限的作用，同时还具有施工简便、速度快、耐久性好、可在冬期或雨期施工等优点，在国外被认为是一种可以克服传统做法缺陷而且比较完善与成功的屋面构造设计。

倒置式屋面的构造要求保温隔热层应采用吸水率低的材料，如聚苯乙烯泡沫板、沥青膨胀珍珠岩等。而且在保温隔热层上应用混凝土、水泥砂浆或干铺卵石做保护层,以免保温隔热材料受到破坏。保护层采用混凝土板或地砖等材料时,可用水泥砂浆铺砌;当采用卵石保护层时,在卵石与保温隔热材料层间应铺一层耐穿刺、耐久性强且防腐性能好的纤维织物。

2) 通风屋面

通风屋面是指在屋顶中设置通风间层,一方面利用通风间层的外层遮挡阳光,如设置带有封闭或通风的空气层遮阳板,拦截直接照射到屋顶的太阳辐射热,使屋顶变成两次传热,避免太阳辐射热直接作用在围护结构上;另一方面利用风压和热压的作用,尤其是自然通风,将遮阳板与空气接触的上、下两个表面所吸收的太阳辐射热转移到空气中随风带走,风速越大,带走的热量越多,隔热效果也越好,大大地提高了屋盖的隔热能力,从而减少室外热作用对内表面的影响。

通风隔热屋面一般有架空通风隔热屋面和顶棚通风隔热屋面两种做法。

(1) 架空通风隔热屋面:通风层设在防水层之上,其中以架空预制板或大阶砖最为常见。

(2) 顶棚通风隔热屋面:这种做法是利用顶棚与屋顶之间的空间作隔热层。

通风屋顶在我国夏热冬冷地区和夏热冬暖地区被广泛采用,尤其是在气候炎热多雨的夏季。这种屋面构造形式更显示出它的优越性。由于屋盖由实体结构变为带有封闭或通风的空气间层的结构,大大提高了屋盖的隔热能力。通过实验测试表明,通风屋面和实砌屋面相比,虽然二者的热阻相等,但它们的热工性能有很大的不同。以重庆市荣昌节能试验建筑为例,在自然通风条件下,实砌屋顶内表面温度平均值为 35.1 ℃,最高温度达 38.7 ℃,而通风屋顶为 33.3 ℃,最高温度为 36.4 ℃,在连续空调情况下,通风屋顶内表面温度比实砌屋面平均低 2.2 ℃。而且,通风屋面内表面温度波的最高值比实砌屋面要延后 3~4 h,显然通风屋顶具有隔热好、散热快的特点。

通风屋面的设计施工应考虑以下几个问题:

(1) 通风屋面的架空层设计应根据基层的承载能力,架空板便于生产和施工,构造形式要简单。

(2) 通风屋面和风道长度不宜大于 15 m,空气间层以 200 mm 左右为宜。

(3) 通风屋面基层上面应有保证节能标准的保温隔热基层,一般按冬季节能传热系数进行校核。

(4) 架空隔热板与山墙间应留出 250 mm 的距离。

3) 种植屋面

在我国夏热冬冷地区和华南等地,过去就有"蓄土种植"屋面的应用实例,通常称为种植屋面。目前在建筑中此种屋顶的应用更加广泛,利用屋顶植草栽花,甚至种灌木、堆假山、设喷水形成了"草场屋顶"或屋顶花园,是一种生态型的节能屋面。由于植被屋顶的隔热保温性能优良,已逐步在广东、广西、四川、湖南等地被人们广泛应用。

植被屋顶分覆土种植和无土种植两种:①覆土种植,是在钢筋混凝土屋顶上覆盖种植土壤 100~150 mm 厚,种植植被隔热性能比架空其通风间层的屋顶还好,内表面温度大大降低。②无土种植,具有自重轻、屋面温差小、有利于防水防渗的特点,它是采用水渣、蛭石或者是木屑代替土壤,重量减轻了而隔热性能反而有所提高,且对屋面构造没有特殊的要求,只是在檐口和走道板处须防止蛭石或木屑在雨水外溢时被冲走。

据实践经验,植被屋顶的隔热性能与植被覆盖密度、培植基质(蛭石或木屑)的厚度和基层的构造等因素有关。植被屋顶还可种植红薯、蔬菜或其他农作物,但培植基质较厚,所需水肥较多,需经常管理。草被屋面则不同,由于草的生长力和耐气候变化性强,可粗放管理,基本可依赖自然条件生长。草被品种可就地选用,亦可采用碧绿色的天鹅绒草和其他具有观赏性的花木。对四川、湖南及两广地区而言,种植屋面是一种最佳的隔热保温措施,它不仅绿化改善了环境,还能吸收遮挡太阳辐射进入室内,同时还吸收太阳热量用于植物的光合作用、蒸腾作用和呼吸作用,改善了建筑热环境和空气质量,辐射热能转化成植物的生物能和空气的有益成分,实现太阳辐射资源性的转化。通常种植屋面的钢筋混凝土屋面板温度控制在月平均温度左右,具有良好的夏季隔热、冬季保温特性和良好的热稳定性。

在进行种植屋面设计时应注意以下几个主要问题:

(1) 种植屋面一般由结构层、找平层、防水层、蓄水层、滤水层、种植层等构造层组成。

(2) 种植屋面应采用整体浇筑或预制装配的钢筋混凝土屋面板作结构层,其质量应符合国家现行各相关规范的要求。结构层的外加荷载设计值(除结构层自重以外)应根据其上部具体构造层及活荷载计算确定。

(3) 防水层应采用设置涂膜防水层和配筋细石混凝土刚性防水层两道防线的复合防水设防的做法,以确保其防水质量。

(4) 在结构层上做找平层,找平层宜采用 1∶3(质量比)水泥砂浆,其厚度根据屋面基层种类(按照屋面工程技术规范)规定为 15～30 mm,找平层应坚实平整。找平层宜留设分格缝,缝宽为 20 mm,并嵌填密封材料,分格缝最大间距为 6 m。

(5) 栽培植物宜选择长日照的浅根植物,如各种花草,一般不宜种植根深的植物。

(6) 种植屋面坡度不宜大于 3%,以免种植介质流失。

(7) 四周挡墙下的泄水孔不得堵塞,应能保证排水。

6.3.4　地面

1. 地面的分类

地面按其是否直接接触土壤分为两类:

(1) 不直接接触土壤的地面,又称地板,地板又分为接触室外空气的地板、不供暖地下室上部的地板以及底部架空的地板等。

(2) 直接接触土壤的地面。

2. 地面的保温要求

(1) 节能标准对地面的保温应满足相关规范要求。对于接触室外空气的地板(如骑楼、过街楼的地板),以及不供暖地下室上部的地板等,应采取保温措施,使地板的传热系数小于或等于规范中的规定值。

(2) 对于直接接触土壤的非周边地面,一般不需作保温处理,其传热系数即可满足规范的要求;对于直接接触土壤的周边地面(即从外墙内侧算起 2.0 m 范围内的地面),应采取保温措施,使地面的传热系数不大于 0.30 W/(m² · K)。

3. 地面的热工性能指标

(1) 在楼面、地面节能设计中,几种楼面、地面保温层热导率的计算取值见表 6-10。

表 6-10　保温层热导率计算取值

序号	构造形式	保温层		热导率计算取值/ $[W \cdot (m^2 \cdot K)^{-1}]$
		名称	堆密度/ $(kg \cdot m^{-3})$	
1	不供暖地下室顶板作为首层地面	聚苯板	20	0.052
2	楼板下方为室外气温情况的楼面(地面) (外保温状况)	聚苯板	20	0.055
3	楼板下方为室外气温情况的楼面(地面) (保温层置于混凝土面层之下的状况)	聚苯板	20	0.052 (聚苯板有效厚度取选 用厚度的90%)

(2) 几种不供暖地下室顶板作为首层地面的热工指标见表 6-11。

表 6-11　不供暖地下室顶板作为首层地面的热工指标

类型	部位情况	构造做法	热惰性 指标 D	传热系数 K_0/ $[W \cdot (m^2 \cdot K)^{-1}]$
不供暖地 下室上面 的地面 (楼板)	地下室外墙有窗户	单位: mm　—细石混凝土 —混凝土圆孔板 —聚苯板	2.82	1.09
	地下室外墙上无窗、楼板 位于室外地坪以上	同地下室外墙有窗户构造,聚苯 板厚度 35 mm	2.78	1.20
	地下室外墙上无窗、楼板 位于室外地坪以下	同地下室外墙有窗户构造,聚苯 板厚度 30 mm	2.75	1.37

(3) 几种楼板下方为室外气温情况的楼面热工指标见表 6-12。

表 6-12　楼板下方为室外气温情况的楼面热工指标

类型	构造做法	热惰性 指标 D	传热系数 K_0/ $[W \cdot (m^2 \cdot K)^{-1}]$
下方为室外 气温情况的 地面(楼板)	单位: mm　聚苯板表面刷 EC浸渍剂一道, 敷设玻纤厚布 一层,抹3mmEC 聚合物砂浆 —细石混凝土 —混凝土圆孔板 —聚苯板	2.85	0.81

（续表）

类型	构造做法	热惰性指标 D	传热系数 $K_0/$ $[W \cdot (m^2 \cdot K)^{-1}]$
下方为室外气温情况的地面（楼板）	 单位: mm　细石混凝土 　　　　　聚苯板 　　　　　混凝土圆孔板	2.85	0.84

6.3.5　楼梯间内墙和构造缝

1. 楼梯间内墙保温节能措施

楼梯间内墙泛指住宅中楼梯间与住户单元间的隔墙，同时一些宿舍楼内的走道墙也包含在内。在一般设计中，楼梯间、走道间不采暖，所以，此处的隔墙即成为由住户单元内向楼梯间传热的散热面，这些部分应做好保温节能措施。我国节能标准中规定：采暖居住建筑的楼梯间和外廊应设置门窗；在采暖期室外平均温度为 $-6.0 \sim -0.1 \, ℃$ 的地区，楼梯间不采暖时，楼梯间隔墙和户门应采取保温措施；在 $-6.0 \, ℃$ 以下地区，楼梯间应采暖，入口处应设置门斗等避风设施。

计算表明，一栋多层住宅，楼梯间采暖比不采暖，耗热要减少 5% 左右；楼梯间开敞比设置门窗，其耗热量要增加 10% 左右。所以有条件的建筑应在楼梯间内设置采暖装置并做好门窗的保温措施。

根据住宅选用的结构形式，承重砌筑结构体系的楼梯间内墙厚多为 240 mm 砖结构或 200 mm 承重混凝土砌块。这类形式的楼梯间内的保温层常置于楼梯间一侧，保温材料多选用保温砂浆类产品，保温层厚度在 $30 \sim 50$ mm 时，才能满足二步节能标准中对楼梯间内墙的要求。因保温层多为松散材料组成，施工时所要注意的是其外部保护层的处理，以防止搬动大件物品时磕碰损伤楼梯间内墙的保温层。

钢筋混凝土框架结构建筑，楼梯间常与电梯间相邻，这些部分通常为钢筋混凝土剪力墙结构，其他部分多为非承重填充墙结构，这时要提高保温层的保温能力，以达到节能标准的要求。

2. 构造缝部位节能措施

建筑中的构造缝常见的有沉降缝和抗震缝等，虽然所处部位的墙体不会直接面向室外寒冷空气，但这部位的墙体散热量相对也是很大的，必须对其进行保温处理。此处保温层置于室内一侧，做法上与楼梯间内墙的保温层相同。

6.3.6　建筑节能示例及计算

例 1　某工程外墙采用内保温形式，从内到外，材料层为 50 mm 胶粉聚苯颗粒保温浆料＋200 mm 钢筋混凝土＋20 mm 水泥砂浆,试计算该墙体的传热系数与传热阻[所用材料导热系数:胶粉聚苯颗粒保温浆料 0.060 W/(m・K),钢筋混凝土 1.74 W/(m・K),水泥砂浆取 0.93 W/(m・K),内表面换热阻取 0.11 m²・K/W,外表面换热阻取 0.04 m²・K/W]。

【解】 根据式(6-9)—式(6-12),则

$$传热系数:K = \frac{1}{R_0} = \frac{1}{R_i + R + R} = \frac{1}{0.11 + \frac{0.05}{0.06} + \frac{0.2}{1.74} + \frac{0.02}{0.93} + 0.04}$$

$$= \frac{1}{1.12} = 0.89 \ W/(m^2 \cdot K)$$

$$热阻: \quad R = \frac{1}{K} = \frac{1}{0.89} = 1.12 \ m^2 \cdot K/W$$

计算可得:传热系数为 0.89 W/(m²・K),传热阻为 1.12 m²・K/W。

例 2 某砌块导热系数为 0.22 W/(m・K),若要求其传热系数达到 0.75 W/(m²・K),砌块厚度至少应为多大?(内表面换热阻取 0.11 m²・K/W,外表面换热阻取 0.04 m²・K/W,不考虑其他构造层)。

【解】 根据式(6-9)、式(6-11)和式(6-12),则

$$K = \frac{1}{R_0} = \frac{1}{R_i + R + R_e} = \frac{1}{0.11 + R + 0.04} = 0.75 \ W/(m^2 \cdot K)$$

得

$$R = 1.18 \ m^2 \cdot K/W$$

由于 $R = \dfrac{\delta}{\lambda}$,得

$$\delta = 1.18 \times 0.22 = 0.26 \ m = 260 \ mm$$

计算可得,砌块厚度至少应为 260 mm。

例 3 某严寒地区有三栋六层 18 m 高建筑(图 6-5),每层建筑面积同为 600 m²,无架空层,试计算不同平面形状建筑的体形系数,比较不同建筑节能次序,并判断是否满足标准中对体形系数限值的要求。

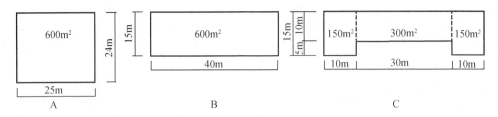

图 6-5 不同平面形状的建筑物

【解】 体形系数＝建筑物与室外大气接触的外表面积/其所包围的体积,计算结果见表 6-13。

节能次序:A＞B＞C,《严寒和寒冷地区居住建筑节能设计标准规范》(JGJ 26—2018)中,严寒地区建筑层数≥4 层,体形系数不应大于 0.30,本题中三栋建筑均满足要求。

表 6-13　体形系数计算结果

户型	外围护面积 F_0/m²	体积 V_0/m³	体形系数 $S=F_0/V_0$
A	98×18+600＝2 364	25×24×18＝10 800	2 364/10 800＝0.22
B	110×18+600＝2 580	40×15×18＝10 800	2 580/10 800＝0.24
C	140×18+600＝3 120	(30×10+10×15×2)×18＝10 800	3 120/10 800＝0.29

例 4　杭州某办公建筑按节能分类为乙类建筑,建筑南面为(4 m,8 开间)32 m,层高 3 m,四层,每层设窗(3 m 宽×1.5 m 高)各 8 个,求此建筑南面的平均窗墙比。

【解】　窗墙比＝窗户洞口面积/房间立面单元面积,则

$$X=\frac{\sum A_{\mathrm{c}}}{\sum A_{\mathrm{w}}}=\frac{(3\times1.5)\text{洞口面积}\times8\text{扇}\times4\text{层}}{32\times12(\text{南向立面总面积})}=\frac{144}{384}=0.375$$

计算可得,此建筑南面的平均窗墙比为 0.375。

例 5　试求天津地区一住宅建筑耗热量指标,并验证其是否满足天津市居住建筑 75%节能设计技术指标。已知该住宅为钢筋混凝土框架结构,2 个单元 6 层,层高 2.8 m,南北向,外窗均为单框双玻铝合金窗;外窗及分隔封闭阳台的内、外侧窗综合遮阳系数 0.70;楼梯间不采暖;天津地区采暖期为 $Z=119$ d,采暖期室外平均温度 $t_{\mathrm{e}}=-1.2$ ℃,建筑面积 $A_0=2$ 498.25 m²;建筑体积 $V_0=6$ 854.39 m³;外表面积 $F_0=2$ 048.08 m²;体形系数 $S=0.30$。建筑立面及平面如图 6-6 和图 6-7 所示,各部分围护结构构造做法与传热面积见表 6-14。天津市居住建筑 75%节能设计技术指标 4~8 层的建筑物耗热量指标为 11.2 W/m²。

图 6-6　建筑立面

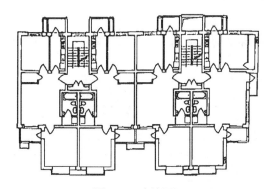

图 6-7　建筑平面

表 6-14　各部分围护结构构造做法与传热面积

名称		构造做法	传热系数 K_i/[W·(m²·K)⁻¹]	传热面积 F_i/m²
屋顶	平	10 mm 地砖;40 mm 刚性防水层;20 mm 水泥砂浆找平层;平均 70 mm 厚水泥焦渣找坡;60 mm 挤塑型聚苯板;120 mm 现浇钢筋混凝土楼板;20 mm 石灰砂浆内抹灰	平顶 $K=0.25$,坡顶 $K=0.23$,平均传热系数 0.24	平顶面积 74.2,坡顶面积 355.8,总面积 430

（续表）

名称		构造做法	传热系数 K_i /$[\mathrm{W \cdot (m^2 \cdot K)^{-1}}]$	传热面积 $F_i/\mathrm{m^2}$
屋顶	坡	20 mm 陶瓦;20 mm 防水层;20 mm 水泥砂浆找平层; 70 mm 挤塑型聚苯板保温层;120 mm 现浇钢筋混凝土楼板;20 mm 石灰砂浆内抹灰		
外墙	1	20 mm 水泥抹面;50 mm 挤塑型聚苯板; 190 mm 炉渣空心动块;20 mm 石灰砂浆内抹灰	平均传热系数 0.40	南 160.9(130.9), 东西 449.5(58.2), 北 245.8(101.8)
	2	20 mm 水泥抹面;50 mm 挤塑型聚苯板; 200 mm 钢筋混凝土;20 mm 石灰砂浆内抹灰		
楼梯间隔墙	1	20 mm 石灰砂浆抹灰;20 mm 挤塑型聚苯板; 190 mm 炉渣空心砌块;20 mm 石灰砂浆抹灰	平均传热系数 1.10	561.1
	2	20 mm 石灰砂浆抹灰;20 mm 挤塑型聚苯板; 200 mm 钢筋混凝土;20 mm 石灰砂浆抹灰		
窗户(包括阳台处落地玻璃门)		中空玻璃隔热断桥铝合金窗	1.8	南 123.3(121.0), 东西 24.5(51.8), 北 81.2(42.2)
户门		三防保温门	1.2	50.4

注:传热面积一项中括号部分为有阳台处的面积。

【解】

① 天津地区相关计算参数。

a. 室内外计算温度:$t_n=18\ ℃$;$t_e=-0.2\ ℃$;$t_n-t_e=18.2\ ℃$。

b. 其他相关参数见表 6-15。

表 6-15 相关参数

项 目	位 置				
	屋顶	南向	北向	东向	西向
窗(门)外表面采暖期平均太阳辐射热 $I_{tyi}/(\mathrm{W \cdot m^{-2}})$	99	106	34	56	57
非透明围护结构传热系数修正值 ε	0.98	0.85	0.95	0.92	0.92
阳台温差修正系数 ζ	—	0.35	0.47	0.43	0.43

c. 窗(门)的太阳辐射修正系数 C_{mci}:

$$C_{mci}=0.87 \times 0.70 \times SC=0.87 \times 0.70 \times 0.70=0.43$$

d. 分隔封闭阳台和室内的窗(门)的太阳辐射修正系数 C'_{mci}:

$$C'_{mci}=(0.87 \times SC_W) \times (0.87 \times 0.70 \times SC_N)=(0.87 \times 0.70) \times (0.87 \times 0.70 \times 0.70)=0.26$$

② 折合到单位建筑面积通过各围护结构传热量（W/m^2）。

a. 外墙：

$$q_{\text{Hq}} = \frac{\sum q_{\text{Hq}i}}{A_0} = \frac{\sum \varepsilon_{\text{q}i} K_{\text{mq}i} F_{\text{q}i}(t_{\text{n}} - t_{\text{e}})}{A_0}$$

$$= \frac{(0.85 \times 291.8 + 0.92 \times 507.7 + 0.95 \times 347.6) \times 0.40 \times 18.2}{2\,498.25} = 3.05$$

b. 屋面：

$$q_{\text{Hw}} = \frac{\sum q_{\text{Hw}i}}{A_0} = \frac{\sum \varepsilon_{\text{w}i} K_{\text{w}i} F_{\text{w}i}(t_{\text{n}} - t_{\text{e}})}{A_0} = \frac{0.98 \times 409.69 \times 0.24 \times 18.2}{2\,498.25} = 0.70$$

c. 地面：

$$q_{\text{Hd}} = \frac{\sum q_{\text{Hd}i}}{A_0} = \frac{\sum K_{\text{d}i} F_{\text{d}i}(t_{\text{n}} - t_{\text{e}})}{A_0} = \frac{(0.34 \times 151.32 + 0.10 \times 190.94) \times 18.2}{2\,498.25} = 0.51$$

d. 外窗

传热部分：

$$q_{\text{Hmc1}} = \frac{\sum q_{\text{Hmc}i1}}{A_0} = \frac{\sum K_{\text{mc}i} F_{\text{mc}i}(t_{\text{n}} - t_{\text{e}})}{A_0} = \frac{(121 + 24.5 + 81.2) \times 1.8 \times 18.2}{2\,498.25} = 2.98$$

太阳辐射得热部分：

$$q_{\text{Hmc2}} = \frac{\sum q_{\text{Hmc}i2}}{A_0} = \frac{\sum I_{\text{ty}i} C_{\text{mc}i} F_{\text{mc}i}}{A_0} = \frac{(106 \times 121 + 56 \times 24.5 + 34 \times 81.2) \times 0.43}{2\,498.25} = 2.92$$

合计：

$$q_{\text{Hmc}} = q_{\text{Hmc1}} - q_{\text{Hmc2}} = 2.98 - 2.92 = 0.06$$

e. 阳台窗：

传热部分：

$$q_{\text{Hy1}} = \frac{\sum q_{\text{Hy}i1}}{A_0} = \frac{\sum K_{\text{qmc}i} F_{\text{qmc}i} \xi_i (t_{\text{n}} - t_{\text{e}})}{A_0}$$

$$= \frac{(0.35 \times 123.3 + 0.43 \times 51.8 + 0.47 \times 42.2) \times 1.8 \times 18.2}{2\,498.25} = 1.12$$

太阳辐射得热部分：

$$q_{\text{Hy2}} = \frac{\sum q_{\text{Hy}i2}}{A_0} = \frac{\sum I_{\text{ty}i} C'_{\text{mc}i} F_{\text{mc}i}}{A_0} = \frac{(106 \times 123.3 + 56 \times 51.8 + 34 \times 42.2) \times 0.26}{2\,498.25} = 1.81$$

合计：

$$q_{Hy} = q_{Hy1} - q_{Hy2} = 1.12 - 1.81 = -0.69$$

f. 围护结构总传热量（W/m²）：

$$q_{HT} = q_{Hq} + q_{Hw} + q_{Hd} + q_{Hmc} + q_{Hy} = 3.05 + 0.70 + 0.51 + 0.06 - 0.69 = 3.63$$

折合到单位建筑面积空气渗透耗热量指标（W/m²）：

$$q_{INF} = (t_n - t_e)(c_p \rho NV)/A_0 = 13\ 490.55/2\ 498.25 = 5.40$$

（2）建筑物耗热量指标（W/m²）：

$$q_H = q_{HT} + q_{INF} - q_{IH} = 3.63 + 5.40 - 3.80 = 5.23$$

结论：该6层建筑的建筑物耗热量指标为5.23 W/m²，低于11.2 W/m²，满足天津市75%节能限制标准的要求。

6.4 其他节能技术与设计

6.4.1 建筑规划节能与设计

基地的选择需考虑其方位、风速、风向、地表结构、植被、土壤、水体等因素的综合影响。当然，在城市中扮演重要角色的办公建筑在基地选择时，要服从整个城市规划的宏观控制。这就有可能使建筑基地周围环境不太理想，但是为了减少建筑在建造和使用过程中的资源消耗，仍需计算资源利用的程度和对现有自然系统干扰的程度。好的规划设计应尽量减小对现有自然系统的干扰。

1. 建筑选址

1）争取日照

在住宅的建筑设计中，对于居住内部空间而言，争取日照包括争取更长的日照时数、更多的日照量和更好的日照质量三个方面。应从以下几方面争取日照：

（1）基地应选择在向阳的地段上，为争取日照提供先决条件。

（2）最佳建筑朝向范围的选择。"坐北朝南"是我国北方民居的建筑朝向定式，对于严寒和寒冷区住宅朝向，应以南北向为主，这样可使每户均有主要房间朝南，对争取日照有利。各地城市最佳建筑朝向范围不同，因此合理选择建筑朝向对争取更多的太阳辐射量是有利的。

（3）选择满足要求的日照间距。住宅建筑高密度的开发和建造容易造成楼栋之间因间距不足而形成日照遮挡，为此各地区均有针对本地区所处地理纬度、日照卫生标准及城市环境条件而确定的日照间距标准。

（4）合理布局住宅楼群。住宅楼群中各住宅的形状、布置走向都将产生不同的阴影区，地理纬度越高，建筑物背向阴影区的范围也越大。因此，在规划布局时，应注意从一些不同的布局处理中争取良好日照。

2）避风建宅

冷空气对建筑物围护体系的风压和冷风渗透均会对建筑物冬季防寒保温带来不利的影响，尤其在严寒和寒冷地区。住宅建筑应该选择避风基址建造，采用错列式布局避免"风影效应"，以建筑物围护体系不同部位的风压分析图作为进行围护体系的建筑保温、建筑节能设计、开设各类门窗洞口和通风口的设计依据。主要避风手段有：

（1）利用建筑物。通过适当布置建筑物，降低冷天风速，可减少建筑物和场地外表面的热损失，节约热能。建筑物紧凑布局，使建筑间距与建筑高度之比在1∶2的范围内，可以充分发挥风影效果，使后排建筑避开寒风侵袭；利用建筑组合将较高层建筑背向冬季寒流风向，减少寒风对中、低层建筑和庭院的影响。

（2）设置风障。设置防风墙、板以及防风林带之类的挡风设施。防风墙的高度、密度与距离均影响其挡风效果。

（3）避开不利风向。应封闭西北向，合理选择封闭或半封闭周边式布局的开口方向和位置，使得建筑群的组合避风节能。

（4）避免局部疾风。当低层与高层建筑共同布局时，在冬季，季风的入侵会形成比较大的湍流，称为风旋，使风速加大，进而增大风压，造成热能损失加大；风洞和风槽也有同样的特点。

2. 建筑朝向

朝向对能耗的影响也是较大的，正东向或正西向的房屋同正南向的房屋相比，全年综合耗电量大约增加20%。在住宅设计中，坐北朝南似乎已成为一种定律，户户朝南也是房产商的售房招牌口号，但这种做法不一定与当地的太阳入射角和主导风向存在因果关系，理想的日照方向有时恰恰是最不利的通风方向。朝向选择需要考虑的因素有：

（1）冬季能有适量并具有一定质量的阳光射入室内，炎热季节尽量减少太阳直射室内和外墙面。

（2）夏季有良好的通风，冬季避免冷风吹袭。

由于冬夏季太阳入射角的差别和朝夕日照阴影的变化，我们应利用合理的朝向，使建筑在夏季尽量避开南向烈日的炙烤，而冬季争取尽可能多的温暖阳光，使建筑获得冬暖夏凉的宜人室内环境。

3. 建筑间距

1）间距与日照

阳光对于人除了有卫生学上的意义外，对人的精神和心理也具有一定影响。它不但是个热源，还可以提高室内的光照水平。保证住宅室内一定的日照量，从而决定住宅建筑的最小间距，并结合其他条件来综合考虑住宅群的布置。住宅组群中房屋间距的确定首先应以能满足日照间距的要求为前提，当日照间距确定后，再复核其他因素对间距的要求。太阳直射强度也是确定日照间距时必须考虑的。经测定，正午的太阳辐射强度比日出或日落时的辐射强度约大6倍。因此，确定日照间距的日照时间一般取正午（一天中太阳高度角最大时）前后。

2）间距与通风

间距对风向和漩涡风的产生及正负风压值的大小有着直接的影响。建筑物越长、越高、进深越小,其背风面产生的涡流区越大,流场越紊乱,对减少风速、风压有利。建筑的迎风面产生正压,侧面产生负压,背面产生涡流,有气压差存在就会产生空气流动,根据地区的主导风向设计合理的间距,为建筑组织良好的自然通风提供了可行性。

4. 建筑节能设计

1) 通风设计

(1) 自然通风。

过去由于对能源问题缺乏足够的重视,建筑师在塑造舒适稳定的室内环境时,往往把变化不定的室外环境因素排除在外,而基本依赖于空调系统,窗户的开启都是多余的,新鲜空气的进入与室内空气的排除只有依靠复杂的管道系统,风机耗能在整个办公建筑的能耗中占据了很大的比重。事实上,如果设计师通过与自然界充分的合作而不是对立,在过渡季节主要依靠自然通风满足室内环境的需求,不但可以节省大量的空调能耗,还能塑造一种较之以往更加健康的室内环境。

(2) 通风组织。

自然通风不仅可以降低室内温度,减少热负荷,节约能源,还可带走室内的异味及有毒气体,提高室内的空气质量,保障人们的健康。在总平面设计中,应选择合适的朝向及排列方式,使房屋迎向夏季主导风从低到高依次布置。确定合理的建筑间距,避免前排房对后排房屋的遮挡,建筑间距越大,后排房屋受到的风压也越强,自然通风效果越好。但为了节约用地,房屋间距不可能很大。一般在满足日照的要求下,就能满足通风的要求。风的入射角对通风的效果影响很大,房屋与风向入射角保持30°～60°时通风效果最好。

(3) 风向调节。

① 在建筑中布置角度偏向夏季主导风的实体片墙以引导自然风,是减少对空调依赖性行之有效的措施。在适当部位设置立转窗甚至可多向调节的窗户也能起到这种效果,避免了推拉窗无法导风的遗憾。

② 竖向拔风空间的设置对室内通风的改善效果可达60%以上。在夏季酷热期可将地下室的凉风抽到地上楼层用于降温;为加强热压对通风的促进作用,可在竖向空间顶端设蓄热墙来吸收热能,利用热空气上升产生对流来解决通风和排除室内浊气,又可兼作冬季采暖;通过调整竖向上部窗口开启面积的大小来控制自然通风量;另外,将利用风力的简单机械装置安装在屋顶,可加强竖向空间的拔风作用。

2) 平面设计

住宅平面设计的合理性很大程度上能够节约能耗。在住宅平面设计中,夏季穿堂风和全明房是建筑物节能的关键因素,但实际中能达到这一要求的并不多。住宅房间进深对穿堂风的形成和效果有决定性的影响,一般房间进深不应大于15 m。将电梯和楼梯间、卫生间等服务性空间布置在建筑外层或西侧,可以有效地减少太阳对内部空间的热辐射。阳光间(开敞式室内空间)是住宅降低能耗的一个有益补充,与之相连的房间不仅可以减少大量的热量损失,同时可以减少制冷能耗。阳光间也是北方日照充足地区利用太阳能的主要手段之一。根据需要亦可将开敞式空间设计成室内花园,进一步改善室内小气候。平面突出部位和实体片墙的合理设置,应对引导自然通风和遮阳有十分明显的效果。

3）立面设计

根据当地的气候情况改变墙体的角度,可提高住宅对气候的适应性和对自然资源最大限度的利用。例如,内倾斜南墙面或层层退台以获得更大的阳光照射面,外倾斜南墙面或层层出挑产生更大的遮阳面;北向墙面结合屋顶作适度的内倾斜,可将冬季寒风导向天空,减少冬季北风对建筑的风压,以此降低围护结构的热渗漏,并可创造优美的住宅外观形象。西墙绿化和遮阳架有助于降温隔热,并注意植物与墙体之间的距离,如在墙面和植物之间设置通风构架,从而加强西墙的散热性能,避免直接种植所带来的弊端。

4）建筑体型设计

体形系数对能耗的影响还是比较大的。体形系数每增加 10%,全年综合性指标同比增加 5%～10%;所以从影响住宅建筑物体型系数的角度来探讨与建筑节能的关系是非常必要的。只要建筑物的总体积和长宽比一定,那么该建筑物就能得出一个最佳节能设计尺寸。选好长宽比的前提是该建筑物的朝向必须先确定下来,因为朝向与建筑物的日辐射得热量有关。对于正南朝向而言,一般是长宽比越大得热量就越多。当偏角达到 67°左右时,各种长宽比的建筑物得热量基本趋于一致,而当偏角为 90°时,长宽比越大得热量越少。长、宽、高比例较为适宜时,在冬季得热量较多,而在夏季得热量较少。

6.4.2　供热系统节能

供热系统由热源、供热管网和建筑物供暖系统三部分构成,其能源消耗主要有燃料转换效率、输送过程损失和建筑散热构成。随着建筑节能的不断发展,对供热系统各环节的节能研究更加深入,节能措施也更加有效。各种供热方式造成能量损失的环节如图 6-8 所示。

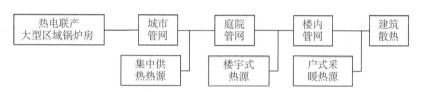

图 6-8　各种供热方式能量损失过程

供热系统的节能除热源采取各项有效措施外,在供热管网的水力平衡、管道保温、减少漏水、合理调节和控制循环水泵的耗电输热比等方面采取相应措施;对室内供暖系统从供暖方式、系统形式、散热设备、分户计量和分室控温等方面采取节能措施。

供暖的目的就是为了提高冬季室内的舒适性,同时保证供暖的安全性,但这种舒适安全的供暖不能以无谓的能源浪费为依托。一个舒适、节能、安全的供暖系统才是合理的、正确的、高效运行的系统。要达到舒适节能的效果,必须从建筑物的围护结构和供暖系统的各个环节着手。只单纯从围护结构节能或只单纯从供暖系统节能都是不可行的,实际上,围护结构节能只是为建筑节能创造了条件,而供暖系统节能才是落实节能的关键。

6.4.3　空调系统节能

空气调节是将经过各种空气处理设备(空调设备)处理后的空气送入要求空调的建筑物内,并达到室内所要求的空气参数,即温度、湿度、气流速度和洁净度等。根据不同的建筑特征和工艺要求,采用不同的空调方式(包括空气处理设备和空调系统)。为此,需要消耗的能量很大,据美国对公共建筑和居住建筑能耗的统计,有 1/4 的建筑能耗用于空调,可见空调节能十分重要。

近年来,我国大城市都在兴建现代化办公楼、综合性服务建筑群(包括商场和娱乐设施)以及住宅小区,这些建筑中大多需要设置空调,因此,空调节能在我国也是一个迫切需要解决的问题。空调系统很多,概括起来可分为集中式空调系统和分散式空调系统两大类,目前,我国应用最多的空调方式为集中式定风量全空气系统和新风加风机盘管机组系统两种。

空调节能是一个综合性的研究课题,当前的研究方向主要在下列几方面:

(1) 随着电机、润滑、化工、材料等学科的技术引进和技术创新,制冷技术也将获得长足的发展。压缩机效率将进一步提高,空调制冷系统的能效比随之增加。

(2) 变频技术的应用,高效的直流变频压缩机结合先进的控制技术,极大降低了空调产品起动时强电流的冲击。

(3) 先进的软件设计,总体内部流量的精确控制与自动优化,使整个系统中压缩机、换热器以及电子控制元器件等达到最为准确合理的配置和运作,产品节能性将出现明显的进步。模糊控制 FLC 技术在中央空调中也将得到广泛的运用。在控制目标方面,从早期的温度控制发展到以 PMV 作为控制基准。

(4) 耐腐蚀、耐高温、传热效率高、传热面积大、加工工艺性好的高效亲水铝箔与高效传热铜管及材料的研究与运用也将对中央空调产品的使用性能产生较大的推进作用。

(5) 由于中央空调广泛采用的 CFC 与 HCFC 类制冷剂对臭氧层的破坏和大气温室效应的产生有消极作用,应使得绿色制冷剂的研究和开发成为今后几年世界空调制冷行业的热点问题。

(6) 空调设备低能耗、高效率研究,如能量回收设备、空气处理设备节能以及综合利用等。

(7) 空调方式综合措施研究,例如,高大容量采用分层空调,比全室空调可节能 30%～50%;采用下送风方式、高速诱导方式、多级喷口送风方式等,均可达到节能效果。

(8) 空调系统运行的节能,例如,多台机组根据空调部分负荷时调节台数提高运行效率,春秋季多利用室外空气以节约能源,利用自动控制进行多工况控制,减少冷热消耗等均可达到节能目的。

空调节能离不开建筑物的综合节能措施,如果能降低建筑物照明和内部设备的散热,增强建筑本身隔热保温性能,不仅自身得益,而且也相应减少了空气处理的能耗。我国已提出节能节电的要求。因此,空调节能不仅是技术措施,也是与国民经济方针政策密切相关的综合性问题。

6.4.4 热泵系统节能

热泵是一种利用高位能使热量从低位热源流向高位热源的节能装置。顾名思义,热泵也就是像泵那样,可以把不能直接利用的低位热能(如空气、土壤、水中所含的热能、太阳能、工业废热等)转换为可以利用的高位热能,从而达到节约部分高位能(如煤、燃气、石油、电能等)的目的。

由此可见,热泵的定义涵盖了以下优点:

(1) 热泵虽然需要消耗一定量的高位能,但所供给用户的热量却是消耗的高位热能与吸取的低位热能的总和。也就是说,应用热泵,用户获得的热量永远大于所消耗的高位能。因此,热泵是一种节能装置。

(2) 理想的热泵可设想为节能装置(或称节能机械),由动力机和工作机组成热泵机组。利用高位能来推动动力机(如汽轮机、燃气机、燃油机、电动机等),然后再由动力机来驱动工作机(如制冷机、喷射器)运转,工作机像泵一样,把低位的热能输送至高位,以向用户供暖。

(3) 热泵既遵循热力学第一定律,在热量传递与转换的工程中遵循守恒的数量关系;又遵循热力学第二定律,热量不可自发地、不付出代价地、自动地从低温物体转移至高温物体。在热泵的定义中明确指出,热泵是靠高位能拖动,迫使热量由低温物体传递给高温物体的。

热泵的种类很多,分类方法各不相同,可按热源种类、热驱动方式、用途、工作原理、工艺类型等来分类。

(1) 按工作原理分为蒸汽压缩式热泵、气体压缩式热泵、蒸气喷射式热泵、吸收式热泵、热电式热泵、化学热泵。

(2) 按热源分为空气热泵、地表水热泵、地下水热泵、城市自来水热泵、土壤热泵、太阳能热泵、废热热泵。

(3) 按用途分为住宅用热泵、商业及农业用热泵、工业用热泵。

(4) 按供暖温度分为低温热泵($<100\ ℃$)和高温热泵($>100\ ℃$)。

(5) 按驱动方式分为电动机驱动热泵、热驱动热泵。

(6) 按热源与供暖介质的组合方式分为空气-空气热泵、空气-水热泵、水-水热泵、水-空气热泵、土壤-空气热泵、土壤-水热泵。

(7) 按功能分为单纯制热热泵、交替制冷与制热热泵、同时制冷与制热热泵。

(8) 按压缩机类型分为往复活塞式热泵、涡旋式热泵、滚动转子式热泵、螺杆式热泵、离心式热泵。

(9) 按机组的安装形式分为单元式热泵、分体式热泵、现场安装式热泵。

(10) 按热量提升分为初级热泵、次级热泵、第三级热泵。

应以科学发展观为指导,充分考虑我国的国情,全方位考虑各方面的因素(气候条件、能源结构、能源比价、人民生活水平和政府政策等),因地制宜地发展我国的热泵事业;面对热泵发展中的各种关键技术问题,走技术创新之路;我国热泵的发展将会趋向于多元化,各类型的热泵空调系统均会有相应的市场需求。在进一步应用与发展现有的空气源热泵、水源热泵和地源热泵的同时,还要积极研发燃气热泵、吸收式热泵、大容量高温热泵、CO_2 工质跨临界热泵和氨工质热泵等。尤其是要更加注意研究和应用前景光明的可再生能源水环热泵空调系统;要使热泵产品更上一个台阶,就必须着重发展热泵压缩机技术,提高热泵换热器性能的技术、热泵工质、智能控制技术等。

6.4.5　被动式太阳能建筑节能

人类所使用的能源主要来自太阳能——太阳光辐射能量。地球上众多能源(生物能、风能、煤炭、石油、天然气等)都来自太阳。太阳能在建筑中的利用主要是把太阳光辐射能收集起来用于抵消建筑的部分运营能耗的一种方式。太阳能既可以主动利用,也可以被动利用。主动式太阳能建筑是指运用光热、光电等可控技术,利用太阳能资源,实现收集、蓄存和使用太阳能,进而以太阳能为主要能源的节能建筑;被动式太阳能建筑是一种完全依靠建筑朝向,周围环境的合理布置,内部空间与外部形体的巧妙处理,材料和结构的恰当选择,收集储存以及分配太阳能热能的建筑。本节主要介绍被动式太阳能建筑节能。

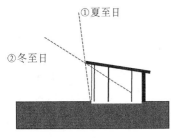

图 6-9　苏格拉底的阳光房

人们在古希腊古罗马时期就发现太阳对建筑物构筑的影响很大。古时人类洞穴入口朝向阳光,在冬季,阳光便可以温暖室内,夏季靠周边树阴遮挡阳光,使洞穴内部凉爽。苏格拉底(古希腊哲学家,公元前 469—公元前 397)设计的阳光房(图 6-9)展示了如何利用阳光和对冬季、夏季太阳高度角的控制研究。

最早有记载的被动式太阳能建筑试验实施于 1881 年,美国莫尔斯(E.s. Morse)教授将表面涂黑的材料装在玻璃下面,玻璃固定在建筑向阳的一面,墙上设有孔洞,整个设计使房间里的冷空气从黑色墙体的下方排出房间,然后在玻璃与黑色墙体之间被加热而上升,热空气在顶部重新压迫进入房间,形成循环。1940 年,美国太阳能建筑的先驱威廉·科克和乔治·科克兄弟在伊利诺伊州设计了第一幢美国被动式太阳房。法国人 Felix Trombe 博士在 1956 年首先提出特隆布墙(Trombe Wall)的概念,使被动式太阳能应用技术得到发展。

建筑设计中被动式太阳能利用可以为建筑提供全年清洁、可靠、舒适的采暖和致凉。虽然这可能增加房子的前期投入,但从长期看来,与普通建筑相比,被动式采暖和致凉节约的经济效益十分明显。在大多数需要采暖的地区,被动式采暖可以承担很大部分的冬季采暖负荷。被动式调节是一种相对独立的方式,适用于世界各地。如果在某地发生了自然灾害,破坏了电能设备,空调、锅炉将会停止运转,而太阳房则不会受到影响。被动式建筑有利于销售,随着能源价格上涨,一幢既省钱又节能舒适的房子比传统的每月需要缴高额电费的房子更有市场优势。

被动式太阳能主要是利用了建筑本身对太阳辐射的吸收、贮存、释放的特性。入射至任意建筑表面上的太阳辐射可以发生以下三种情况:被表面吸收、被表面反射和透过表面。表 6-16 列出了若干建筑材料对于长波辐射(低温辐射)的辐射率及短波辐射(太阳辐射)吸收率的标准值。

表 6-16　若干建筑材料的辐射率和吸收率

材料表面	对低温的辐射率	对太阳的吸收率
铝	0.05	0.2
石棉板	0.9	0.6
沥青	0.95	0.9
砖(深色)	0.9	0.65
砖(红色灰砂砖)	0.9	0.55~0.7
混凝土	0.9	0.65
漆(白色)	0.9	0.3

（续表）

材料表面	对低温的辐射率	对太阳的吸收率
漆(黑色)	0.9	0.9
石板瓦	0.9	0.9
红瓦	0.9	0.4~0.8
刷白屋面	0.9	0.3~0.5

要想验证对于太阳辐射的各种吸收率的效果,最简单的办法是去露天停车场用手触摸在阳光照射下的汽车顶盖。表面为黑色或深色的顶盖较白色或浅色的更烫手。同理,任何深色表面或靠近建筑物的沥青地面,当受到日光照射时要比白色或浅色表面更热。这些热表面反过来又会将其吸收的热量向周围环境辐射出去。因此,建筑物周围环境的材料选择对于该建筑物的微气候会产生很大影响。

窗户是建筑物直接获得太阳辐射的部位,而窗户能透射太阳光线的是玻璃,波长在 $300\sim2\,800\ \mu m$ 范围内的太阳辐射能透过玻璃。玻璃受到的太阳辐射是短波辐射,即高温热源辐射,短波辐射可以透过玻璃进入建筑物内部。这种热能在建筑物内部被各种表面吸收,使其温度升高而成为低温热源。这些表面所放射的辐射为长波,不能透过玻璃,能量便停留在结构内部并使之升温,玻璃的这种特性直接导致了"温室效应"。

被动式太阳能建筑成功的关键是:

(1) 建筑物有一个非常有效的绝热外壳;

(2) 南向有足够数量的集热表面;

(3) 室内布置尽可能多的贮热体;

(4) 主要采暖房间紧靠集热表面和贮热体;

(5) 室内组织合理的通风系统;

(6) 有效的夜间致凉、蓄冷体系。

太阳能在建筑中的综合利用,即利用太阳能满足房屋居住者舒适水平和使用功能所需要的大部分能量供应,如供暖、空调、热水供应、供电等。根据建筑物的用能特点,供暖负荷和空调负荷是季节性的,热水负荷是全年性的,太阳能供暖系统和太阳能制冷系统在设计阶段就已经考虑太阳能的综合应用,即在非供暖季和非空调季利用太阳能生产生活热水。

6.5　国外建筑节能与经验启示

6.5.1　国外建筑节能

1. 德国建筑节能技术

德国把节约能源改善环境作为重要任务,其主要判定指标是燃料在转变成能源过程中所释放的 CO_2。为减少空气中 CO_2 的排放量,德国很注意新能源的开发利用。德国不仅开发太阳能,还使用地热热泵技术,把供热系统和通风系统连成一体,这种热泵系统在改善环境方面比油和气更加可靠,热泵不仅能采暖,也可用于制冷、空调。

(1) 墙体方面,目前德国墙体没有内保温做法,要求墙体的传热系数为 0.4～0.5 W/(m² · K)。墙体做法基本包括以下两类:第一类是外保温外装饰层,墙体材料用混凝土小型空心砌块、黏土空心砖和加气混凝土砖块,外面使用的保温材料视建筑外饰面情况而定;第二类是单一材料做法,如加气混凝土和轻质多孔砖块,外墙厚度比较厚,外做饰面层。

(2) 屋面方面,德国住宅建筑的屋面绝大部分是坡屋面,基本上用棉类保温材料,厚度为 200 mm,即便使用 150 mm 厚加气混凝土,上部也铺厚 200 mm 的聚苯板或岩棉。屋面传热系数的国家标准是 0.25～0.3 W/(m² · K)。

(3) 楼地面方面,一般露面也放置聚苯板,目的不是保温而是隔声。使用的聚苯有两种:一种是挤塑聚苯,另一种是经过压缩过的普通聚苯。地面一般用复合做法,如采用加气混凝土板上铺 100 mm 厚聚苯,一般均铺 200～300 mm 厚岩棉。地面传热系数的国家标准是 0.3 W/(m² · K)。

(4) 窗户方面,德国均为空气双玻璃窗,较多为塑钢窗,窗户传热系数的国家标准是 1.8 W/(m² · K)。

2. 法国建筑节能技术

法国十分重视建筑节能,政府指定专门机构负责制定有关节能标准,进行节能方面的技术研究和监督检查,在围护结构的保温、室内采暖和太阳能利用等方面都采用了一些行之有效的技术和做法,从而在建筑节能上取得了显著成效。

(1) 外墙外保温方面,保温层外抹聚合物砂浆,用玻璃纤维网布增强,再作饰面涂层,这种做法约占一半;保温层外砌砖,外层砖墙与内层墙体拉接;外饰面装龙骨,龙骨间放置保温材料,龙骨外复合饰面板。

(2) 屋顶保温方面,法国住房大多数为坡屋顶,不少是木结构,仅有少量的平屋顶,屋顶的保温要求很高。当屋顶阁楼住人时,保温层直接做在屋顶,一般多为内保温做法;顶层楼阁不住人时,则可直接在顶棚上铺设玻璃棉等保温材料。

(3) 窗户保温方面,法国历史上用木窗较多,后来采用铝合金窗,现在铝合金窗也逐渐被淘汰,近十多年来政府推荐住户采用塑料门窗。法国新建住宅,大多数采用 PVC 塑料窗,一般装有中空玻璃,周边嵌橡胶密封条。窗框与墙体接缝处,采用现场发泡聚氨酯封严。为了室内的卫生和保持适当的换气,在外墙窗框上留有人工调节的微流量通风器。玻璃窗上配有外挂式的 PVC 保温帘或金属帘,以便关闭后起到遮阳、隔离太阳辐射热、保温和降低噪声对室内干扰的作用,深受住户的欢迎。

"生态节能学派"是法国的建筑学派,他们的设计思想是尽量利用太阳能,作为采暖的辅助能源,建议建筑师在设计建筑立面时,考虑大面积开窗,同时用一定的技术手段,把太阳能转化为电能,加以储存,为建筑供电和加热热水。他们推荐用"集热型节能墙体",即墙体外侧用玻璃覆盖,二者之间有间隙,透过玻璃进入的太阳辐射热被储存在墙体中,冷空气流经墙体时就被加热,然后引入室内。有些房屋还考虑了夏季隔热,在窗户上设光电遮阳板,既起遮阳作用又能回收能量,在朝向间可节能 50%。

3. 加拿大建筑节能技术

在加拿大,建筑节能的概念不仅限于建筑本身的构造技术,而且还包括节水、节电、材料再回收等。例如,在建造新的小区时,在建造前期就把该留的路、该立的路灯灯杆和绿化用地都考虑进去。此外,还考虑了施工过程中旧材料和建筑垃圾的再利用、污水的净化处理、环境的改善等。

(1) 屋面保温方面,主要采用玻璃棉、岩棉、矿棉、发泡聚苯乙烯等保温材料。坡屋顶一般采用在阁楼内铺或喷保温材料的做法。平屋顶一般采用外保温做法,即在屋面防水层上做保温层。也有的在屋面上铺一种特制复合岩棉板,板上贴有一层改性的沥青油毡,上面根据需要做保护层。这种屋面的保温性和防水性都比较好。

(2) 门窗保温方面,加拿大做得非常严谨,窗多是双层的,也有三层的,根据业主的要求,有的中间填充氩气,其保温性能更佳。在窗与边框之间有的还装有双腔的橡皮密封条。门窗绝大部分是木制、塑料以及铝木复合而成的,钢门窗用得较少。

(3) 墙体方面,一般采用阻燃性发泡聚苯乙烯、玻璃棉或岩棉等保温材料同其他墙体复合而成。在加拿大居住建筑中多采用木框架、填充墙的结构形式。一、二层的住宅墙体主要以木质蒙皮板和 120～150 mm 厚的聚乙烯泡沫塑料夹层结合而成。蒙皮板与夹层墙板还可以用来制造地板、屋顶,其中间填实的绝热保温夹层可以有效地隔断热量、空气和水汽的流通。板上可粘各种装饰贴面、壁板,作内外装饰,也可以简单地饰以涂料。用双层泡沫聚苯乙烯板制成的预制板采用干砌法,成为具有高度绝热保温性能的永久性模板。内外模板之间的空心层经过混凝土灌注和适当的钢筋加固,形成建筑的墙体。

4. 日本建筑节能技术

(1) 日本的节能政策。在建筑物和居民日常生活方面,政府大力采取了节约能源的措施,如在家庭住宅实现隔热化,在新建的房屋中广泛采用隔热材料、反射玻璃、双层窗户等;日本政府还采取了一系列限制措施,如限制电视播放、电影上映及商业用霓虹灯的开启时间等;日本还公布了"关于能源使用合理化法律",在民用方面规定暖气温度不得超过 18 ℃,夏季空调不得低于 28 ℃。

(2) 日本节能型大楼。这些大楼中都有完善的节能措施,节能效果非常显著。如大阪大林,其节能措施是利用蓄热式回收热泵系统,在冬季把室内的人体、照明、机器等散发的热量以及太阳辐射热进行全面回收,然后经过处理,供采暖用,回收的热量竟大于采暖需要的热量。此外,还从排气、排水系统中进行热回收。在所有排气系统中,都设有全热交换器进行热回收,对于排水系统,则设有热交换器,从而可以从排水系统中回收热量。该大楼还采用了先进的电子计算机操纵管理系统以及监测系统,它能根据室外温度的波动进行各种控制,如对空气预冷和预热的最佳启动时间与停止时间,以及蓄热温度和蓄热运转时间等,都能进行有效的控制。节能型大楼采用的其他节能措施也很多,例如,为减少输送空气所需的动力,特意增大了冷热水温差及送回风温差,配电系统也做了节能方面的安排。该大楼的热源,采用电力及煤气交替使用,在夜间采用电力热泵及蓄热系统供热,在夏季高峰负荷时,则由电力锅炉负担。由于采用多种节能措施以及计算机控制系统,该大楼与一般同类型建筑相比,可以节能 30% 左右。

(3) 日本的太阳能供热装置部与热泵系统相结合,这是日本热泵系统的一大特点。日本的太阳能蓄热,主要应用于一些特殊情况,如在电影院等一类建筑物中,往往都是在集中时间内出现高峰负荷,此时则多用蓄热来补偿。再一种是用于当负荷时间与冷热源设备运行发生不一致时,如太阳能供热系统在夜间或降雨天时,由于系统已不能发挥作用,于是也多由蓄热系统补给。

（4）日本的空调界对废热的回收问题也做了大量的研究工作，热回收的范围也是多方面的，如对排气的热回收与利用问题，对室内散热，空调排气，工厂排气、排热等都进行回收再利用，绝不轻易废掉。

（5）日本对自然能的利用也进行了广泛的研究，并取得了不小的成就。如对太阳能的利用，日本在太阳能用于民用方面的技术极为成熟，也相当普及；对地下热水、河水与海洋热能的开发研究，主要应用对象是热泵系统。

6.5.2　建筑节能经验与启示

目前，我国建筑节能技术相对落后，在设计水平、建筑技术、设备材料制造及应用上，都与发达国家存在较大差距。为了应对能源危机和气候变化，我们应全面总结和借鉴在建筑节能和可再生能源建筑规模化应用方面的经验，科学分析发展趋势，在我国大力推广应用建筑节能新技术。

1. 加强节能技术的研究及应用

我国被动房屋和低能耗房屋的建筑技术亟待突破，具体包括建筑物围护结构保温隔热技术、遮阳技术、新风换气技术等方面，技术水平的发展也将同时推动节能服务公司、新能源技术公司以及相关产品技术研发公司的发展，从而进一步推动建筑节能产业的快速发展。

2. 可再生能源利用和能源转型

采用太阳能、风能、地热能等可再生能源作为建筑主要能源，使建筑本身由耗能者变成产能者，在降低能源耗损的同时，减少大气污染物排放及由此导致的一系列环境问题。2020年，德国可再生能源利用率将达到18%，2050年将达到60%。虽然利用光伏、地热等可再生能源的前期设备投入较大，但是由此带来的生态效益和社会效益将是巨大的。

3. 重视既有建筑及城区的节能改造

目前，我国针对既有建筑和城区的更新改造进度较快，而在追求速度的同时，也应该综合考虑城市布局的合理化。例如在避免大量拆除的前提下，逐步优化城区的商业中心位置，应对社区老龄化建立无障碍设施，开辟城区的通风廊道等。

4. 完善建筑节能标准及管理体系

我国在建筑节能法规和标准体系制定方面、建筑节能标准实施的管理和监督方面、建筑节能经济激励政策方面、建筑能耗统计制度建立方面、建筑能效标识制度建立方面虽然都已经有涉及，但是还都存在推行力度不够、监管制度不充分等问题。建筑节能标准化管理体制上的不完善已经成为阻碍我国建筑节能健康发展的主要瓶颈。因此，我国应借鉴发达国家建筑节能标准化管理体制上的成功经验，尽快完善建筑节能管理体制，加强政府在建筑节能上的推进力度。现行标准中不同行业、不同专业标准存在标准内容重复交叉的现象，有些专业标准划分过细，不同专业标准数量分布不均。出台的节能设计标准或产品标准与市场的结合度不强，实际可操作性不高。未来我国需要关注对现行标准的复审修订与整合。我国也应该借鉴发达国家的成功经验，推行适合我国国情的节能标准化体系，借助"市场力量"促进建筑节能标准的有效实施，推动我国建筑节能标准化进一步发展。

第7章

建筑节能工程规范

7.1 概述

20世纪80年代初建设部开始着手组织编写建筑节能标准。按照气候区划分原则,先北方、再中部、后南方;按建筑类型划分原则,先居住建筑、后公共建筑,先新建、后既有。标准编制步骤为设计标准—技术标准—验收标准。主要的设计标准有《公共建筑节能设计标准》(GB 50189—2015)、《严寒和寒冷地区居住建筑节能设计标准》(JGJ 26—2018)、《夏热冬冷地区居住建筑节能设计标准》(JGJ 134—2010)、《夏热冬暖地区居住建筑节能设计标准》(JGJ 75—2012)等。技术标准中涉及工程应用的主要标准有《外墙外保温工程技术标准》(JGJ 144—2019)、《外墙内保温工程技术规程》(JGJ/T 261—2011)、《模塑聚苯板薄抹灰外墙外保温系统材料》(GB/T 29906—2013)、《胶粉聚苯颗粒外墙外保温系统材料》(JG/T 158—2013)等。技术标准中涉及检测的标准有《居住建筑节能检测标准》(JGJ/T132—2009)、《公共建筑节能检测标准》(JGJ/T177—2009)、《太阳热水系统性能评定规范》(GB/T 20095—2006)、《采暖通风与空气调节工程检测技术规程》(JGJ260—2011)、《电能质量 三相电压不平衡》(GB/T 15543—2008)、《照明测量方法》(GB/T 5700—2008)。验收标准主要是《建筑节能工程施工验收标准》(GB 50411—2019)。建筑节能标准体系的建立为我国推动建筑节能工作奠定了基础。

7.2 建筑节能设计标准

建筑节能设计标准的目标是在确保建筑内舒适、健康的前提下降低空调、采暖和照明的能耗。以20世纪80年代初当时传统围护结构建造的居住建筑、公共建筑为标准,在室内保持舒适热环境的条件下,空调、采暖和照明的能耗认定为100%,按照建筑节能设计标准建造的建筑,其空调、采暖和照明的能耗应减少50%,随着社会的发展,有的建筑节能设计标准的节能目标已提高到75%。

为实现节能目标,可从两方面着手,一是提高围护结构的保温隔热性和气密性,二是提高空调、采暖和照明系统的效率。建筑节能设计标准一般采用两种设计方法,一是规定性方法,当设计建筑的体形系数、窗墙比和围护结构热工性能等参数符合标准规定时,可以查表获得设计参数;二是性能化方法,如果建筑设计不能满足对窗墙比等参数的规定,必须使用权衡判断法来判定围护结构的总体热工性能是否符合节能要求,权衡判断法需要进行全年采暖和空调能耗计算。

7.2.1 《公共建筑节能设计标准》(GB 50189—2015)的解读

《公共建筑节能设计标准》(GB 50189—2015)是建筑与建筑热工制定的根本原则和方法。本标准的主要技术内容是:"1.总则;2.术语;3.建筑与建筑热工;4.供暖通风与空气调节;5.给水排水;6.电气;7.可再生能源应用。"下面我们主要介绍建筑与建筑热工的设计内容。

1. 标准阐明的公共建筑分类

(1) 单栋建筑面积大于 300 m² 的建筑,或单栋建筑面积小于或等于 300 m² 但总建筑面积大于 1 000 m² 的建筑群,应为甲类公共建筑。

(2) 单栋建筑面积小于或等于 300 m² 的建筑,应为乙类公共建筑。

对于单栋建筑面积小于等于 300 m² 的建筑如传达室等,与甲类公共建筑的能耗特性不同。这类建筑的总量不大,能耗也较小,对全社会公共建筑的总能耗量影响很小,同时考虑到减少建筑节能设计工作量,故将这类建筑归为乙类,对这类建筑只给出规定性节能指标,不再要求作围护结构权衡判断。

2. 建筑热工分区及相应设计要求

由于我国国土面积宽广,几乎包括了所有的气候类型,而不同的气候类型对建筑的热工要求也各不相同,因此,为了便于统一科学设计,标准中将代表城市的建筑热工设计划分为不同分区,如表 7-1 所示。代表城市建筑热工设计分区与现行国家标准《民用建筑热工设计规范》(GB 50176—2016)的气候分区一致。建筑与当地气候相适应是建筑节能设计应当遵循的基本原则,创造良好的室内热环境是建筑的基本功能。建筑热工设计应与地区气候相适应。

表 7-1 代表城市建筑热工设计分区

气候分区及气候子区		代表城市
严寒地区	严寒 A 区	博克图、伊春、呼玛、海拉尔、满洲里、阿尔山、玛多、黑河、嫩江、海伦、齐齐哈尔、富锦、哈尔滨、牡丹江、大庆、安达、佳木斯、二连浩特、多伦、大柴旦、阿勒泰、那曲
	严寒 B 区	
	严寒 C 区	长春、通化、延吉、通辽、四平、抚顺、阜新、沈阳、本溪、鞍山、呼和浩特、包头、鄂尔多斯、赤峰、额济纳旗、大同、乌鲁木齐、克拉玛依、酒泉、西宁、日喀则、甘孜、康定
寒冷地区	寒冷 A 区	丹东、大连、张家口、承德、唐山、青岛、洛阳、太原、阳泉、晋城、天水、榆林、延安、宝鸡、银川、平凉、兰州、喀什、伊宁、阿坝、拉萨、林芝、北京、天津、石家庄、保定、邢台、济南、德州、兖州、郑州、安阳、徐州、运城、西安、咸阳、吐鲁番、库尔勒、哈密
	寒冷 B 区	
夏热冬冷地区	夏热冬冷 A 区	南京、蚌埠、盐城、南通、合肥、安庆、九江、武汉、黄石、岳阳、汉中、安康、上海、杭州、宁波、温州、宜昌、长沙、南昌、株洲、永州、赣州、韶关、桂林、重庆、达县、万州、涪陵、南充、宜宾、成都、遵义、凯里、绵阳、南平
	夏热冬冷 B 区	
夏热冬暖地区	夏热冬暖 A 区	福州、莆田、龙岩、梅州、兴宁、英德、河池、柳州、贺州、泉州、厦门、广州、深圳、湛江、汕头、南宁、北海、梧州、海口、三亚
	夏热冬暖 B 区	

（续表）

气候分区及气候子区		代表城市
温和地区	温和 A 区	昆明、贵阳、丽江、会泽、腾冲、保山、大理、楚雄、曲靖、泸西、屏边、广南、兴义、独山
	温和 B 区	瑞丽、耿马、临沧、澜沧、思茅、江城、蒙自

3. 建筑规划设计的基本原则

（1）建筑群的总体规划应考虑减轻热岛效应。

建筑的总体规划和总平面设计应有利于自然通风和冬季日照。建筑的主朝向宜选择本地区最佳朝向或适宜朝向，且宜避开冬季主导风向。

建筑的规划设计是建筑节能设计的重要内容之一，是从分析建筑所在地区的气候条件出发，将建筑设计与建筑微气候、建筑技术和能源的有效利用相结合的一种建筑设计方法。分析建筑的总平面布置，建筑平、立、剖面形式，太阳辐射，自然通风等对建筑能耗的影响，就是在冬季最大限度地利用日照，多获得热量，避开主导风向，减少建筑物外表面热损失，在夏季和过渡季最大限度地减少得热并利用自然能来降温冷却，以达到节能的目的。

（2）建筑设计应遵循被动节能措施优先的原则。

充分利用天然采光、自然通风，结合围护结构保温隔热和遮阳措施，降低建筑的用能需求。

充分利用天然采光以减少建筑的人工照明需求，利用自然通风以消除建筑余热余湿，同时通过围护结构的保温隔热和遮阳措施减少通过围护结构形成的建筑冷热负荷，达到减少建筑用能需求的目的。

（3）建筑体形宜规整紧凑，避免过多的凹凸变化。

合理地确定建筑形状，必须考虑本地区气候条件，对严寒和寒冷地区尽可能地减少房间的外围护结构面积，使体形不要太复杂，凹凸面不要过多，避免因此造成体形系数过大；夏热冬暖地区也可以利用建筑的凹凸变化实现建筑的自身遮阳，以达到节能的目的。

（4）严寒和寒冷地区公共建筑体形系数应符合表 7-2 的规定。

表 7-2 严寒和寒冷地区公共建筑体形系数

单栋建筑面积 A/m^2	建筑体形系数
$300 < A \leqslant 800$	$\leqslant 0.50$
$A > 800$	$\leqslant 0.40$

严寒和寒冷地区建筑体形的变化直接影响建筑供暖能耗的大小。建筑体形系数越大，单位建筑面积对应的外表面面积越大，热损失越大。

（5）严寒地区甲类公共建筑各单一立面窗墙面积比。

严寒地区甲类公共建筑各单一立面窗墙面积比（包括透光幕墙）均不宜大于 0.60；其他地区甲类公共建筑各单一立面窗墙面积比（包括透光幕墙）均不宜大于 0.70。

窗墙面积比的确定要综合考虑多方面的因素，其中最主要的是不同地区冬、夏季日照情况,季风影响,室外空气温度,室内采光设计标准以及外窗开窗面积与建筑能耗等因素。一般普通窗户的保温隔热性能比外墙差很多,窗墙面积比越大,供暖和空调能耗也越大。因此,从降低建筑能耗的角度出发,必须限制窗墙面积比。

(6) 单一立面窗墙面积比的计算应符合的规定。

① 凸凹立面朝向应按其所在立面的朝向计算;

② 楼梯间和电梯间的外墙和外窗均应参与计算;

③ 外凸窗的顶部、底部和侧墙的面积不应计入外墙面积;

④ 当外墙上的外窗、顶部和侧面为不透光构造的凸窗时,窗面积应按窗洞口面积计算;当凸窗顶部和侧面透光时,外凸窗面积应按透光部分实际面积计算。

(7) 甲类公共建筑透光材料的可见光透射比。

甲类公共建筑单一立面窗墙面积比小于 0.40 时,透光材料的可见光透射比不应小于 0.60;甲类公共建筑单一立面窗墙面积比大于等于 0.40 时,透光材料的可见光透射比不应小于 0.40。

透光材料(如玻璃)的可见光透射比直接影响天然采光的效果和人工照明的能耗,因此,从节约能源的角度,应采用可见光透射比高的透光材料。

(8) 采取遮阳措施规定。

夏热冬暖、夏热冬冷、温和地区的建筑各朝向外窗(包括透光幕墙)均应采取遮阳措施;寒冷地区的建筑宜采取遮阳措施。当设置外遮阳时应符合下列规定:①东西向宜设置活动外遮阳,南向宜设置水平外遮阳;②建筑外遮阳装置应兼顾通风及冬季日照。

通过外窗和透光幕墙进入室内的热量是造成夏季室温过热而使空调能耗上升的主要原因,因此,为了节约能源,应对窗口和透光幕墙采取遮阳措施。夏热冬暖、夏热冬冷、温和地区的建筑以及寒冷地区冷负荷大的建筑,其窗和透光幕墙的太阳辐射得热使夏季增大了冷负荷、冬季减小了热负荷,因此遮阳措施应根据负荷特性确定。

(9) 建筑立面朝向划分应符合的规定。

① 北向应为北偏西 60°至北偏东 60°;

② 南向应为南偏西 30°至南偏东 30°;

③ 西向应为西偏北 30°至西偏南 60°(包括西偏北 30°和西偏南 60°);

④ 东向应为东偏北 30°至东偏南 60°(包括东偏北 30°和东偏南 60°)。

(10) 甲类公共建筑的屋顶透光面积。

甲类公共建筑的屋顶透光部分面积不应大于屋顶总面积的 20%。当不能满足本条规定时,必须按标准规定的方法进行权衡判断。

夏季屋顶水平面太阳辐射强度最大,屋顶的透光面积越大,相应建筑的能耗也越大,因此对屋顶透明部分的面积和热工性能应予以严格的限制。

(11) 有效通风换气面积规定。

单一立面外窗(包括透光幕墙)的有效通风换气面积应符合下列规定:①甲类公共建筑外窗(包括透光幕墙)应设可开启窗扇,其有效通风换气面积不宜小于所在房间外墙面积的 10%;当透光幕墙受条件限制无法设置可开启窗扇时,应设置通风换气装置。②乙类公共建筑外窗有效通风换气面积不宜小于窗面积的 30%。

公共建筑室内一般人员密度比较大,建筑室内空气流动,特别是自然、新鲜空气的流动,是保证建筑室内空气质量符合国家有关标准的关键。无论在北方地区还是在南方地区,在春、秋季节和冬、夏季节的某些时段,人们普遍有开窗加强房间通风的习惯,这也是节能和提高室内热舒适性的重要手段。

（12）有效通风换气面积。

外窗（包括透光幕墙）的有效通风换气面积应为开启扇面积和窗开启后的空气流通界面面积的较小值。

（13）保温隔热措施。

严寒地区建筑的外门应设置门斗;寒冷地区建筑面向冬季主导风向的外门应设置门斗或双层外门,其他外门宜设置门斗或应采取其他减少冷风渗透的措施;夏热冬冷、夏热冬暖和温和地区建筑的外门应采取保温隔热措施。

在严寒和寒冷地区的冬季,外门的频繁开启造成室外冷空气大量进入室内,导致供暖能耗增加。设置门斗可以避免冷风直接进入室内,在节能的同时,也提高门厅的热舒适性。

（14）自然通风。

建筑中庭应充分利用自然通风降温,并可设置机械排风装置加强自然补风。建筑中庭空间高大,在炎热的夏季,太阳辐射将会使中庭内温度过高,大大增加建筑物的空调能耗。自然通风是改善建筑热环境、节约空调能耗最为简单、经济、有效的技术措施。

（15）采光。

建筑设计应充分利用天然采光。天然采光不能满足照明要求的场所,宜采用导光、反光等装置将自然光引入室内。

4. 甲乙类公共建筑的围护结构热工性能

（1）甲类公共建筑的围护结构热工性能。

根据建筑热工设计的气候分区,甲类公共建筑的围护结构热工性能应分别符合表 7-3—表 7-8 的规定。当不能满足本条规定时,必须按本标准规定的方法进行权衡判断。

表 7-3　严寒 A，B 区甲类公共建筑围护结构热工性能限值

围护结构部位		传热系数 $K/[W \cdot (m^2 \cdot K)^{-1}]$	
		体形系数≤0.30	0.30<体形系数≤0.50
屋面		≤0.28	≤0.25
外墙（包括非透光幕墙）		≤0.38	≤0.35
底面接触室外空气的架空或外挑楼板		≤0.38	≤0.35
地下车库与供暖房间之间的楼板		≤0.50	≤0.50
非供暖楼梯间与供暖房间之间的隔墙		≤1.2	≤1.2
单一立面外窗（包括透光幕墙）	窗墙面积比≤0.20	≤2.7	≤2.5
	0.20<窗墙面积比≤0.30	≤2.5	≤2.3
	0.30<窗墙面积比≤0.40	≤2.2	≤2.0
	0.40<窗墙面积比≤0.50	≤1.9	≤1.7

（续表）

围护结构部位		传热系数 $K/[W \cdot (m^2 \cdot K)^{-1}]$	
		体形系数≤0.30	0.30＜体形系数≤0.50
单一立面外窗 （包括透光幕墙）	0.50＜窗墙面积比≤0.60	≤1.6	≤1.4
	0.60＜窗墙面积比≤0.70	≤1.5	≤1.4
	0.70＜窗墙面积比≤0.80	≤1.4	≤1.3
	窗墙面积比＞0.80	≤1.3	≤1.2
屋顶透光部分（屋顶透光部分面积≤20%）		≤2.2	
围护结构部位		保温材料屋热阻 $R/[(m^2 \cdot K) \cdot W^{-1}]$	
周边地面		≥1.1	
供暖地下室与土壤接触的外墙		≥1.1	
变形缝（两侧墙内保温时）		≥1.2	

表 7-4　严寒 C 区甲类公共建筑围护结构热工性能限值

围护结构部位		传热系数 $K/[W \cdot (m^2 \cdot K)^{-1}]$	
		体形系数≤0.30	0.30＜体形系数≤0.50
屋面		≤0.35	≤0.28
外墙（包括非透光幕墙）		≤0.43	≤0.38
底面接触室外空气的架空或外挑楼板		≤0.43	≤0.38
地下车库与供暖房间之间的楼板		≤0.70	≤0.70
非供暖楼梯间与供暖房间之间的隔墙		≤1.5	≤1.5
单一立面外窗 （包括透光幕墙）	窗墙面积比≤0.20	≤2.9	≤2.7
	0.20＜窗墙面积比≤0.30	≤2.6	≤2.4
	0.30＜窗墙面积比≤0.40	≤2.3	≤2.1
	0.40＜窗墙面积比≤0.50	≤2.0	≤1.7
	0.50＜窗墙面积比≤0.60	≤1.7	≤1.5
	0.60＜窗墙面积比≤0.70	≤1.7	≤1.5
	0.70＜窗墙面积比≤0.80	≤1.5	≤1.4
	窗墙面积比＞0.80	≤1.4	≤1.3
屋顶透光部分（屋顶透光部分面积≤20%）		≤2.3	
围护结构部位		保温材料层热阻 $R/[(m^2 \cdot K) \cdot W^{-1}]$	
周边地面		≥1.1	
供暖地下室与土壤接触的外墙		≥1.1	
变形缝（两侧墙内保温时）		≥1.2	

表 7-5　寒冷地区甲类公共建筑围护结构热工性能限值

围护结构部位		体形系数<0.30		0.30<体形系数≤0.50	
		传热系数 $K/[W \cdot (m^2 \cdot K)^{-1}]$	太阳得热系数 SHGC(东、南、西向/北向)	传热系数 $K/[W \cdot (m^2 \cdot K)^{-1}]$	太阳得热系数 SHGC(东、南、西向/北向)
屋面		≤0.45	—	≤0.40	—
外墙(包括非透光幕墙)		≤0.50	—	≤0.45	—
底面接触室外空气的架空或外挑楼板		≤0.50	—	≤0.45	—
地下车库与供暖房间之间的楼板		≤1.0	—	≤1.0	—
非供暖楼梯间与供暖房间之间的隔墙		≤1.5	—	≤1.5	—
单一立面外窗(包括透光幕墙)	窗墙面积比≤0.20	≤3.0	—	≤2.8	—
	0.20<窗墙面积比≤0.30	≤2.7	≤0.52/—	≤2.5	≤0.52/—
	0.30<窗墙面积比≤0.40	≤2.4	≤0.48/—	≤2.2	≤0.48/—
	0.40<窗墙面积比≤0.50	≤2.2	≤0.43/—	≤1.9	≤0.43/—
	0.50<窗墙面积比≤0.60	≤2.0	≤0.40/—	≤1.7	≤0.40/—
	0.60<窗墙面积比≤0.70	≤1.9	≤0.35/0.60	≤1.7	≤0.35/0.60
	0.70<窗墙面积比≤0.80	≤1.6	≤0.35/0.52	≤1.5	≤0.35/0.52
	窗墙面积比>0.80	≤1.5	≤0.30/0.52	≤1.4	≤0.30/0.52
屋顶透光部分(屋顶透光部分面积≤20%)		≤2.4	≤0.44	<2.4	≤0.35
围护结构部位		保温材料层热阻 $R/[(m^2 \cdot K) \cdot W^{-1}]$			
周边地面		≥0.60			
供暖、空调地下室外墙(与土壤接触的墙)		≥0.60			
变形缝(两侧墙内保温时)		≥0.90			

表 7-6　夏热冬冷地区甲类公共建筑围护结构热工性能限值

围护结构部位		传热系数 K $/[W \cdot (m^2 \cdot K)^{-1}]$	太阳得热系数 SHGC (东、南、西向/北向)
屋面	围护结构热惰性指标 D≤2.5	≤0.40	—
	围护结构热惰性指标 D>2.5	≤0.50	
外墙(包括非透光幕墙)	围护结构热惰性指标 D≤2.5	≤0.60	—
	围护结构热惰性指标 D>2.5	≤0.80	
底面接触室外空气的架空或外挑楼板		≤0.70	

(续表)

围护结构部位		传热系数 K /$[W \cdot (m^2 \cdot K)^{-1}]$	太阳得热系数 $SHGC$ (东、南、西向/北向)
单一立面外窗（包括透光幕墙）	窗墙面积比≤0.20	≤3.5	—
	0.20＜窗墙面积比≤0.30	≤3.0	≤0.44/0.48
	0.30＜窗墙面积比≤0.40	≤2.6	≤0.40/0.44
	0.40＜窗墙面积比≤0.50	≤2.4	≤0.35/0.40
	0.50＜窗墙面积比≤0.60	≤2.2	≤0.35/0.40
	0.60＜窗墙面积比≤0.70	≤2.2	≤0.30/0.35
	0.70＜窗墙面积比≤0.80	≤2.0	≤0.26/0.35
	窗墙面积比＞0.80	≤1.8	≤0.24/0.30
屋顶透明部分(屋顶透明部分面积≤20%)		≤2.6	≤0.30

表 7-7　夏热冬暖地区甲类公共建筑围护结构热工性能限值

围护结构部位		传热系数 K/ $[W \cdot (m^2 \cdot K)^{-1}]$	太阳得热系数 $SHGC$ (东、南、西向/北向)
屋面	围护结构热惰性指标 D≤2.5	≤0.50	—
	围护结构热惰性指标 D＞2.5	≤0.80	
外墙(包括非透光幕墙)	围护结构热惰性指标 D≤2.5	≤0.80	—
	围护结构热惰性指标 D＞2.5	≤1.5	
底面接触室外空气的架空或外挑楼板		≤1.5	—
单一立面外窗（包括透光幕墙）	窗墙面积比≤0.20	≤5.2	≤0.52/—
	0.20＜窗墙面积比≤0.30	≤4.0	≤0.44/0.52
	0.30＜窗墙面积比≤0.40	≤3.0	≤0.35/0.44
	0.40＜窗墙面积比≤0.50	≤2.7	≤0.35/0.40
	0.50＜窗墙面积比≤0.60	≤2.5	≤0.26/0.35
	0.60＜窗墙面积比≤0.70	≤2.5	≤0.24/0.30
	0.70＜窗墙面积比≤0.80	≤2.5	≤0.22/0.26
	窗墙面积比＞0.80	≤2.0	≤0.18/0.26
屋顶透明部分(屋顶透明部分面积≤20%)		≤3.0	≤0.30

表 7-8　温和地区甲类公共建筑围护结构热工性能限值

围护结构部位		传热系数 K $[W \cdot (m^2 \cdot K)^{-1}]$	太阳得热系数 $SHGC$（东、南、西向/北向）
屋面	围护结构热惰性指标 $D \leqslant 2.5$	$\leqslant 0.50$	—
	围护结构热惰性指标 $D > 2.5$	$\leqslant 0.80$	
外墙（包括非透光幕墙）	围护结构热惰性指标 $D \leqslant 2.5$	$\leqslant 0.80$	—
	围护结构热惰性指标 $D > 2.5$	$\leqslant 1.5$	
单一立面外窗（包括透光幕墙）	窗墙面积比 $\leqslant 0.20$	$\leqslant 5.2$	
	$0.20 <$ 窗墙面积比 $\leqslant 0.30$	$\leqslant 4.0$	$\leqslant 0.44/0.48$
	$0.30 <$ 窗墙面积比 $\leqslant 0.40$	$\leqslant 3.0$	$\leqslant 0.40/0.44$
	$0.40 <$ 窗墙面积比 $\leqslant 0.50$	$\leqslant 2.7$	$\leqslant 0.35/0.40$
	$0.50 <$ 窗墙面积比 $\leqslant 0.60$	$\leqslant 2.5$	$\leqslant 0.35/0.40$
	$0.60 <$ 窗墙面积比 $\leqslant 0.70$	$\leqslant 2.5$	$\leqslant 0.30/0.35$
	$0.70 <$ 窗墙面积比 $\leqslant 0.80$	$\leqslant 2.5$	$\leqslant 0.26/0.35$
	窗墙面积比 > 0.80	$\leqslant 2.0$	$\leqslant 0.24/0.30$
屋顶透明部分（屋顶透明部分面积 $\leqslant 20\%$）		$\leqslant 3.0$	$\leqslant 0.30$

注：传热系数 K 只适用于温和 A 区，温和 B 区的传热系数 K 不作要求。

（2）乙类公共建筑的围护结构热工性能。

乙类公共建筑的围护结构热工性能应符合表 7-9 和表 7-10 的规定。

表 7-9　乙类公共建筑屋面、外墙、楼板热工性能限值

围护结构部位	传热系数 $K/[W \cdot (m^2 \cdot K)^{-1}]$				
	严寒 A、B 区	严寒 C 区	寒冷地区	夏热冬冷地区	夏热冬暖地区
屋面	$\leqslant 0.35$	$\leqslant 0.45$	$\leqslant 0.55$	$\leqslant 0.70$	$\leqslant 0.90$
外墙（包括非透光幕墙）	$\leqslant 0.45$	$\leqslant 0.50$	$\leqslant 0.60$	$\leqslant 1.0$	$\leqslant 1.5$
底面接触室外空气的架空或外挑楼板	$\leqslant 0.45$	$\leqslant 0.50$	$\leqslant 0.60$	$\leqslant 1.0$	—
地下车库和供暖房间与之间的楼板	$\leqslant 0.50$	$\leqslant 0.70$	$\leqslant 1.0$		

表 7-10　乙类公共建筑外窗（包括透光幕墙）热工性能限值

围护结构部位外窗（包括透光幕墙）	传热系数 $K/[W \cdot (m^2 \cdot K)^{-1}]$					太阳得热系数 $SHGC$		
	严寒 A、B 区	严寒 C 区	寒冷地区	夏热冬冷地区	夏热冬暖地区	寒冷地区	夏热冬冷地区	夏热冬暖地区
单一立面外窗（包括透光幕墙）	$\leqslant 2.0$	$\leqslant 2.2$	$\leqslant 2.5$	$\leqslant 3.0$	$\leqslant 4.0$	—	$\leqslant 0.52$	$\leqslant 0.48$
屋顶透光部分（屋顶透光部分面积 $\leqslant 20\%$）	$\leqslant 2.0$	$\leqslant 2.2$	$\leqslant 2.5$	$\leqslant 3.0$	$\leqslant 4.0$	$\leqslant 0.44$	$\leqslant 0.35$	$\leqslant 0.30$

采用热工性能良好的建筑围护结构是降低公共建筑能耗的重要途径之一。我国幅员辽阔,气候差异大,各地区建筑围护结构的设计应因地制宜。在经济合理和技术可行的前提下,应提高我国公共建筑的节能水平。根据建筑物所处的气候特点和技术情况,确定合理的建筑围护结构热工性能参数。严寒和寒冷地区冬季室内外温差大、供暖期长,建筑围护结构传热系数对供暖能耗影响很大,供暖期室内外温差传热的热量损失占主导地位。因此,在严寒、寒冷地区主要考虑建筑的冬季保温,对围护结构传热系数的限值要求相对高于其他气候区。在夏热冬暖和夏热冬冷地区,空调期太阳辐射得热是建筑能耗的主要原因,因此,对窗和幕墙的玻璃(或其他透光材料)的太阳得热系数的要求高于北方地区。夏热冬冷地区要同时考虑冬季保温和夏季隔热,不同于北方供暖建筑主要考虑单向的传热过程。建筑全年能耗随着墙体热惰性指标 D 值增大而减小。采用轻质幕墙结构时,只对传热系数进行要求,难以保证墙体的节能性能。常用轻质幕墙结构的热惰性指标集中在 2.5 以下,故以 $D=2.5$ 为界,分别给出传热系数限值,通过热惰性指标和传热系数同时约束。夏热冬暖地区主要考虑建筑的夏季隔热。该地区太阳辐射通过透光围护结构进入室内的热量是夏季冷负荷的主要成因,所以对该地区透光围护结构的遮阳性能要求较高。

5. 建筑围护结构的具体要求

(1) 建筑围护结构热工性能参数计算应符合下列规定:

① 外墙的传热系数应为包括结构性热桥在内的平均传热系数,平均传热系数应按本标准附录 A 的规定进行计算;

② 外窗(包括透光幕墙)的传热系数应按《民用建筑热工设计规范》(GB 50176—2016)的有关规定计算;

③ 当设置外遮阳构件时,外窗(包括透光幕墙)的太阳得热系数应为外窗(包括透光幕墙)本身的太阳得热系数与外遮阳构件的遮阳系数的乘积。外窗(包括透光幕墙)本身的太阳得热系数和外遮阳构件的遮阳系数应按《民用建筑热工设计规范》(GB 50176—2016)的有关规定计算。

(2) 屋面、外墙和地下室的热桥部位的内表面温度不应低于室内空气露点温度。

围护结构中窗过梁、圈梁、钢筋混凝土抗震柱、钢筋混凝土剪力墙、梁、柱、墙体和屋面及地面相接触部位的传热系数远大于主体部位的传热系数,形成热流密集通道,即为热桥。对这些热工性能薄弱的环节,必须采取相应的保温隔热措施,才能保证围护结构正常的热工状况和满足建筑室内人体卫生方面的基本要求。

(3) 建筑外门、外窗的气密性分级应符合《建筑外门窗气密、水密、抗风压性能分级及检测方法》(GB/T 7106—2008)中第 4.1.2 条的规定,并应满足下列要求:

① 10 层及以上建筑外窗的气密性不应低于 7 级;

② 10 层以下建筑外窗的气密性不应低于 6 级;

③ 严寒和寒冷地区外门的气密性不应低于 4 级;

④ 建筑幕墙的气密性应符合《建筑幕墙》(GB/T 21086—2007)中第 5.1.3 条的规定且不应低于 3 级;

⑤ 当公共建筑入口大堂采用全玻幕墙时,全玻幕墙中非中空玻璃的面积不应超过同一立面透光面积(门窗和玻璃幕墙)的 15%,且应按同一立面透光面积(含全玻幕墙面积)加权

计算平均传热系数。

由于功能要求,公共建筑的入口大堂可能采用玻璃肋式的全玻幕墙,这种幕墙形式难于采用中空玻璃,为保证设计师的灵活性,本条仅对入口大堂的非中空玻璃构成的全玻幕墙进行特殊要求。为了保证围护结构的热工性能,必须对非中空玻璃的面积加以控制,底层大堂非中空玻璃构成的全玻幕墙的面积不应超过同一立面的门窗和透光幕墙总面积的 15%,加权计算得到的平均传热系数应符合第 3.3.1 条和第 3.3.2 条的要求。

6. 围护结构热工性能权衡判断要求

(1) 进行围护结构热工性能权衡判断前,应对设计建筑的热工性能进行核查;当满足下列基本要求时,方可进行权衡判断:

① 屋面的传热系数基本要求应符合表 7-11 的规定。

表 7-11　屋面的传热系数基本要求

传热系数 K /[W·(m²·K)⁻¹]	严寒 A、B 区	严寒 C 区	寒冷地区	夏热冬冷地区	夏热冬暖地区
	≤0.35	≤0.45	≤0.55	≤0.70	≤0.90

② 外墙(包括非透光幕墙)的传热系数基本要求应符合表 7-12 的规定。

表 7-12　外墙(包括非透光幕墙)的传热系数基本要求

传热系数 K /[W·(m²·K)⁻¹]	严寒 A、B 区	严寒 C 区	寒冷地区	夏热冬冷地区	夏热冬暖地区
	≤0.45	≤0.50	≤0.60	≤1.0	≤1.5

③ 当单一立面的窗墙面积比大于或等于 0.40 时,外窗(包括透光幕墙)的传热系数和综合太阳得热系数基本要求应符合表 7-13 的规定。

表 7-13　外窗(包括透光幕墙)的传热系数和太阳得热系数基本要求

气候分区	窗墙面积比	传热系数 K /[W·(m²·K)⁻¹]	太阳得热系数 $SHGC$
严寒 A、B 区	0.40<窗墙面积比≤0.60	≤2.5	—
	窗墙面积比>0.60	≤2.2	
严寒 C 区	0.40<窗墙面积比≤0.60	≤2.6	—
	窗墙面积比>0.60	≤2.3	
寒冷地区	0.40<窗墙面积比≤0.70	≤2.7	—
	窗墙面积比>0.70	≤2.4	
夏热冬冷地区	0.40<窗墙面积比≤0.70	≤3.0	≤0.44
	窗墙面积比>0.70	≤2.6	
夏热冬暖地区	0.40<窗墙面积比≤0.70	≤4.0	≤0.44
	窗墙面积比>0.70	≤3.0	

为防止建筑物围护结构的热工性能存在薄弱环节,因此设定进行建筑围护结构热工性能权衡判断计算的前提条件。除温和地区以外,进行权衡判断的甲类公共建筑首先应符合本标准表 7-13 的性能要求。当不符合时,应采取措施提高相应热工设计参数,使其达到基本条件后方可按照本节规定进行权衡判断,满足本标准节能要求。建筑围护结构热工性能判定逻辑关系如图 7-1 所示。

根据实际工程经验,与非透光围护结构相比,外窗(包括透光幕墙)更容易成为建筑围护结构热工性能的薄弱环节,因此对窗墙面积比大于 0.4 的情况,规定了外窗(包括透光幕墙)的基本要求。

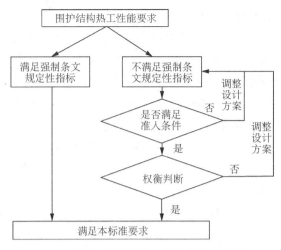

图 7-1　建筑围护结构热工性能判定逻辑关系

(2) 建筑围护结构热工性能的权衡判断,应首先计算参照建筑在规定条件下的全年供暖和空气调节能耗,然后计算设计建筑在相同条件下的全年供暖和空气调节能耗,当设计建筑的供暖和空气调节能耗小于或等于参照建筑的供暖和空气调节能耗时,应判定围护结构的总体热工性能符合节能要求。当设计建筑的供暖和空气调节能耗大于参照建筑的供暖和空气调节能耗时,应调整设计参数重新计算,直至设计建筑的供暖和空气调节能耗不大于参照建筑的供暖和空气调节能耗。

公共建筑的设计往往着重考虑建筑外形立面和使用功能,有时由于建筑外形、材料和施工工艺条件等的限制难以完全满足本标准第 3.3.1 条的要求。因此,使用建筑围护结构热工性能权衡判断方法在确保所设计的建筑能够符合节能设计标准的要求的同时,尽量保证设计方案的灵活性和建筑师的创造性。

(3) 参照建筑的形状、大小、朝向、窗墙面积比、内部的空间划分和使用功能应与设计建筑完全一致。当设计建筑的屋顶透光部分的面积大于本标准第 3.2.7 条的规定时,参照建筑的屋顶透光部分的面积应按比例缩小,使参照建筑的屋顶透光部分的面积符合本标准第 3.2.7 条的规定。

权衡判断是一种性能化的设计方法,具体做法就是先构想出一栋虚拟的建筑,称之为参照建筑,然后分别计算参照建筑和实际设计的建筑全年供暖和空调能耗,并依照这两个能耗的比较结果作出判断。当实际设计的建筑能耗大于参照建筑的能耗时,调整部分设计参数(例如提高窗户的保温隔热性能、缩小窗户面积等),重新计算设计建筑的能耗,直至设计建筑的能耗不大于参照建筑的能耗为止。

(4) 参照建筑围护结构的热工性能参数取值应按本标准第 3.3.1 条的规定取值。参照建筑的外墙和屋面的构造应与设计建筑一致。当本标准第 3.3.1 条对外窗(包括透光幕墙)太阳得热系数未作规定时,参照建筑外窗(包括透光幕墙)的太阳得热系数应与设计建筑一致。

参照建筑是进行围护结构热工性能权衡判断时,作为计算满足标准要求的全年供暖和空气调节能耗用的基准建筑。所以参照建筑围护结构的热工性能参数应按本标准第 3.3.1

条的规定取值。建筑外墙和屋面的构造、外窗(包括透光幕墙)的太阳得热系数都与供暖和空调能耗直接相关,因此参照建筑的这些参数必须与设计建筑完全一致。

(5)建筑围护结构热工性能的权衡计算应符合本标准附录 B 的规定,并应按本标准附录 C 提供相应的原始信息和计算结果。

7.2.2　建筑节能设计案例

以下为某高中教学楼按《公共建筑节能设计标准》(GB 50189—2015)的设计案例(作了部分精简)。其建筑节能设计报告书见表 7-4。

表 7-14　建筑节能设计报告书(公共建筑甲类)

工程名称	某高中教学楼
工程地点	山东
设计编号	
建设单位	
设计单位	
设计人	
校对人	
审核人	
设计日期	
采用软件	节能设计 BECS2018
软件版本	20180303(Sp1)
研发单位	北京绿建软件有限公司
正版授权码	

1. 建筑概况(表 7-15)

表 7-15　建筑概括

工程名称	某高中教学楼
工程地点	山东
地理位置	北纬:35.40°,东经:116.60°
建筑面积	地上 16 434 m², 地下 0 m²
建筑层数	地上 6,地下 0
建筑高度	25.8 m
建筑(节能计算)体积	114 318.86 m³
建筑(节能计算)外表面积	22 293.13 m²
结构类型	框架结构
外墙太阳辐射吸收系数	0.75
屋顶太阳辐射吸收系数	0.75

2. 设计依据

(1)《公共建筑节能设计标准》(GB 50189—2015)。

(2)《民用建筑热工设计规范》(GB 50176—2016)。

(3)《建筑外门窗气密、水密、抗风压性能分级及检测方法》(GB/T 7106—2008)。

(4)《建筑幕墙》(GB/T 21086—2007)。

3. 建筑大样(图7-2、图7-3)

朝向	立面	颜色
南向	南—默认立面	
北向	北—默认立面	
东向	东—默认立面	
西向	西—默认立面	

图7-2 立面图例

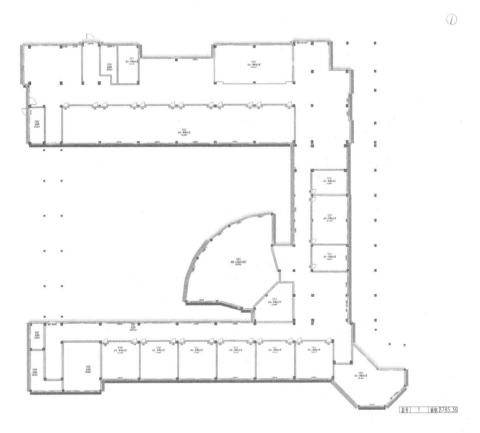

1层平面

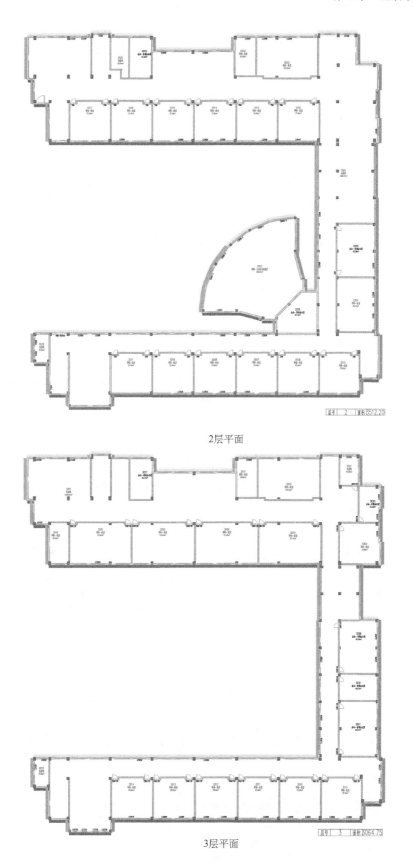

2层平面

3层平面

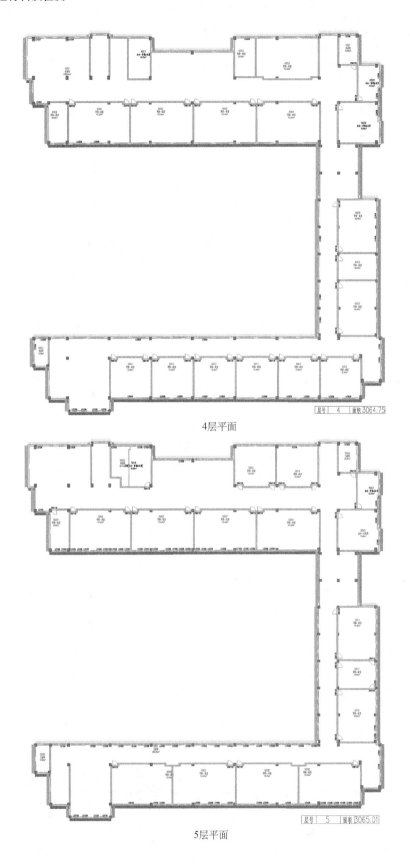

4层平面

5层平面

6层平面图

图 7-3　建筑平面图

4. 规定性指标检查

1）工程材料（表 7-16）

表 7-16　工程材料规定性指标

材料名称	编号	导热系数 λ/[W · (m · K)$^{-1}$]	蓄热系数 S/[W · (m^2 · K)$^{-1}$]	密度 ρ/ (kg · m^{-3})	比热容 C_p/[J · (kg · K)$^{-1}$]	蒸汽渗透系数 μ/[g · (m · h · kPa)$^{-1}$]	备注
水泥砂浆	1	0.930	11.370	1 800.0	1 050.0	0.0210	来源：《民用建筑热工设计规范》（GB 50176—2016）
石灰砂浆	18	0.810	10.070	1 600.0	1 050.0	0.0443	来源：《民用建筑热工设计规范》（GB 50176—2016）
钢筋混凝土	4	1.740	17.200	2 500.0	920.0	0.0158	来源：《民用建筑热工设计规范》（GB 50176—2016）
防水层	29	—	—	—	—	—	—
挤塑型聚苯板（XPS板）用于屋面	30	0.030	0.342	30.0	1 790.0	0.0000	修正系数＝1.15
挤塑型聚苯板（XPS板）	34	0.030	0.342	30.0	1 790.0	0.0000	修正系数＝1.10
岩棉板（纵丝）	31	0.040	0.590	100.0	1 196.7	0.0000	修正系数＝1.20

材料名称	编号	导热系数 $\lambda/[\text{W}\cdot(\text{m}\cdot\text{K})^{-1}]$	蓄热系数 $S/[\text{W}\cdot(\text{m}^2\cdot\text{K})^{-1}]$	密度 $\rho/(\text{kg}\cdot\text{m}^{-3})$	比热容 $C_p/[\text{J}\cdot(\text{kg}\cdot\text{K})^{-1}]$	蒸汽渗透系数 $\mu/[\text{g}\cdot(\text{m}\cdot\text{h}\cdot\text{kPa})^{-1}]$	备注
发泡陶瓷保温板（Ⅰ型）	33	0.052	0.810	180.0	963.9	0.0000	修正系数＝1.05，来源:《发泡陶瓷保温板应用技术规程》(T/CECS 480—2017)
加气混凝土砌块（B05级）	35	0.160	2.610	500.0	1 170.9	0.0000	修正系数＝1.25
细石混凝土（双向配筋）	36	1.740	17.060	2 500.0	920.0	0.0000	来源:《民用建筑热工设计规范》(GB 50176—2016)
陶粒混凝土砌体（B05）	41	0.140	2.400	500.0	1 131.5	0.0000	修正系数＝1.25，来源:《陶粒加气混凝土砌块》(JG/T 504—2016)

2）围护结构作法简要说明

（1）屋顶构造:屋顶构造（由上到下）。

细石混凝土（双向配筋）40 mm＋防水层 5 mm＋水泥砂浆 20 mm＋挤塑型聚苯板（XPS板）用于屋面 70 mm＋钢筋混凝土 120 mm＋石灰砂浆 20 mm。

（2）外墙构造（1）:外墙构造（由外到内）。

水泥砂浆 20 mm＋陶粒混凝土砌体（B05）300 mm＋石灰砂浆 20 mm。

（3）外墙构造（2）:热桥梁构造（由外到内）。

水泥砂浆 20 mm＋发泡陶瓷保温板（Ⅰ型）70 mm＋钢筋混凝土 200 mm＋石灰砂浆 20 mm。

（4）外墙构造（3）:热桥柱构造（由外到内）。

水泥砂浆 20 mm＋发泡陶瓷保温板（Ⅰ型）70 mm＋钢筋混凝土 200 mm＋石灰砂浆 20 mm。

（5）外墙构造（4）:热桥板构造（由外到内）。

水泥砂浆 20 mm＋发泡陶瓷保温板（Ⅰ型）70 mm＋钢筋混凝土 200 mm＋石灰砂浆 20 mm。

（6）采暖与非采暖隔墙:控温与非控温隔墙构造。

水泥砂浆 20 mm＋加气混凝土砌块（B05级）200 mm＋石灰砂浆 20 mm。

（7）外窗构造（1）:5＋15Ar＋5Low-E-隔热金属窗框。

传热系数 1.900 W/(m²·K)，太阳得热系数 0.390。

（8）外窗构造（2）:5＋15Ar＋5Low-E-隔热金属窗框。

传热系数 1.900 W/(m²·K)，太阳得热系数 0.390。

（9）周边地面构造：周边地面构造。

水泥砂浆 20 mm＋挤塑型聚苯板(XPS 板) 50 mm＋钢筋混凝土 100 mm。

3）体形系数（表 7-17）

表 7-17 体形系数要求

外表面积	22 293.13 m²
建筑体积	114 318.86 m²
体形系数	0.20
标准依据	《公共建筑节能设计标准》(GB 50189—2015)第 3.2.1 条
标准要求	严寒和寒冷地区体形系数应符合标准中表 3.2.1 的规定(s≤0.40)
结论	满足

4）窗墙比（表 7-18）

表 7-18 窗墙比要求

朝向	立面	窗面积/m²	墙面积/m²	窗墙比	限值	结论
南向	南—默认立面	1 242.58	3 292.71	0.38	0.70	适宜
北向	北—默认立面	1 093.52	3 310.21	0.33	0.70	适宜
东向	东—默认立面	663.81	2 053.92	0.32	0.70	适宜
西向	西—默认立面	574.90	2 028.95	0.28	0.70	适宜
标准依据	《公共建筑节能设计标准》(GB 50189—2015)第 3.2.2 条					
标准要求	寒冷地区甲类公共建筑各单一立面窗墙面积比(包括透光幕墙)均不宜大于 0.70					
结论	适宜					

5）可见光透射比（表 7-19）

表 7-19 可见光透射比

朝向	立面	窗墙比	最不利窗编号	最不利透射比	透射比限值
南向	南—默认立面	0.38	LM2022	0.60	0.60
北向	北—默认立面	0.33	LC1526	0.60	0.60
东向	东—默认立面	0.32	LM2022	0.60	0.60
西向	西—默认立面	0.28	LC4535	0.60	0.60
标准依据	《公共建筑节能设计标准》(GB 50189—2015)第 3.2.4 条				
标准要求	当窗墙面积比小于 0.40 时,玻璃的可见光透射比不应当小于 0.6;当窗墙面积比大于等于 0.40 时,玻璃的可见光透射比不应当小于 0.4				
结论	满足				

6) 屋顶构造(表 7-20)

表 7-20 屋顶构造

材料名称 (由上到下)	厚度 δ /mm	导热系数 λ/ [W·(m·K)$^{-1}$]	蓄热系数 S/ [W·(m^2·K)$^{-1}$]	修正系数 α	热阻 R/ [(m^2·K)·W^{-1}]	热惰性指标 D=RS
细石混凝土(双向配筋)	40	1.740	17.060	1.00	0.023	0.392
防水层	5	—	—	—	0.000	0.000
水泥砂浆	20	0.930	11.370	1.00	0.022	0.245
挤塑型聚苯板 (XPS 板)用于屋面	70	0.030	0.342	1.15	2.029	0.798
钢筋混凝土	120	1.740	17.200	1.00	0.069	1.186
石灰砂浆	20	0.810	10.070	1.00	0.025	0.249
各层之和	275	—	—	—	2.167	2.870
外表面太阳辐射吸收系数	0.75(默认)					
传热系数 $K = 1/(0.15 + \sum R)$	0.43					
标准依据	《公共建筑节能设计标准》(GB 50189—2015)第 3.3.1 条					
标准要求	$K \leqslant 0.45, S \leqslant 0.30$ 或 $K \leqslant 0.40, 0.30 < S \leqslant 0.50$					
结论	满足					

7) 外墙构造

(1) 外墙相关构造(表 7-21)。

表 7-21 外墙构造

材料名称 (由外到内)	厚度 δ /mm	导热系数 λ/ [W·(m·K)$^{-1}$]	蓄热系数 S/ [W·(m^2·K)$^{-1}$]	修正系数 α	热阻 R/ [(m^2·K)·W^{-1}]	热惰性指标 D=RS
水泥砂浆	20	0.930	11.370	1.00	0.022	0.245
陶粒混凝土砌体(B05)	300	0.140	2.400	1.25	1.714	5.143
石灰砂浆	20	0.810	10.070	1.00	0.025	0.249
各层之和	340	—	—	—	1.760	5.636
外表面太阳辐射吸收系数	0.75(默认)					
传热系数 $K = 1/(0.15 + \sum R)$	0.52					

（2）热桥梁构造（表 7-22）。

表 7-22　热桥梁构造

材料名称 （由外到内）	厚度 δ /mm	导热系数 λ /[W·(m·K)$^{-1}$]	蓄热系数 S/ [W·(m^2·K)$^{-1}$]	修正系数 α	热阻 R/ [(m^2·K)·W^{-1}]	热惰性 指标 D＝RS
水泥砂浆	20	0.930	11.370	1.00	0.022	0.245
发泡陶瓷保温板（Ⅰ型）	70	0.052	0.810	1.05	1.282	1.090
钢筋混凝土	200	1.740	17.200	1.00	0.115	1.977
石灰砂浆	20	0.810	10.070	1.00	0.025	0.249
各层之和	310	—	—	—	1.443	3.561
外表面太阳辐射 吸收系数	0.75（默认）					
传热系数 $K = 1/(0.15 + \sum R)$	0.63					

（3）外墙平均热工特性（表 7-23）。

表 7-23　外墙平均热工特性

构造名称	构件类型	面积/m^2	面积所占 比例	传热系数 K /[W·(m^2·K)$^{-1}$]	热惰性 指标 D	太阳辐射 吸收系数
外墙构造	主墙体	4 680.87	0.660	0.52	5.64	0.75
热桥梁构造	热桥梁	1 253.01	0.177	0.63	3.56	0.75
热桥柱构造	热桥柱	818.67	0.115	0.63	3.56	0.75
热桥板构造	热桥板	336.00	0.047	0.63	3.56	0.75
合计		7 088.54	1.000	0.56	4.93	0.75
标准依据	《公共建筑节能设计标准》(GB 50189—2015)第 3.3.1 条					
标准要求	$K \leqslant 0.50$，$S \leqslant 0.30$ 或 $K \leqslant 0.45$，$0.30 < S \leqslant 0.50$					
结论	不满足					

8）采暖与非采暖隔墙（表 7-24）

表 7-24　控温与非控温隔墙构造

材料名称	厚度 δ /mm	导热系数 λ /[W·(m·K)$^{-1}$]	蓄热系数 S/ [W·(m^2·K)$^{-1}$]	修正系数 α	热阻 R/ [(m^2·K)·W^{-1}]	热惰性指标 D＝RS
水泥砂浆	20	0.930	11.370	1.00	0.022	0.245
加气混凝土砌块 （B05 级）	200	0.160	2.610	1.25	1.000	3.262

(续表)

材料名称	厚度δ/mm	导热系数λ/[W·(m·K)$^{-1}$]	蓄热系数S/[W·(m^2·K)$^{-1}$]	修正系数α	热阻R/[(m^2·K)·W^{-1}]	热惰性指标D=RS
石灰砂浆	20	0.810	10.070	1.00	0.025	0.249
各层之和	240	—	—	—	1.046	3.756
传热系数 $K=1/(0.22+\sum R)$	0.79					
标准依据	《公共建筑节能设计标准》(GB 50189—2015)第3.3.1条					
标准要求	$K\leqslant1.5$					
结论	满足					

9) 外窗热工

(1) 外窗构造(表7-25)。

表 7-25 外窗构造

序号	构造名称	构造编号	传热系数	太阳得热系数	可见光透射比	备注
1	5+15Ar+5Low-E-隔热金属窗框	144	1.90	0.39	0.600	
2	5+15Ar+5Low-E-隔热金属窗框	133	1.90	0.39	0.600	

(2) 平均传热系数(以南向为例)(表7-26)。

南向:南—默认立面。

表 7-26 平均传热系数

序号	门窗编号	楼层	数量	单个面积/m^2	总面积/m^2	构造编号	传热系数
1	C1826	2	1	4.680	4.680	133	1.900
2	C1835	2	1	6.300	6.300	133	1.900
3	LC0726	1~5	13	1.820	23.660	133	1.900
4	LC1026	5	62	2.600	161.200	133	1.900
5	LC1226	1~5	10	3.120	31.200	133	1.900
6	LC1826	3~5	3	4.680	14.040	133	1.900
7	LC1835	3~5	3	6.300	18.900	133	1.900
8	LC2026	3~4	2	5.200	10.400	133	1.900
9	LC2826	2~4	60	7.280	436.800	133	1.900
10	LC4034	1	1	13.600	13.600	133	1.900
11	LC5034	1~2	2	17.000	34.000	133	1.900
12	LC6534	1	12	22.100	265.200	133	1.900

（续表）

序号	门窗编号	楼层	数量	单个面积/m²	总面积/m²	构造编号	传热系数
13	LC8435	2～5	7	29.400	205.800	133	1.900
14	LM2022	6	2	4.400	8.800	133	1.900
15	透光门-M2020	1～2	2	4.000	8.000	133	1.900
立面总面积/m²		1 242.580			立面平均传热系数		1.900

（3）热工性能（表 7-27、表 7-28）。

表 7-27　综合太阳得热系数

序号	门窗编号	楼层	数量	单个面积/m²	总面积/m²	构造编号	窗太阳得热系数	外遮阳编号	外遮阳系数	综合太阳得热系数
1		2	1	0.820	0.820	144	0.390		1.000	0.390
2		2	1	47.354	47.354	144	0.390		1.000	0.390
3		3～5	3	47.354	142.063	144	0.390		1.000	0.390
4	C11243	1	1	36.960	36.960	133	0.390		1.000	0.390
5	C1526	2	2	3.900	7.800	133	0.390		1.000	0.390
6	C1835	2	1	6.300	6.300	133	0.390		1.000	0.390
7	C3826-1	1～2	2	9.812	19.625	133	0.390		1.000	0.390
8	C3826-3	1～2	2	9.955	19.911	133	0.390		1.000	0.390
9	C3826-5	1～2	2	10.007	20.015	133	0.390		1.000	0.390
10	C3926	1～2	4	10.140	40.560	133	0.390		1.000	0.390
11	LC1026	1,5	16	2.600	41.600	133	0.390		1.000	0.390
12	LC1526	3～4	4	3.900	15.600	133	0.390		1.000	0.390
13	LC1826	5	2	4.680	9.360	133	0.390		1.000	0.390
14	LC1835	2～4	3	6.300	18.900	133	0.390		1.000	0.390
15	LC3926	2～4	11	10.140	111.540	133	0.390		1.000	0.390
16	LC4535	5	1	15.750	15.750	133	0.390		1.000	0.390
17	LC6134	1	1	20.740	20.740	133	0.390		1.000	0.390
立面总面积/m²		574.897		综合太阳得热系数				1.000		0.390

表 7-28　总体热工性能

朝向	立面	面积	传热系数	综合太阳得热系数	窗墙比	标准要求	结论
南向	南—默认立面	1 242.58	1.90	0.39	0.38	$K \leqslant 2.40$，$SHGC \leqslant 0.48$	满足
北向	北—默认立面	1 093.52	1.90	0.39	0.33	$K \leqslant 2.40$，$SHGC$（不要求）	满足

（续表）

朝向	立面	面积	传热系数	综合太阳得热系数	窗墙比	标准要求	结论
东向	东—默认立面	663.81	1.90	0.39	0.32	$K \leqslant 2.40$，$SHGC \leqslant 0.48$	满足
西向	西—默认立面	574.90	1.90	0.39	0.28	$K \leqslant 2.70$，$SHGC \leqslant 0.52$	满足
综合平均		3 574.81	1.90	0.39	0.33		
标准依据		《公共建筑节能设计标准》(GB 50189—2015)第3.3.1条					
标准要求		外窗传热系数和太阳得热系数满足标准中表3.3.1-3的要求					
结论		满足					

注：本表所统计的外窗包含凸窗。

10）周边地面构造（表7-29）

表7-29　周边地面构造

材料名称	厚度 δ /mm	导热系数 λ /[W·(m·K)$^{-1}$]	蓄热系数 S /[W·(m^2·K)$^{-1}$]	修正系数 α	热阻 R /[(m^2·K)·W^{-1}]	热惰性指标 $D=RS$
水泥砂浆	20	0.930	11.370	1.00	0.022	0.245
挤塑型聚苯板(XPS板)	50	0.030	0.342	1.10	1.515	0.570
钢筋混凝土	100	1.740	17.200	1.00	0.057	0.989
各层之和	170	—	—	—	1.594	1.803
保温层 $\sum R$(R 为 $\lambda\alpha < 1.16$ 的材料热阻)	1.54					
传热系数 $K = 1/(1/0.52 + \sum R)$	0.29					
标准依据	《公共建筑节能设计标准》(GB 50189—2015)第3.3.1条					
标准要求	$R \geqslant 0.60$					
结论	满足					

备注：用灰色显示的材料是非保温层。

11）非中空窗面积比（表7-30）

表7-30　非中空窗面积比

朝向	立面	非中空玻璃面积/m²	透光面积/m²	非中空面积比	限值	结论
南向	南—默认立面	0.00	1 242.58	0.00	0.15	满足
北向	北—默认立面	0.00	1 093.52	0.00	0.15	满足

（续表）

朝向	立面	非中空玻璃面积/m²	透光面积/m²	非中空面积比	限值	结论
东向	东—默认立面	0.00	663.81	0.00	0.15	满足
西向	西—默认立面	0.00	574.90	0.00	0.15	满足
标准依据		《公共建筑节能设计标准》(GB 50189—2015)第 3.3.7 条				
标准要求		非中空玻璃的面积不应超过同一立面透光面积的 15%				
结论		满足				

12) 外窗气密性(表 7-31)

表 7-31　外窗气密性

层数	1~9 层	10 层以上
最不利气密性等级	7 级　C11243	—
外窗气密性措施		
标准依据	《公共建筑节能设计标准》(GB 50189—2015)第 3.3.5 条,分级与检测方法《建筑外门窗气密、水密、抗风压性能分级及检测方法》(GB/T 7106—2008)	《公共建筑节能设计标准》(GB 50189—2015)第 3.3.5 条,分级与检测方法《建筑外门窗气密、水密、抗风压性能分级及检测方法》(GB/T 7106—2008)
标准要求	10 层以下外窗气密性不应低于《建筑外门窗气密、水密、抗风压性能分级及检测方法》(GB/T 7106—2008)的 6 级	10 层及以上外窗气密性不应低于《建筑外门窗气密、水密、抗风压性能分级及检测方法》(GB/T 7106—2008)的 7 级
结论	满足	—

13) 外门气密性(表 7-32)

表 7-32　外门气密性

最不利气密性等级	4 级　LMC2035
外门气密性措施	
标准依据	《公共建筑节能设计标准》(GB 50189—2015)第 3.3.5 条,分级与检测方法《建筑外门窗气密、水密、抗风压性能分级及检测方法》(GB/T 7106—2008)
标准要求	外门气密性不应低于《建筑外门窗气密、水密、抗风压性能分级及检测方法》(GB/T 7106—2008)的 4 级
结论	满足

14) 幕墙气密性(表 7-33)

表 7-33　幕墙气密性

最不利气密性等级	3 级
幕墙气密性措施	

通风换气装置	无
标准依据	《公共建筑节能设计标准》(GB 50189—2015)第3.3.6条, 《建筑幕墙》(GB/T 21086—2007)
标准要求	幕墙气密性不应低于《建筑幕墙》(GB/T 21086—2007)的3级, 即《建筑幕墙物理性能分级》(GB/T 15225—1994)的3级
结论	满足

15)规定性指标检查结论(表7-34)

表7-34　规定性指标检查结论

序号	检查项	结论	可否性能权衡
1	体形系数	满足	
2	窗墙比	适宜	
3	可见光透射比	满足	
4	天窗类型	无屋顶透光部分	
5	屋顶构造	满足	
6	外墙构造	不满足	可
7	采暖与非采暖隔墙	满足	
8	外窗热工	满足	
9	周边地面构造	满足	
10	有效通风换气面积	不适宜	可
11	非中空窗面积比	满足	
12	外窗气密性	满足	
13	外门气密性	满足	
14	幕墙气密性	满足	
结论	不满足	可	

16)设计结论

本工程规定性指标设计不满足要求,需依据《公共建筑节能设计标准》(GB 50189—2015)的要求进行节能设计的权衡判断。

5. 热工性能权衡判断

1)说明

本建筑按《公共建筑节能设计标准》(GB 50189—2015)的规定进行强制性条文和必须满足条款的规定性指标检查,结果未能达标,按标准规定继续进行热工性能权衡判断。

2) 综合权衡(表 7-35—表 7-38)

表 7-35　计算条件

内　　容	设计建筑	参照建筑
体形系数 S	0.20	0.20
屋顶传热系数 $K/[\mathrm{W}\cdot(\mathrm{m}^2\cdot\mathrm{K})^{-1}]$	0.43	0.45
外墙(包括非透明幕墙)传热系数 $K/[\mathrm{W}\cdot(\mathrm{m}^2\cdot\mathrm{K})^{-1}]$	0.56	0.50
屋顶透明部分传热系数 $K/[\mathrm{W}\cdot(\mathrm{m}^2\cdot\mathrm{K})^{-1}]$	—	—
屋顶透明部分太阳得热系数		
底面接触室外的架空或外挑楼板传热系数 $K/[\mathrm{W}\cdot(\mathrm{m}^2\cdot\mathrm{K})^{-1}]$		
地下车库与供暖房间之间的楼板 $K/[\mathrm{W}\cdot(\mathrm{m}^2\cdot\mathrm{K})^{-1}]$		
非供暖楼梯间与供暖房间之间的隔墙 $K/[\mathrm{W}\cdot(\mathrm{m}^2\cdot\mathrm{K})^{-1}]$	0.79	1.50
周边地面热阻 $R/[(\mathrm{m}^2\cdot\mathrm{K})\cdot\mathrm{W}^{-1}]$	—	0.60
地下墙热阻 $R/[(\mathrm{m}^2\cdot\mathrm{K})\cdot\mathrm{W}^{-1}]$	—	—
变形缝热阻 $R/[(\mathrm{m}^2\cdot\mathrm{K})\cdot\mathrm{W}^{-1}]$	—	—

外窗(包括透明幕墙)	朝向	立面	窗墙比	传热系数	太阳得热系数	窗墙比	传热系数	太阳得热系数
	南向	南—默认立面	0.38	1.90	0.39	0.38	2.40	0.48
	北向	北—默认立面	0.33	1.90	0.39	0.33	2.40	0.48
	东向	东—默认立面	0.32	1.90	0.39	0.32	2.40	0.48
	西向	西—默认立面	0.28	1.90	0.39	0.28	2.70	0.52
室内参数和气象条件设置	按《公共建筑节能设计标准》(GB 50189—2015)附录 B 设置							

注:1. —代表本工程无对应项;
　　2. ——代表参照建筑不要求,取值同设计建筑。

表 7-36　房间类型

房间类型	空调温度 /℃	供暖温度 /℃	新风量 /[m³·(h·人)⁻¹]	人员密度 /(m²·人⁻¹)	照明功率 /(W·m⁻²)	电器设备功率 /(W·m⁻²)
办公——会议室	26	20	30	10	9	15
办公——普通办公室	26	20	30	10	9	15
学校——教室	26	20	30	6	9	5
宾馆——2 星级多功能厅	25	22	30	25	7	15
空房间	—	—	20	50	0	0

注:作息时间表详见附录。

表 7-37　综合权衡

内　容	设计建筑	参照建筑
全年供暖和空调总耗电量/(kW·h·m⁻²)	24.97	26.81
供冷耗电量/(kW·h·m⁻²)	5.84	6.81
供热耗电量(kW·h·m⁻²)	19.13	20.00
耗冷量(kW·h·m⁻²)	14.60	17.02
耗热量(kW·h·m⁻²)	33.64	35.16
标准依据	《公共建筑节能设计标准》(GB 50189—2015)第 3.4.2 条	
标准要求	设计建筑的能耗不大于参照建筑的能耗	
结论	满足	

表 7-38　综合权衡判断结论

序号	检查项	结论
1	体形系数	满足
2	可见光透射比	满足
3	屋顶构造	满足
4	外墙构造	满足
5	外窗热工	满足
6	有效通风换气面积	不适宜
7	非中空窗面积比	满足
8	外窗气密性	满足
9	外门气密性	满足
10	幕墙气密性	满足
11	综合权衡	满足
结论		满足

3) 权衡判断结论

本工程设计建筑的采暖和空气调节能耗不大于参照建筑的采暖和空气调节能耗。权衡判断满足《公共建筑节能设计标准》(GB 50189—2015)的要求。

7.3　建筑节能工程技术标准

建筑节能工程技术标准主要有《外墙外保温工程技术标准》(JGJ 144—2019)、《建筑外墙外保温防火隔离带技术规程》(JGJ 289—2012)、《岩棉薄抹灰外墙外保温工程技术标准》(JGJ/T 480—2019)、《外墙内保温工程技术规程》(JGJ/T 261—2011)、《硬泡聚氨酯保温防水工程技术规范》(GB 50404—2017)和《保温防火复合板应用技术规程》(JGJ/T 350—2015)等标准,主要集中在外墙外保温工程上。

　　外保温工程在欧洲已有 40 多年的历史,使用最多的是 EPS 板薄抹面外保温系统。欧洲是世界上最早开展技术认定的地区,早在 1979 年,欧洲建筑技术鉴定联合会(UEAtc)就发布了 EPS 板薄抹灰外保温系统鉴定指南,并于 1988 年发布了新版,1992 年又发布了具有无机抹面层的外保温系统鉴定指南。在 1988 年和 1992 年指南的基础上,欧洲技术认可组织(EOTA)于 2000 年发布了《有抹面复合外保温系统欧洲技术认可指南》(EOTA ETAG 004)。该指南对外保温系统的技术性能、试验方法以及技术认定要求做了全面规定,是对外保温系统进行技术认定的依据。欧洲是把外保温系统作为一个整体进行认定的,其中包括外保温系统的构造和设计、施工要点、系统和组成材料性能及生产过程质量控制等诸多方面。我国 20 世纪 90 年代中期开始进行外保温工程试点,首先用于工程的也是 EPS 板薄抹灰外保温系统。随着北美和欧洲公司的进入,尤其是第一套外墙外保温国家标准的出版发行,对外保温的发展起到了很大的促进作用。由于外保温在建筑节能和室内环境舒适等方面具有诸多优点,因此得到了优先重点发展和市场的认可。由于我国的外保温技术开发起步较晚,外保温系统还在不断地发展完善中,外保温工程中也存在着不少问题,主要是部分外保温系统及材料防火性能较差,存在火灾隐患,在外墙外保温工程施工阶段发生过部分火灾事故。另外,在外保温工程使用阶段出现过保护层开裂、空鼓和脱落,个别工程出现外保温系统被大风刮掉、雨水通过裂缝渗至外墙内表面等质量问题。这些问题若不及时加以解决,将会对我国日益发展的外保温市场造成不良影响,并给外保温工程留下安全隐患。本节主要介绍《外墙外保温工程技术标准》(JGJ 144—2019)的主要内容。

7.3.1　《外墙外保温工程技术标准》(JGJ 144—2019)基本规定

　　(1) 外保温工程应能适应基层墙体的正常变形而不产生裂缝或空鼓。

　　(2) 外保温工程应能承受自重、风荷载和室外气候的长期反复作用且不产生有害的变形和破坏。

　　(3) 外保温工程在正常使用中或地震时不应发生脱落。

　　(4) 外保温工程应具有防止火焰沿外墙面蔓延的能力。

　　(5) 外保温工程应具有防止水渗透性能。

　　(6) 外保温复合墙体的保温、隔热和防潮性能应符合现行国家标准《民用建筑热工设计规范》(GB 50176—2016)的规定。

　　对于外保温工程或工程各部分的基本规定,主要参考了欧洲技术认定组织(EOTA)《有抹面复合外保温系统欧洲技术认可指南》(EOTA ETAG 004),同时结合我国外保温发展的实际情况。在一个经济上合理的使用寿命期内,外保温工程必须满足以下 6 项基本要求:

　　① 系统应设计成在由交通往来和正常使用造成的冲击作用下仍能保持其特性。

　　② 火灾情况下的安全性对复合外保温系统的防火要求将依据法律、法规和适用于建筑物整体的行政规定而定。

　　③ 卫生、健康和环境。系统应防止室外水分进入,防止内表面和间层结露。

　　④ 使用安全性。虽然复合外保温系统不作为承重结构使用,但对其力学性能和稳定性仍然提出了要求。复合外保温系统在由正常荷载,如自重、温度、湿度和收缩以及主体结构位移和风力(吸力)等引起的复合应力的作用下应能保持稳定。

⑤ 隔声。隔声要求并未提出,因为这些要求应由包括复合外保温系统在内的整个墙体以及门窗和其他孔洞来满足。

⑥ 节能和保温整个墙体应满足此项要求。复合外保温系统改善了保温性能并使减少采暖(冬季)和空调(夏季)能耗成为可能。

(7) 外保温工程各组成部分应具有物理-化学稳定性。所有组成材料应彼此相容并具有防腐性。在可能受到生物侵害(鼠害、虫害等)时,外保温工程还应具有防生物侵害性能。

本条涉及工程的预期耐久性和使用性能。在 EOTA ETAG 004 中,除提出系统在所经受的各种作用下,在系统寿命期内,除应满足 6 项基本要求外,还对外保温工程耐久性和使用性能作了以下规定:

① 系统耐久性。复合外保温系统在温度、湿度和收缩的作用下应是稳定的。

② 部件耐久性。所有部件都应表现出化学-物理稳定性,所有材料应是天然耐腐蚀或者是被处理成耐腐蚀的,所有材料应是彼此相容的。

(8) 在正确使用和正常维护的条件下,外保温工程的使用年限不应少于 25 年。使用年限的含义是,当预期使用年限到期后,外保温工程性能仍能符合本标准规定。

7.3.2 《外墙外保温工程技术标准》(JGJ 144—2019)性能要求

(1) 应按本标准附录 A 的规定对外保温系统进行耐候性检验。

(2) 外保温系统经耐候性试验后,不得出现空鼓、剥落或脱落、开裂等破坏,不得产生裂缝出现渗水;外保温系统拉伸黏结强度应符合表 7-39 的规定,且破坏部位应位于保温层内。

表 7-39　外保温系统拉伸黏结强度　　　　　　　　　　　单位:MPa

检验项目	粘贴保温板薄抹灰外保温系统、EPS 板现浇混凝土外保温系统	胶粉聚苯颗粒保温浆料外保温系统	胶粉聚苯颗粒浆料贴砌 EPS 板外保温系统、现场喷涂硬泡聚氨酯外保温系统
拉伸黏结强度	≥0.10	≥0.06	≥0.10

外保温工程在实际使用中会受到相当大的热应力作用,这种热应力主要表现在防护层上。由于外保温系统的隔热性能好,其防护层温度在夏季可高达 80 ℃。夏季持续晴天后突降暴雨所引起的表面温度变化可达 50 ℃。耐候性试验模拟夏季墙面经高温日晒后突降暴雨和冬季昼夜温度的反复作用,是对大尺寸外保温墙体进行加速气候老化试验,是检验和评价外保温系统质量的重要试验项目。

(3) 外保温系统其他性能应符合表 7-40 的规定。

表 7-40　外保温系统性能要求

检验项目	性能要求	试验方法
耐冻融性	30 次冻融循环后,系统无空鼓、剥落,无可见裂缝;拉伸黏结强度符合表 4.0.2 规定	附录 A 第 A.3 节
抗冲击性	建筑物首层墙面及门窗口等易受碰撞部位:10J 级;建筑物二层及以上墙面:3J 级	附录 A 第 A.4 节

（续表）

检验项目	性能要求	试验方法
吸水量	≤500 g/m²	附录 A 第 A.5 节
热阻	符合设计要求	附录 A 第 A.8 节
抹面层不透水性	2 h 不透水	附录 A 第 A.9 节
防护层水蒸气渗透阻	符合设计要求	附录 A 第 A.10 节

注：当需要检验外保温系统抗风荷载性能时，性能指标和试验方法由供需双方协商确定。

对于外保温系统性能要求，根据不同情况分别以数值、特性等形式进行规定。有些性能如热阻、防护层水蒸气渗透阻和保温材料水蒸气渗透系数等，外保温系统供应商应提供检测数据，由设计人员分别按照《严寒和寒冷地区居住建筑节能设计标准》(JGJ 26—2018)、《夏热冬冷地区居住建筑节能设计标准》(JGJ 134—2010)、《夏热冬暖地区居住建筑节能设计标准》(JGJ 75—2012)和《民用建筑热工设计规范》(GB 50176—2016)等相关标准计算确定符合设计要求的情况。

（4）胶黏剂的拉伸黏结强度检验应符合本标准附录 A 第 A.7 节的规定。

（5）胶黏剂拉伸黏结强度应符合表 7-41 的规定。胶黏剂与保温板的黏结在原强度、浸水 48 h 且干燥 7 d 后的耐水强度条件下发生破坏时，破坏部位应位于保温板内。

表 7-41　胶黏剂拉伸黏结强度　　　　　　　　单位：MPa

检验项目		与水泥砂浆	与保温板
原强度		≥0.60	≥0.10
耐水强度	浸水 48 h，干燥 2 h	≥0.30	≥0.06
	浸水 48 h，干燥 7 d	≥0.60	≥0.10

胶黏剂的性能关键是与保温板的附着力，因此规定破坏部位应位于保温板内。

（6）抹面胶浆的拉伸黏结强度检验应符合本标准附录 A 第 A.7 节的规定。

（7）抹面胶浆拉伸黏结强度应符合表 7-42 的规定。抹面胶浆与保温材料的黏结在原强度、浸水 48 h 且干燥 7 d 后的耐水强度条件下发生破坏时，破坏部位应位于保温材料内。

表 7-42　抹面胶浆拉伸黏结强度　　　　　　　　单位：MPa

检验项目		与保温板	与保温浆料
原强度		≥0.10	≥0.06
耐水强度	浸水 48 h，干燥 2 h	≥0.06	≥0.06
	浸水 48 h，干燥 7 d	≥0.10	≥0.06
耐冻融强度		≥0.10	≥0.06

抹面胶浆拉伸黏结强度指标过高会增大抹面层的水蒸气渗透阻,不利于墙体中水分的排出。

(8) 玻纤网的单位面积质量检验应符合《增强制品试验方法 第 3 部分:单位面积质量的测定》(GB/T 9914.3—2013)的规定,玻纤网的耐碱性检验应符合《玻璃纤维网布耐碱性试验方法 氢氧化钠溶液浸泡法》(GB/T 20102—2006)的规定。

(9) 玻纤网的主要性能应符合表 7-43 的规定。

表 7-43 玻纤网主要性能

检验项目	性能要求
单位面积质量	≥160 g/m²
耐碱断裂强力(经、纬向)	≥1 000 N/50 mm
耐碱断裂强力保留率(经、纬向)	≥50%
断裂伸长率(经、纬向)	≤5.0%

(10) 外保温系统保温材料性能除应符合表 7-44 和表 7-45 的规定外,尚应符合外保温系统材料相关标准的规定。

表 7-44 外保温系统保温材料性能要求

检验项目	性能要求				试验方法
	EPS 板		XPS 板	PUR 板	
	033 级	039 级			
导热系数 /[W·(m·K)⁻¹]	≤0.033	≤0.039	≤0.030	≤0.024	现行国家标准《绝热材料稳态热阻及有关特性的测定 防护热板法》(GB AT 10294—2008)、《绝热材料稳态热阻及有关特性的测定 热流计法》(GB/T 10295—2008)
表观密度/(kg·m⁻³)	18~22		25~35	≥5	现行国家标准《泡沫塑料及橡胶表观密度的测定》(GB/T 6343—2009)
垂直于板面方向的抗拉强度/MPa	≥0.10		≥0.10	≥0.10	附录 A 第 A.6 节
尺寸稳定性/%	≤0.3		≤1.0	≤1.0	现行国家标准《硬质泡沫塑料尺寸稳定性试验方法》(GB/T 8811—1988)
吸水率(V/V)/%	≤3		≤1.5	≤3	现行国家标准《绝热用模塑聚苯乙烯泡沫塑料》(GB/T 10801.1—2002)、《绝热用挤塑聚苯乙烯泡沫塑料(XPS)》(GB/T 10801.2—2018)、《硬质泡沫塑料吸水率的测定》(GB/T 8810—2005)
燃烧性能等级	B₁ 级		不低于 B₂ 级		现行国家标准《建筑材料及制品燃烧性能分级》(GB 8624—2012)

注:不带表皮的挤塑聚苯板性能指标按相关标准取值。

表 7-45　胶粉聚苯颗粒保温浆料和胶粉聚苯颗粒贴砌浆料性能要求

检验项目			性能要求		试验方法
			保温浆料	贴砌浆料	
导热系数 /[W·(m·K)⁻¹]			≤0.060	≤0.080	现行国家标准《绝热材料稳态热阻及有关特性的测定 防护热板法》(GB/T 10294—2008)、《绝热材料稳态热阻及有关特性的测定 热流计法》(GB/T 10295—2008)
干表观密度 /(kg·m⁻³)			180～250	250～350	现行行业标准《胶粉聚苯颗粒外墙外保温系统材料》(JG/T 158—2013)
抗压强度 /MPa			≥0.20	≥0.30	现行行业标准《胶粉聚苯颗粒外墙外保温系统材料》(JG/T 158—2013)
抗拉强度/MPa			≥0.06	≥0.12	附录 A 第 A.6 节
软化系数			≥0.5	≥0.6	现行行业标准《胶粉聚苯颗粒外墙外保温系统材料》(JG/T 158—2013)
线性收缩率/%			≤0.3	≤0.3	现行行业标准《胶粉聚苯颗粒外墙外保温系统材料》(JG/T 158—2013)
燃烧性能等级			不低于 B₁ 级	A 级	现行国家标准《建筑材料及制品燃烧性能分级》(GB 8624)
拉伸黏结强度 /MPa	与带界面砂浆的水泥砂浆	原强度	≥0.06	≥0.12	现行行业标准《胶粉聚苯颗粒外墙外保温系统材料》(JG/T 158—2013)
		浸水 48 h，干燥 14 d		≥0.10	
	与带界面	原强度	—	≥0.10	

本条规定了外保温系统其他主要组成材料的性能要求。对于 EPS 板、XPS 板和 PUR 板以及保温浆料和贴砌浆料的性能要求，主要参考了其他相关标准。

（11）应根据基层墙体的类别选用不同类型的锚栓，锚栓应符合《外墙保温用锚栓》(JG/T 366—2012)的规定。

（12）外保温系统性能检验项目应为型式检验项目，型式检验报告有效期应为 2 年。

7.3.3　《外墙外保温工程技术标准》(JGJ 144—2019)设计与施工

1. 设计要求

（1）当外保温工程设计选用外保温系统时，不应更改系统构造和组成材料。

（2）外保温工程保温层内表面温度应高于 0 ℃。要求保温层内表面温度高于 0 ℃，目的是让基层和胶黏剂不受冻融破坏。

（3）外保温工程水平或倾斜的出挑部位以及延伸至地面以下的部位应做防水处理。门窗洞口与门窗交接处、首层与其他层交接处、外墙与屋顶交接处应进行密封和防水构造设计，水不应渗入保温层及基层墙体，重要节点部位应有详图。穿过外保温系统安装的设备、穿墙管线或支架等应固定在基层墙体上，并应做密封和防水设计。基层墙体变形缝处应采取防水和保温构造处理。

外保温系统构造做法是针对竖直墙面和不受雨淋的水平或倾斜的表面的。对于水平或倾斜的出挑部位,表面应进行防水处理。

(4)外保温工程应进行系统的起端、终端以及檐口、勒脚处的翻包或包边处理。装饰缝、门窗四角和阴阳角等部位应设置增强玻纤网。

门窗洞口四个侧边的外转角可采用包角条或双包网的方式进行防撞加强处理,并可在洞口四角粘贴 200 mm×300 mm 的玻纤网进行防裂增强处理。

(5)外保温工程的饰面层宜采用浅色涂料、饰面砂浆等轻质材料。当需采用饰面砖时,应依据国家现行相关标准制定专项技术方案和验收方法,并应组织专题论证。

外保温工程的饰面层宜优先采用涂料饰面。由于外保温系统粘贴饰面砖存在一定的安全隐患,一般情况下外保温系统饰面层不宜采用饰面砖。

(6)外保温工程除应符合本标准的规定外,其保温材料的燃烧性能等级尚应符合《建筑设计防火规范》(GB 50016—2014)的规定。

(7)当薄抹灰外保温系统采用燃烧性能等级为 B_1,B_2 级的保温材料时,首层防护层厚度不应小于 15 mm,其他层防护层厚度不应小于 5 mm 且不宜大于 6 mm,并应在外保温系统中每层设置水平防火隔离带。防火隔离带的设计与施工应符合《建筑设计防火规范》(GB 50016—2014)和《建筑外墙外保温防火隔离带技术规程》(JGJ 289—2012)的规定。

针对采用可燃或难燃保温材料的薄抹灰外保温系统,根据国际国内实验数据统计结果,对其防护层厚度提出相应要求,以增强薄抹灰外保温系统整体的防火性能。防火隔离带在外保温系统发生火灾时应能有效阻隔火势的蔓延,同时防火隔离带应与基层墙体全面积粘贴,其热工性能计算应确认不出现结露,并与外保温系统相容。

2. 施工

(1)外保温系统的各种组成材料应配套供应。采用的所有配件应与外保温系统性能相容,并应符合国家现行相关标准的规定。

外保温系统的设计和安装是遵照系统供应原则的设计和安装说明进行的。整套组成材料都由系统供应商提供,系统供应商最终对整套组成材料负责。

(2)除采用 EPS 板现浇混凝土外保温系统和 EPS 钢丝网架板现浇混凝土外保温系统外,外保温工程的施工应在基层墙体施工质量验收合格后进行。

外保温工程抹面层和饰面层尺寸偏差很大程度上取决于基层墙体。因此,基层墙体的尺寸偏差必须合格。

(3)除采用 EPS 板现浇混凝土外保温系统和 EPS 钢丝网架板现浇混凝土外保温系统外,外保温工程施工前,外门窗洞口应通过验收,洞口尺寸、位置应符合设计要求和质量要求,门窗框或辅框应安装完毕。伸出墙面的消防梯、水落管、各种进户管线和空调器等的预埋件、连接件应安装完毕,并应按外保温系统厚度留出间隙。

(4)外保温工程的施工应编制专项施工方案并进行技术交底,施工人员应经过培训并考核合格。

(5)保温层施工前,应进行基层墙体检查或处理。基层墙体表面应洁净、坚实、平整,无油污和脱模剂等妨碍黏结的附着物,凸起、空鼓和疏松部位应剔除。基层墙体应符合《混凝土结构工程施工质量验收规范》(GB 50204—2015)及《砌体结构工程施工质量验收规范》(GB 50203—2011)的要求。

（6）当基层墙面需要进行界面处理时，宜使用水泥基界面砂浆。

（7）采用粘贴固定的外保温系统，施工前应按本标准附录 C 第 C.1 节的规定做基层墙体与胶黏剂的拉伸黏结强度检验，拉伸黏结强度不应低于 0.3 MPa，且黏结界面脱开面积不应大于 50%。

（8）外保温工程施工应符合下列规定：

① 可燃、难燃保温材料的施工应分区段进行，各区段应保持足够的防火间距。

② 粘贴保温板薄抹灰外保温系统中的保温材料施工上墙后应及时做抹面层。

③ 防火隔离带的施工应与保温材料的施工同步进行。

部分有机保温材料在表面裸露的情况下极易因阳光直射和风化作用而表面粉化，因此应及时做抹面层进行保护。同时，在有机保温材料表面及时做抹面层也有利于施工现场的防火管理。

（9）外保温工程施工现场应采取可靠的防火安全措施且应满足国家现行标准的要求，并应符合下列规定：

① 在外保温专项施工方案中，应按国家现行标准要求，对施工现场消防措施作出明确规定。

② 可燃、难燃保温材料的现场存放、运输、施工应符合消防的有关规定。

③ 外保温工程施工期间现场不应有高温或明火作业。

通过对外保温工程发生火灾原因分析得知，大部分案例都发生在施工阶段，主要原因在于施工现场防火管理不严。因此，须按照我国设计和施工规范对施工现场可燃、难燃保温材料防火作规定，制定可靠措施，确保防火安全。

（10）外保温工程施工期间的环境空气温度不应低于 5 ℃，5 级以上大风天气和雨天不应施工。在高湿度和低温度天气下，防护层和保温浆料干燥过程可能需要较长的时间。5 ℃以下的温度可能由于减缓或停止聚合物成膜而妨碍涂层的适当养护。由寒冷气候造成的伤害在短期内往往不易被发现，但是长久以后就会出现涂层开裂、破碎或分离。

（11）外保温工程完工后应对成品采取保护措施：①防止施工污染；②吊运物品或拆脚手架时防止撞击墙面；③防止踩踏窗口；④对碰撞坏的墙面及时修补；⑤外保温工程完工后应避免高温或明火作业，采取相应的防火措施。

7.3.4　外墙外保温系统构造和技术要求

1. 粘贴保温板薄抹灰外保温系统

以粘贴保温板薄抹灰外保温系统为例，粘贴保温板薄抹灰外保温系统应由黏结层、保温层、抹面层和饰面层构成（图 7-5）。黏结层材料应为胶黏剂；保温层材料可为 EPS 板、XPS 板、PUR 板或 PIR 板；抹面层材料应为抹面胶浆，抹面胶浆中满铺玻纤网；饰面层可为涂料或饰面砂浆。

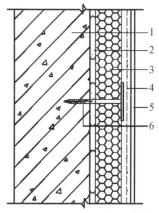

1—基层墙体；2—胶黏剂；3—保温板；
4—抹面胶浆复合玻纤网；5—饰面层；6—锚栓

图 7-5　粘贴保温板薄抹灰外保温系统

2. 胶粉聚苯颗粒保温浆料外保温系统

胶粉聚苯颗粒保温浆料外保温系统应由界面层、保温层、抹面层和饰面层构成(图7-6)。界面层材料应为界面砂浆;保温层材料应为胶粉聚苯颗粒保温浆料,经现场拌和均匀后抹在基层墙体上;抹面层材料应为抹面胶浆,抹面胶浆中满铺玻纤网;饰面层可为涂料或饰面砂浆。

3. EPS板现浇混凝土外保温系统

EPS板现浇混凝土外保温系统应以现浇混凝土外墙作为基层墙体,EPS板为保温层,EPS板内表面(与现浇混凝土接触的表面)开有凹槽,内外表面均应满涂界面砂浆(图7-7)。施工时应将EPS板置于外模板内侧,并安装辅助固定件。EPS板表面应做抹面胶浆抹面层,抹面层中满铺玻纤网;饰面层可为涂料或饰面砂浆。

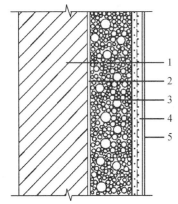

1—基层墙体;2—界面砂浆;3—保温浆料;
4—抹面胶浆复合玻纤网;5—饰面层

图7-6 胶粉聚苯颗粒保温浆料外保温系统

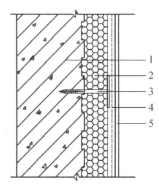

1—现浇混凝土外墙;2—EPS板;3—辅助固定件;
4—抹面胶浆复合玻纤网;5—饰面层

图7-7 EPS板现浇混凝土外保温系统

4. EPS钢丝网架板现浇混凝土外保温系统

EPS钢丝网架板现浇混凝土外保温系统应以现浇混凝土外墙作为基层墙体,EPS钢丝网架板为保温层,钢丝网架板中的EPS板外侧开有凹槽(图7-8)。施工时应将钢丝网架板置于外墙外模板内侧,并在EPS板上安装辅助固定件。钢丝网架板表面应涂抹掺外加剂的水泥砂浆抹面层,外表可做饰面层。

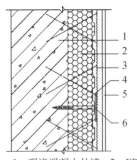

1—现浇混凝土外墙;2—EPS钢丝网架板;3—掺外加剂的水泥砂浆抹面层;4—钢丝网架;5—饰面层;6—辅助固定件

图7-8 EPS钢丝网架板现浇混凝土外保温系统

5. 胶粉聚苯颗粒浆料贴砌EPS板外保温系统

胶粉聚苯颗粒浆料贴砌EPS板外保温系统应由界面砂浆层、胶粉聚苯颗粒贴砌浆料层、EPS板保温层、胶粉聚苯颗粒贴砌浆料层、抹面层和饰面层构成(图7-9)。抹面层中应满铺玻纤网,饰面层可为涂料或饰面砂浆。进场前EPS板内外表面应预喷刷界面砂浆。

6. 现场喷涂硬泡聚氨酯外保温系统

现场喷涂硬泡聚氨酯外保温系统应由界面层、现场喷涂硬泡聚氨酯保温层、界面砂浆层、找平层、抹面层和饰面层组成(图7-10)。抹面层中应满铺玻纤网,饰面层可为涂料或饰面砂浆。

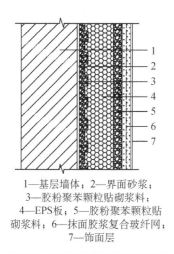

1—基层墙体;2—界面砂浆;
3—胶粉聚苯颗粒贴砌浆料;
4—EPS板;5—胶粉聚苯颗粒贴
砌浆料;6—抹面胶浆复合玻纤网;
7—饰面层

**图7-9 胶粉聚苯颗粒浆料贴砌
EPS外保温系统**

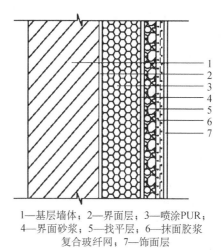

1—基层墙体;2—界面层;3—喷涂PUR;
4—界面砂浆;5—找平层;6—抹面胶浆
复合玻纤网;7—饰面层

**图7-10 现场喷涂硬泡聚氨酯
外保温系统**

7.4 建筑节能工程验收规范

本节主要介绍《建筑节能工程施工验收标准》(GB 50411—2007)中建筑围护结构节能工程的主要内容。

7.4.1 墙体节能工程

1. 一般规定

(1)本规定适用于建筑外围护结构采用板材、浆料、块材及预制复合墙板等墙体保温材料或构件的建筑墙体节能工程施工质量验收。

(2)主体结构完成后进行施工的墙体节能工程,应在基层质量验收合格后施工,施工过程中应及时进行质量检查、隐蔽工程验收和检验批验收,施工完成后应进行墙体节能分项工程验收。与主体结构同时施工的墙体节能工程,应与主体结构一同验收。

本条规定了墙体节能验收的程序性要求。分为两种情况:一种情况是墙体节能工程在主体结构完成后施工,对此在施工过程中应及时进行质量检查、隐蔽工程验收、相关检验批和分项工程验收,施工完成后应进行墙体节能子分部工程验收。大多数墙体节能工程都是在主体结构内侧或外侧表面做保温层,故属于这种情况。另一种情况是与主体结构同时施工的墙体节能工程,如现浇夹心复合保温墙板等,对此无法分别验收,只能与主体结构一同验收。验收时结构部分应符合相应的结构标准要求,而节能工程应符合本标准的要求。

(3)墙体节能工程应对下列部位或内容进行隐蔽工程验收,并应有详细的文字记录和必要的图像资料:

① 保温层附着的基层及其表面处理。

② 温板黏结或固定。

③ 被封闭的保温材料厚度。

④ 锚固件及锚固节点做法。

⑤ 增强网铺设。

⑥ 抹面层厚度。

⑦ 墙体热桥部位处理。

⑧ 保温装饰板、预置保温板或预制保温墙板的位置、界面处理、板缝、构造节点及固定方式。

⑨ 现场喷涂或浇注有机类保温材料的界面。

⑩ 保温隔热砌块墙体。

⑪ 各种变形缝处的节能施工做法。

（4）墙体节能工程的保温隔热材料在运输、储存和施工过程中应采取防潮、防水、防火等保护措施。

鉴于多数未经防火处理的有机类保温材料均为易燃或可燃材料，各地发生过多起保温材料火灾事故，故施工过程中采取防火措施十分重要。

（5）墙体节能工程验收的检验批划分，除本节另有规定外应符合下列规定：

① 采用相同材料、工艺和施工做法的墙面，扣除门窗洞口后的保温墙面面积每 1 000 m² 划分为一个检验批。

② 检验批的划分也可根据与施工流程相一致且方便施工与验收的原则，由施工单位与监理单位双方协商确定。

③ 当按计数方法抽样检验时，其抽样数量尚应符合本标准第 3.4.3 条的规定。

2. 主控项目

（1）墙体节能工程使用的材料、构件应进行进场验收，验收结果应经监理工程师检查认可，且应形成相应的验收记录。各种材料和构件的质量证明文件与相关技术资料应齐全，并应符合设计要求和国家现行有关标准的规定。

检验方法：观察、尺量检查；核查质量证明文件。

检查数量：按进场批次，每批随机抽取 3 个试样进行检查；质量证明文件应按其出厂检验批进行核查。

（2）墙体节能工程使用的材料、产品进场时，应对其下列性能进行复验，复验应为见证取样检验：

① 保温隔热材料的导热系数或热阻、密度、压缩强度或抗压强度、垂直于板面方向的抗拉强度、吸水率、燃烧性能（不燃材料除外）。

② 复合保温板等墙体节能定型产品的传热系数或热阻、单位面积质量、拉伸粘结强度、燃烧性能（不燃材料除外）。

③ 保温砌块等墙体节能定型产品的传热系数或热阻、抗压强度、吸水率。

④ 反射隔热材料的太阳光反射比，半球发射率。

⑤ 黏结材料的拉伸黏结强度。

⑥ 抹面材料的拉伸黏结强度、压折比。

⑦ 增强网的力学性能、抗腐蚀性能。

检验方法:核查质量证明文件;随机抽样检验,核查复验报告。其中,导热系数(传热系数)或热阻、密度或单位面积质量、燃烧性能必须在同一个报告中。

检查数量:同厂家、同品种产品,按照扣除门窗洞口后的保温墙面面积所使用的材料用量,在 5 000 m² 以内时应复验 1 次;面积每增加 5 000 m² 应增加 1 次。同工程项目、同施工单位且同期施工的多个单位工程,可合并计算抽检面积。当符合本标准第 3.2.3 条的规定时,检验批容量可以扩大一倍。

本条为强制性条文。是在本标准第 4.2.1 条规定的基础上,具体给出了墙体节能材料进场复验的项目、参数和抽样数量。

(3)外墙外保温工程应采用预制构件、定型产品或成套技术,并应由同一供应商提供配套的组成材料和型式检验报告。型式检验报告中应包括耐候性和抗风压性能检验项目以及配套组成材料的名称、生产单位、规格型号及主要性能参数。

检验方法:核查质量证明文件和型式检验报告。

检查数量:全数检查。

本条为强制性条文。规定了对墙体节能工程的基本技术要求,即应采用预制构件、定型产品或成套技术,并应由供应方配套提供组成材料。

(4)严寒和寒冷地区外保温使用的抹面材料,其冻融试验结果应符合该地区最低气温环境的使用要求。

检验方法:核查质量证明文件。

检查数量:全数检查。

严寒、寒冷地区的外保温抹面材料,由于处在较为严酷的条件下,容易因长期反复冻融出现开裂、脱落等问题,故对其增加了冻融试验要求。

(5)墙体节能工程施工前应按照设计和专项施工方案的要求对基层进行处理,处理后的基层应符合要求。

检验方法:对照设计和专项施工方案观察检查;核查隐蔽工程验收记录。

检查数量:全数检查。

(6)墙体节能工程各层构造做法应符合设计要求,并应按照经过审批的专项施工方案施工。

检验方法:对照设计和专项施工方案观察检查;核查隐蔽工程验收记录。

检查数量:全数检查。

(7)墙体节能工程的施工质量,必须符合下列规定:

① 保温隔热材料的厚度不得低于设计要求。

② 保温板材与基层之间及各构造层之间的黏结或连接必须牢固。保温板材与基层的连接方式、拉伸黏结强度和黏结面积比应符合设计要求。保温板材与基层之间的拉伸黏结强度应进行现场拉拔试验,且不得在界面破坏。黏结面积比应进行剥离检验。

③ 当采用保温浆料做外保温时,厚度大于 20 mm 的保温浆料应分层施工。保温浆料与基层之间及各层之间的黏结必须牢固,不应脱层、空鼓和开裂。

④ 当保温层采用锚固件固定时,锚固件数量、位置、锚固深度、胶结材料性能和锚固力应符合设计和施工方案的要求;保温装饰板的锚固件应使其装饰面板可靠固定;锚固力应做现场拉拔试验。

检验方法:观察、手扳检查;核查隐蔽工程验收记录和检验报告。保温材料厚度采用现场钢针插入或剖开后尺量检查;拉伸黏结强度按照本标准附录 B 的检验方法进行现场检验;黏结面积比按本标准附录 C 的检验方法进行现场检验;锚固力检验应按现行行业标准《保温装饰板外墙外保温系统材料》(JG/T 287—2013)的试验方法进行;锚栓拉拔力检验应按现行行业标准《外墙保温用锚栓》(JG/T 366—2012)的试验方法进行。

检查数量:每个检验批应抽查 3 处。

本条为强制性条文。对墙体节能工程施工提出 4 款基本要求,这些要求主要关系到安全和节能效果,十分重要。拉伸粘贴强度和锚固力试验应委托具备见证资质的检测机构进行试验。

(8)外墙采用预置保温板现场浇筑混凝土墙体时,保温板的安装位置应正确,接缝应严密;保温板应固定牢固,在浇筑混凝土过程中不应移位、变形;保温板表面应采取界面处理措施,与混凝土黏结应牢固。

检验方法:观察、尺量检查;核查隐蔽工程验收记录。

检查数量:隐蔽工程验收记录全数核查;其他项目按本标准第 3.4.3 条的规定抽检。

(9)外墙采用保温浆料做保温层时,应在施工中制作同条件试件,检测其导热系数、干密度和抗压强度。保温浆料的试件应见证取样检验。

检验方法:按本标准附录 D 的检验方法进行。

检查数量:同厂家、同品种产品,按照扣除门窗洞口后的保温墙面面积,在 5 000 m² 以内时应检验 1 次;面积每增加 5 000 m² 应增加 1 次。同工程项目、同施工单位且同期施工的多个单位工程,可合并计算抽检面积。

(10)墙体节能工程各类饰面层的基层及面层施工,应符合设计且应符合《建筑装饰装修工程质量验收标准》(GB 50210—2018)的规定,并应符合下列规定:

① 饰面层施工前应对基层进行隐蔽工程验收。基层应无脱层、空鼓和裂缝,并应平整、洁净,含水率应符合饰面层施工的要求。

② 外墙外保温工程不宜采用粘贴饰面砖作饰面层;当采用时,其安全性与耐久性必须符合设计要求。饰面砖应做黏结强度拉拔试验,试验结果应符合设计和有关标准的规定。

③ 外墙外保温工程的饰面层不得渗漏。当外墙外保温工程的饰面层采用饰面板开缝安装时,保温层表面应覆盖具有防水功能的抹面层或采取其他防水措施。

④ 外墙外保温层及饰面层与其他部位交接的收口处,应采取防水措施。

检验方法:观察检查;核查隐蔽工程验收记录和检验报告。黏结强度应按照《建筑工程饰面砖粘结强度检验标准》(JGJ/T 110—2017)的有关规定检验。

检查数量:黏结强度应按照《建筑工程饰面砖粘结强度检验标准》(JGJ/T 110—2017)的有关规定抽样。其他为全数检查。

(11)保温砌块砌筑的墙体,应采用配套砂浆砌筑。砂浆的强度等级及导热系数应符合设计要求。砌体灰缝饱满度不应低于 80%。

检验方法:对照设计检查砂浆品种,用百格网检查灰缝砂浆饱满度。核查砂浆强度及导热系数试验报告。

检查数量:砂浆品种和强度试验报告全数核查。砂浆饱满度每楼层的每个施工段至少抽查 1 次,每次抽查 5 处,每处不少于 3 个砌块。

保温砌块砌筑的墙体,通常设计均要求采用具有保温功能的砂浆砌筑,并应使用配套砂浆。由于其灰缝饱满度与密实性对节能效果有一定影响,故对于保温砌体灰缝砂浆饱满度的要求应严于普通灰缝。本标准要求灰缝饱满度不应低于 80%,相当于对小砌块的要求,实践证明是可行的。

(12) 采用预制保温墙板现场安装的墙体,应符合下列规定:

① 保温墙板的结构性能、热工性能及与主体结构的连接方法应符合设计要求,与主体结构连接必须牢固。

② 保温墙板的板缝处理、构造节点及嵌缝做法应符合设计要求。

③ 保温墙板板缝不得渗漏。

检验方法:核查型式检验报告、出厂检验报告和隐蔽工程验收记录。对照设计观察检查;淋水试验检查。

检查数量:型式检验报告、出厂检验报告全数检查;板缝不得渗漏,可按照扣除门窗洞口后的保温墙面面积,在 5 000 m² 以内时应检查 1 处,当面积每增加 5 000 m² 应增加 1 处;其他项目按本标准第 3.4.3 条的规定抽检。

(13) 外墙采用保温装饰板时,应符合下列规定:

① 保温装饰板的安装构造、与基层墙体的连接方法应符合设计要求,连接必须牢固。

② 保温装饰板的板缝处理、构造节点做法应符合设计要求。

③ 保温装饰板板缝不得渗漏。

④ 保温装饰板的锚固件应将保温装饰板的装饰面板固定牢固。

检验方法:核查型式检验报告、出厂检验报告和隐蔽工程验收记录。对照设计观察检查;淋水试验检查。

检查数量:型式检验报告、出厂检验报告全数检查;板缝不得渗漏应按照扣除门窗洞口后的保温墙面面积,在 5 000 m² 以内时应检查 1 处,面积每增加 5 000 m² 应增加 1 处;其他项目按本标准第 3.4.3 条的规定抽检。

(14) 采用防火隔离带构造的外墙外保温工程施工前编制的专项施工方案应符合《建筑外墙外保温防火隔离带技术规程》(JGJ 289—2012)的规定,并应制作样板墙,其采用的材料和工艺应与专项施工方案相同。

检验方法:核查专项施工方案、检查样板墙。

检查数量:全数检查。

鉴于建筑外墙外保温防火隔离带在发生火灾时的重要性,本条规定采用防火隔离带构造的外墙外保温工程施工前,应编制专项施工方案,并应采用与专项施工方案相同的材料和工艺制作防火隔离带样板墙。验收时应核查专项施工方案、对照设计观察检查。

(15) 防火隔离带组成材料应与外墙外保温组成材料相配套。防火隔离带宜采用工厂预制的制品现场安装,并应与基层墙体可靠连接,防火隔离带面层材料应与外墙外保温一致。

检验方法：对照设计观察检查。

检查数量：全数检查。

本条对建筑外墙外保温防火隔离带组成材料及制品、安装作出规定。

（16）建筑外墙外保温防火隔离带保温材料的燃烧性能等级应为 A 级，并应符合本标准第 4.2.3 条的规定。

检验方法：核查质量证明文件及检验报告。

检查数量：全数检查。

（17）墙体内设置的隔汽层，其位置、材料及构造做法应符合设计要求。隔汽层应完整、严密，穿透隔汽层处应采取密封措施。隔汽层凝结水排水构造应符合设计要求。

检验方法：对照设计观察检查，核查质量证明文件和隐蔽工程验收记录。

检查数量：全数检查。

墙体内隔汽层的作用，主要为防止室内空气中的水分进入保温层造成保温效果下降，进而造成结露等问题。

（18）外墙和毗邻不供暖空间墙体上的门窗洞口四周墙的侧面，墙体上凸窗四周的侧面，应按设计要求采取节能保温措施。

检验方法：对照设计观察检查，采用红外热像仪检查或削开检查；核查隐蔽工程验收记录。

检查数量：按本标准第 3.4.3 条的规定抽检，最小抽样数量不得少于 5 处。

门窗洞口四周墙侧面，是指门窗洞口的侧面，即与外墙面垂直的 4 个小面。这些部位的节能保温施工有一定困难，容易出现热桥或保温层缺陷。

（19）严寒和寒冷地区外墙热桥部位，应按设计要求采取隔断热桥措施。

检验方法：对照设计和专项施工方案观察检查；核查隐蔽工程验收记录；使用红外热像仪检查。

检查数量：隐蔽工程验收记录应全数检查。隔断热桥措施按不同种类，每种抽查 20%，并不得少于 5 处。

从建筑节能角度，热桥是外墙缺陷，均应进行处理予以消除。本条只对严寒、寒冷地区的外墙热桥部位提出要求，是考虑这些地区外墙的热桥，对于墙体总体保温效果影响较大，故应首先处理。

7.4.2　幕墙节能工程

1. 一般规定

（1）本规定适用于建筑外围护结构的各类透光、非透光建筑幕墙和采光屋面节能工程施工质量验收。

（2）幕墙节能工程的隔汽层、保温层应在主体结构工程质量验收合格后进行施工。幕墙施工过程中应及时进行质量检查、隐蔽工程验收和检验批验收，施工完成后应进行幕墙节能分项工程验收。

（3）当幕墙节能工程采用隔热型材时，应提供隔热型材所使用的隔断热桥材料的物理力学性能检测报告。

（4）幕墙节能工程施工中应对下列部位或项目进行隐蔽工程验收，并应有详细的文字记录和必要的图像资料：

① 保温材料厚度和保温材料的固定。

② 幕墙周边与墙体、屋面、地面的接缝处保温、密封构造。

③ 构造缝、结构缝处的幕墙构造。

④ 隔汽层。

⑤ 热桥部位、断热节点。

⑥ 单元式幕墙板块间的接缝构造。

⑦ 凝结水收集和排放构造。

⑧ 幕墙的通风换气装置。

⑨ 遮阳构件的锚固和连接。

（5）幕墙节能工程使用的保温材料在运输、储存和施工过程中应采取防潮、防水、防火等保护措施。

现在，有些幕墙使用有机材料做保温层，这些材料集中堆放时很容易引起火灾，应采取措施防止失火。

（6）幕墙节能工程验收的检验批划分，除本节另有规定外应符合下列规定：

① 采用相同材料、工艺和施工做法的幕墙，按照幕墙面积每 1 000 m² 划分为一个检验批。

② 检验批的划分也可根据与施工流程相一致且方便施工与验收的原则，由施工单位与监理单位双方协商确定。

③ 当按计数方法抽样检验时，其抽样数量应符合本标准表 3.4.3 最小抽样数量的规定。

2. 主控项目

（1）幕墙节能工程使用的材料、构件应进行进场验收，验收结果应经监理工程师检查认可，且应形成相应的验收记录。各种材料和构件的质量证明文件与相关技术资料应齐全，并应符合设计要求和国家现行有关标准的规定。

检验方法：观察、尺量检查；核查质量证明文件。

检查数量：按进场批次，每批随机抽取 3 个试样进行检查；质量证明文件应按照其出厂检验批进行核查。

（2）幕墙（含采光顶）节能工程使用的材料、构件进场时，应对其下列性能进行复验，复验应为见证取样检验：

① 保温隔热材料的导热系数或热阻、密度、吸水率、燃烧性能（不燃材料除外）。

② 幕墙玻璃的可见光透射比、传热系数、遮阳系数，中空玻璃的密封性能。

③ 隔热型材的抗拉强度、抗剪强度。

④ 透光、半透光遮阳材料的太阳光透射比、太阳光反射比。

检验方法：核查质量证明文件、计算书、复验报告，其中，导热系数或热阻、密度、燃烧性能必须在同一个报告中；随机抽样检验，中空玻璃密封性能按照本标准附录 E 的检验方法检测。

检查数量:同厂家、同品种产品,幕墙面积在 3 000 m² 以内时应复验 1 次;面积每增加 3 000 m² 应增加 1 次。同工程项目、同施工单位且同期施工的多个单位工程,可合并计算抽检面积。

本条为强制性条文。幕墙材料、构配件等的热工性能是保证幕墙节能指标的关键,所以必须满足要求。

(3)幕墙的气密性能应符合设计规定的等级要求。密封条应镶嵌牢固、位置正确、对接严密。单元式幕墙板块之间的密封应符合设计要求。开启部分关闭应严密。

检验方法:观察检查,开启部分启闭检查。核查隐蔽工程验收记录。当幕墙面积合计大于 3 000 m² 或幕墙面积占建筑外墙总面积超过 50% 时,应核查幕墙气密性检测报告。

检查数量:质量证明文件、性能检测报告全数核查。现场观察及启闭检查按本标准第 3.4.3 条的规定抽检。

幕墙的气密性能指标是幕墙节能的重要指标。一般幕墙设计均规定有气密性能的等级要求,幕墙产品应该符合要求。由于幕墙的气密性能与节能关系重大,所以当建筑所设计的幕墙面积超过一定量后,应对幕墙的气密性能进行检测。

(4)每幅建筑幕墙的传热系数、遮阳系数均应符合设计要求。幕墙工程热桥部位的隔断热桥措施应符合设计要求,隔断热桥节点的连接应牢固。

检验方法:对照设计文件核查幕墙节点及安装。

检查数量:节点及开启窗每个检验批按本标准第 3.4.3 条的规定抽检,最小抽样数量不得少于 10 处。

幕墙的传热系数和遮阳系数目前只能依靠计算,计算方法采用《建筑门窗玻璃幕墙热工计算规程》(JGJ/T 151—2016)的规定。进行幕墙的节能设计审查时,应审查幕墙的节能计算书,而验收时则主要依据节能设计核对幕墙的节点构造。

(5)幕墙节能工程使用的保温材料,其厚度应符合设计要求,安装应牢固,不得松脱。

检验方法:对保温板或保温层应采取针插法或剖开法,尺量厚度;手扳检查。

检查数量:每个检验批依据板块数量按本标准第 3.4.3 条的规定抽检,最小抽样数量不得少于 10 处。

(6)幕墙遮阳设施安装位置、角度应满足设计要求。遮阳设施安装应牢固,并满足维护检修的荷载要求。外遮阳设施应满足抗风的要求。

检验方法:核查质量证明文件;检查隐蔽工程验收记录;观察、尺量、手扳检查;核查遮阳设施的抗风计算报告或产品检测报告。

检查数量:安装位置和角度每个检验批按本标准第 3.4.3 条的规定抽检,最小抽样数量不得少于 10 处;牢固程度全数检查;报告全数核查。

幕墙的遮阳设施若要满足节能的要求,一般应该安置在室外。由于对太阳光的遮挡是按照太阳的高度和方位角来设计的,所以遮阳设施的安装位置对于遮阳而言非常重要。只有遮阳装置安装在合适位置,遮阳的面积、尺寸、角度等合适,才能满足节能的设计要求。

(7)幕墙隔汽层应完整、严密、位置正确,穿透隔汽层处应采取密封措施。

检验方法:观察检查。

检查数量:每个检验批抽样数量不得少于 5 处。

非透光幕墙的隔汽层是为了避免幕墙部位内部结露,结露的水很容易使保温材料发生性状的改变,如果结冰,则问题更加严重。

(8) 幕墙保温材料应与幕墙面板或基层墙体可靠黏结或锚固,有机保温材料应采用非金属不燃材料作防护层,防护层应将保温材料完全覆盖。

检验方法:观察检查。

检查数量:每个检验批按本标准第3.4.3条的规定抽检,最小抽样数量不得少于5处。

(9) 建筑幕墙与基层墙体、窗间墙、窗槛墙及裙墙之间的空间,应在每层楼板处和防火分区隔离部位采用防火封堵材料封堵。

检验方法:观察检查。

检查数量:每个检验批按本标准第3.4.3条的规定抽检,最小抽样数量不得少于5处。

(10) 幕墙可开启部分开启后的通风面积应满足设计要求。幕墙通风器的通道应通畅,尺寸满足设计要求,开启装置应能顺畅开启和关闭。

检验方法:尺量核查开启窗通风面积;观察检查;通风器启闭检查。

检查数量:每个检验批依据可开启部分或通风器数量按本标准第3.4.3条的规定抽检,最小抽样数量不得少于5个,开启窗通风面积全数核查。

本条是幕墙的通风要求。由于建筑节能标准对开启通风提出了要求,所以对通风面积要进行验收。

(11) 凝结水的收集和排放应通畅,并不得渗漏。

检验方法:通水试验、观察检查。

检查数量:每个检验批抽样数量不少于5处。

(12) 采光屋面的可开启部分应按本标准第6章的要求验收。采光屋面的安装应牢固,坡度正确,封闭严密,不得渗漏。

检验方法:核查质量证明文件;观察、尺量检查;淋水检查;核查隐蔽工程验收记录。

检查数量:200 m² 以内全数检查;超过200 m² 则抽查30%,抽查面积不少于200 m²。

7.4.3　门窗节能工程

1. 一般规定

(1) 本规定适用于金属门窗、塑料门窗、木门窗、各种复合门窗、特种门窗及天窗等建筑外门窗节能工程的施工质量验收。

(2) 门窗节能工程应优先选用具有国家建筑门窗节能性能标识的产品。当门窗采用隔热型材时,应提供隔热型材所使用的隔断热桥材料的物理力学性能检测报告。

节能门窗工程应选用有节能性能标识的门窗产品,其说明参考本标准第6.2.2条。

(3) 主体结构完成后进行施工的门窗节能工程,应在外墙质量验收合格后对门窗框与墙体接缝处的保温填充做法和门窗附框等进行施工,施工过程中应及时进行质量检查、隐蔽工程验收和检验批验收,隐蔽部位验收应在隐蔽前进行,并应有详细的文字记录和必要的图像资料,施工完成后应进行门窗节能分项工程验收。

门窗框与墙体缝隙虽然不是能耗的主要部位,却是隐蔽部位,如果处理不好,会大大影响门窗的节能。

（4）门窗节能工程验收的检验批划分，除本节另有规定外应符合下列规定：

① 同一厂家的同材质、类型和型号的门窗每 200 樘划分为一个检验批。

② 同一厂家的同材质、类型和型号的特种门窗每 50 樘划分为一个检验批。

③ 异形或有特殊要求的门窗检验批的划分也可根据其特点和数量，由施工单位与监理单位协商确定。

2. 主控项目

（1）建筑门窗节能工程使用的材料、构件应进行进场验收，验收结果应经监理工程师检查认可，且应形成相应的验收记录。各种材料和构件的质量证明文件和相关技术资料应齐全，并应符合设计要求和国家现行有关标准的规定。

检验方法：观察、尺量检查；核查质量证明文件。

检查数量：按进场批次，每批随机抽取 3 个试样进行检查；质量证明文件应按其出厂检验批进行核查。

（2）门窗（包括天窗）节能工程使用的材料、构件进场时，应按工程所处的气候区核查质量证明文件、节能性能标识证书、门窗节能性能计算书、复验报告，并应对下列性能进行复验，复验应为见证取样检验：

① 严寒、寒冷地区：门窗的传热系数、气密性能。

② 夏热冬冷地区：门窗的传热系数气密性能，玻璃的遮阳系数、可见光透射比。

③ 夏热冬暖地区：门窗的气密性能，玻璃的遮阳系数、可见光透射比。

④ 严寒、寒冷、夏热冬冷和夏热冬暖地区：透光、部分透光遮阳材料的太阳光透射比、太阳光反射比，中空玻璃的密封性能。

检验方法：具有国家建筑门窗节能性能标识的门窗产品，验收时应对照标识证书和计算报告，核对相关的材料、附件、节点构造，复验玻璃的节能性能指标（即可见光透射比、太阳得热系数、传热系数、中空玻璃的密封性能），可不再进行产品的传热系数和气密性能复验。应核查标识证书与门窗的一致性，核查标识的传热系数和气密性能等指标，并按门窗节能性能标识模拟计算报告核对门窗节点构造。中空玻璃密封性能按照本标准附录 E 的检验方法进行检验。

检查数量：质量证明文件、复验报告和计算报告等全数核查；按同厂家、同材质、同开启方式、同型材系列的产品各抽查一次；对于有节能性能标识的门窗产品，复验时可仅核查标识证书和玻璃的检测报告。同工程项目、同施工单位且同期施工的多个单位工程，可合并计算抽检数量。

本条为强制性条文。建筑外窗的气密性、保温性能、中空玻璃露点、玻璃遮阳系数和可见光透射比都是重要的节能指标，所以应符合强制的要求。

（3）金属外门窗框的隔断热桥措施应符合设计要求和产品标准的规定，金属附框应按照设计要求采取保温措施。

检验方法：随机抽样，对照产品设计图纸，剖开或拆开检查。

检查数量：同厂家、同材质、同规格的产品各抽查不少于 1 樘。金属附框的保温措施每个检验批按本标准第 3.4.3 条的规定抽检。

（4）外门窗框或附框与洞口之间的间隙应采用弹性闭孔材料填充饱满，并进行防水密封,夏热冬暖地区、温和地区当采用防水砂浆填充间隙时,窗框与砂浆间应用密封胶密封;外门窗框与附框之间的缝隙应使用密封胶密封。

检验方法:观察检查;核查隐蔽工程验收记录。

检查数量:全数检查。

(5)严寒和寒冷地区的外门应按照设计要求采取保温、密封等节能措施。

检验方法:观察检查。

检查数量:全数检查。

严寒、寒冷地区的外门节能也很重要,设计中一般均会采取保温、密封等节能措施。

(6)外窗遮阳设施的性能、位置、尺寸应符合设计和产品标准要求;遮阳设施的安装应位置正确、牢固,满足安全和使用功能的要求。

检验方法:核查质量证明文件;观察、尺量、手扳检查;核查遮阳设施的抗风计算报告或性能检测报告。

检查数量:每个检验批按本标准第3.4.3条的规定抽检;安装牢固程度全数检查。

在夏季炎热的地区应用外窗遮阳设施是很好的节能措施。遮阳设施的性能主要是其遮挡阳光的能力,这与其尺寸、颜色、透光性能等均有很大关系,还与其调节能力有关,这些性能均应符合设计要求。

(7)用于外门的特种门的性能应符合设计和产品标准要求;特种门安装中的节能措施,应符合设计要求。

检验方法:核查质量证明文件;观察、尺量检查。

检查数量:全数检查。

(8)天窗安装的位置、坡向、坡度应正确,封闭严密,不得渗漏。

检验方法:观察检查;用水平尺(坡度尺)检查;淋水检查。

检查数量:每个检验批按本标准第3.4.3条规定的最小抽样数量的2倍抽检。

(9)通风器的尺寸、通风量等性能应符合设计要求;通风器的安装位置应正确,与门窗型材间的密封应严密,开启装置应能顺畅开启和关闭。

检验方法:核查质量证明文件;观察、尺量检查。

检查数量:每个检验批按本标准第3.4.3条规定的最小抽样数量的2倍抽检。

7.4.4 屋面节能工程

1. 一般规定

(1)本规定适用于采用板材、现浇、喷涂等保温隔热做法的建筑屋面节能工程施工质量验收。

(2)屋面节能工程应在基层质量验收合格后进行施工,施工过程中应及时进行质量检查、隐蔽工程验收和检验批验收,施工完成后应进行屋面节能分项工程验收。

(3)屋面节能工程应对下列部位进行隐蔽工程验收,并应有详细的文字记录和必要的图像资料:

① 基层及其表面处理。

② 保温材料的种类、厚度、保温层的敷设方式;板材缝隙填充质量。

③ 屋面热桥部位处理。

④ 隔汽层。

(4) 屋面保温隔热层施工完成后,应及时进行后续施工或加以覆盖。

屋面保温隔热层施工完成后的防潮处理非常重要,特别是易吸潮的保温隔热材料。

(5) 屋面节能工程施工质量验收的检验批划分,除本节另有规定外应符合下列规定:

① 采用相同材料、工艺和施工做法的屋面,扣除天窗、采光顶后的屋面面积,每 1 000 m² 面积划分为一个检验批。

② 检验批的划分也可根据与施工流程相一致且方便施工与验收的原则,由施工单位与监理单位协商确定。

2. 主控项目

(1) 屋面节能工程使用的保温隔热材料、构件应进行进场验收,验收结果应经监理工程师检查认可,且应形成相应的验收记录。各种材料和构件的质量证明文件与相关技术资料应齐全,并应符合设计要求和国家现行有关标准的规定。

检验方法:观察、尺量检查;核查质量证明文件。

检查数量:按进场批次,每批随机抽取 3 个试样进行检查;质量证明文件应按照其出厂检验批进行核查。

(2) 屋面节能工程使用的材料进场时,应对其下列性能进行复验,复验应为见证取样检验:

① 保温隔热材料的导热系数或热阻、密度、压缩强度或抗压强度、吸水率、燃烧性能(不燃材料除外)。

② 反射隔热材料的太阳光反射比、半球发射率。

检验方法:核查质量证明文件,随机抽样检验,核查复验报告,其中,导热系数或热阻、密度、燃烧性能必须在同一个报告中。

检查数量:同厂家、同品种产品,扣除天窗、采光顶后的屋面面积在 1 000 m² 以内时应复验 1 次;面积每增加 1 000 m² 应增加复验 1 次。同工程项目、同施工单位且同期施工的多个单位工程,可合并计算抽检面积。当符合本标准第 3.2.3 条的规定时,检验批容量可以扩大一倍。

本条为强制性条文。在屋面保温隔热工程中,保温隔热材料的导热系数或热阻、密度、吸水率、燃烧性能以及隔热涂料的太阳光反射比、半球发射率等性能参数会直接影响屋面的保温隔热效果,抗压强度或压缩强度会影响保温隔热层的施工质量,燃烧性能是防止火火隐患的重要条件,因此应对保温隔热材料的导热系数或热阻、密度、抗压强度或压缩强度及燃烧性能进行严格的控制,必须符合节能设计要求、产品标准要求以及相关施工技术标准的要求。

(3) 屋面保温隔热层的敷设方式、厚度、缝隙填充质量及屋面热桥部位的保温隔热做法,应符合设计要求和有关标准的规定。

检验方法:观察、尺量检查。

检查数量:每个检验批应抽查 3 处,每处 10 m²。

影响屋面保温隔热效果的主要因素除了保温隔热材料的性能以外,另一重要因素是保温隔热材料的厚度、敷设方式以及热桥部位的处理等。

(4) 屋面的通风隔热架空层,其架空高度、安装方式、通风口位置及尺寸应符合设计及有关标准要求。架空层内不得有杂物。架空面层应完整,不得有断裂和露筋等缺陷。

检验方法:观察、尺量检查。

检查数量:每个检验批抽查3处,每处10 m²。

影响架空隔热效果的主要因素有三个方面:一是架空层的高度、通风口的尺寸和架空通风安装方式;二是架空层材质的品质和架空层的完整性;三是架空层内应畅通,不得有杂物。

(5) 屋面隔汽层的位置、材料及构造做法应符合设计要求,隔汽层应完整、严密,穿透隔汽层处应采取密封措施。

检验方法:观察检查;核查隐蔽工程验收记录。

检查数量:每个检验批应抽查3处,每处10 m²。

(6) 坡屋面、架空屋面内保温应采用不燃保温材料,保温层做法应符合设计要求。

检验方法:观察检查;核查复验报告和隐蔽工程验收记录。

检查数量:每个检验批应抽查3处,每处10 m²。

敷设于坡屋面、架空屋面内侧的保温材料,一旦发生火灾,不易施救,危害严重,因此应使用不燃保温材料。

(7) 当采用带铝箔的空气隔层做隔热保温屋面时,其空气隔层厚度、铝箔位置应符合设计要求。空气隔层内不得有杂物,铝箔应铺设完整。

检验方法:观察、尺量检查。

检查数量:每个检验批应抽查3处,每处10 m²。

采用带铝箔的空气隔层做隔热保温屋面时,其保温效果主要与空气间层厚度和铝箔位置密切相关,因此必须保证空气间层厚度、铝箔位置符合设计要求。

(8) 种植植物的屋面,其构造做法与植物的种类、密度、覆盖面积等应符合设计及相关标准要求,植物的种植与维护不得损害节能效果。

检验方法:对照设计检查。

检查数量:全数检查。

种植屋面适合于夏热冬冷地区和夏热冬暖地区,具有较好的隔热和绿化美化效果。

(9) 采用有机类保温隔热材料的屋面,防火隔离措施应符合设计和现行国家标准《建筑设计防火规范》(GB 50016—2014)的规定。

检验方法:对照设计检查。

检查数量:全数检查。

国家相关标准和文件对屋面防火有明确的要求,在验收过程中应按设计要求进行检查,检查构造措施和进场复检报告是否符合设计要求。

(10) 金属板保温夹芯屋面应铺装牢固、接口严密、表面洁净、坡向正确。

检验方法:观察、尺量检查;核查隐蔽工程验收记录。

检查数量:全数检查。

第8章

建筑节能性能检测

　　建筑节能性能检测,是用标准的方法、适合的仪器设备和环境条件,由专业技术人员对节能建筑中使用原材料、设备、设施和建筑物等进行热工性能及与热工有关的性能测定的技术操作,它是保证节能建筑施工质量的重要手段。与常规建筑工程质量检测一样,建筑节能工程的质量检测分实验室检测和现场检测两大部分。实验室检测是指测试试件在实验室加工完成,相关检测参数均在实验室内测出;而现场检测是指测试对象或试件在施工现场,相关的检测参数在施工现场测出。

　　我国建筑节能检测技术是与建筑节能工作的开展同步发展起来的,热工检测具体分为直接检测和间接检测两大类。直接检测是采用能源计量法,即对拟进行检测的建筑物单元提供热源,待稳定后,测试室内外温度,计量热源供应总量。根据建筑面积、实测室内外空气温差、实测能源消耗推算标准规定的温差条件下的建筑物单位耗热量。间接法是通过测试建筑物围护结构传热系数和气密性,计算建筑物的耗热量。测试围护结构传热系数通常是设法在被测结构的两侧形成较为稳定的温度场,测试该温度场作用下通过被测结构的热流量,从而获得被测结构的传热系数,实际现场测试围护结构传热系数的方法有热流计法和热箱法。直接法必须在冬季供暖稳定期测试,即使对于北方采暖建筑使用也有一定的局限性,对于夏热冬冷地区,就更加不便应用。间接法虽然理论上基本不受供暖季节的限制,但为了在被测结构两侧获得较为稳定的热流密度,通常也以在冬夏两季测试为宜。

　　建筑节能性能检测内容主要包括保温系统主要组成材料性能、外墙保温系统性能、建筑外门窗、采暖居住建筑节能检验、建筑节能工程现场检验等。建筑节能检测标准针对建筑围护结构而言大致可分为建筑物节能性能检测,保温系统检测,材料性能检测以及幕墙、门窗检测标准等四大类。

8.1　实验室检测

　　涉及实验室检测的标准有:《模塑聚苯板薄抹灰外墙外保温系统材料》(GB/T 29906—2013)、《胶粉聚苯颗粒外墙外保温系统材料》(JG/T 158—2013)、《挤塑聚苯板(XPS)薄抹灰外墙外保温系统材料》(GB/T 30595—2014)、《泡沫玻璃外墙外保温系统材料技术要求》(JG/T 469—2015)、《硬泡聚氨酯板薄抹灰外墙外保温系统材料》(JG/T 420—2013)、《岩棉薄抹灰外墙外保温系统材料》(JG/T 483—2015)、《酚醛泡沫板薄抹灰外墙外保温系统材料》(JG/T 515—2017)、《保温装饰板外墙外保温系统材料》(JG/T 287—2013)、《外墙内保温复合板系统》(GB/T 30593—2014)、《建筑外墙外保温系统耐候性试验方法》(GB/T 35169—2017)、《外墙外保温系统耐候性试验方法》(JG/T 429—2014)、《建筑外墙外保温系统的防火性能试验方法》(GB/T 29416—2012)、《建筑用绝热制品 外墙外保温系统抗拉脱性能的测定 (泡沫块试验)》(GB/T 34011—2017)、《建筑用绝热制品 外墙外保温系统抗冲击性测定》 (GB/T 34180—2017)、《建筑外墙外保温用岩棉制品》(GB/T 25975—2018)、《外墙外保温泡 沫陶瓷》(GB/T 33500—2017)、《外墙外保温用硬质酚醛泡沫绝热制品》(JC/T 2265— 2014)、《外墙内保温板》(JG/T 159—2004)、《泡沫混凝土保温装饰板》(JC/T 2432—2017)、 《建筑用膨胀珍珠岩保温装饰复合板》(JC/T 2421—2017)、《聚氨酯硬泡复合保温板》(JG/T 314—2012)、《绝热材料稳态热阻及有关特性的测定 防护热板法》(GB/T 10294—2008)、 《绝热材料稳态热阻及有关特性的测定 热流计法》(GB/T 10295—2008)、《外墙外保温用膨 胀聚苯乙烯板抹面胶浆》(JC/T 993—2006)、《玻璃纤维网布耐碱性试验方法 氢氧化钠溶液 浸泡法》(GB/T 20102—2006)、《增强用玻璃纤维网布 第 2 部分:聚合物基外墙外保温用玻 璃纤维网布》(JC 561.2—2006)、《建筑反射隔热涂料节能检测标准》(JGJ/T 287—2014)、《建 筑幕墙》(GB/T 21086—2007)、《建筑用节能门窗第 1 部分:铝木复合门窗》(GB/T 29734.1—2013)、《建筑用节能门窗 第 2 部分:铝塑复合门窗》(GB/T 29734.2—2013)、《建 筑幕墙工程检测方法标准》(JGJ/T 324—2014)、《建筑幕墙气密、水密、抗风压性能检测方 法》(GB/T 15227—2007)、《建筑幕墙保温性能分级及检测方法》(GB/T 29043—2012)、《建 筑外门窗保温性能分级及检测方法》(GB/T 8484—2008)、《双层玻璃幕墙热性能检测 示踪 气体法》(GB/T 30594—2014)、《建筑门窗、幕墙中空玻璃性能现场检测方法》(JG/T 454— 2014)、《建筑门窗遮阳性能检测方法》(JG/T 440—2014)。

　　大部分保温系统及材料性能都是在实验室完成检测的。以最具代表性的《模塑聚苯板 薄抹灰外墙外保温系统材料》(GB/T 29906—2013)为例,检测包含了模塑聚苯板薄抹灰外 墙外保温系统性能的检测和组成材料的性能检测。下面介绍该标准的主要内容。

8.1.1 模塑板外保温系统的基本构造和要求

　　(1) 模塑板外保温系统的基本构造应符合表 8-1 的要求。

表 8-1 模塑板外保温系统基本构造

基层墙体①	黏结层②	保温层③	防护层		构造示意图
			抹面层④	饰面层⑤	
混凝土墙体 各种砌体 墙体	胶黏剂 (锚栓ᵃ)	模塑板	抹面胶浆 复合 玻纤网	涂装材料	① ② ③ ④⑤

注:ᵃ 当工程设计有要求时,可使用锚栓作为模塑板的辅助固件。

　　(2) 模塑板外保温系统的性能应符合表 8-2 的要求。

　　(3) 胶黏剂。

　　胶黏剂的产品形式主要有两种:一种是在工厂生产的液状胶黏剂,在施工现场按使用说

建筑节能工程材料及检测

明加入一定比例的水泥或由厂商提供的干粉料,搅拌均匀即可使用。另一种是在工厂里预混合好的干粉状胶黏剂,在施工现场只需按使用说明与一定比例的拌和用水混合,搅拌均匀即可使用。

表 8-2　模塑板外保温系统性能指标

项目		性能指标
耐候性	外观	无可见裂缝,无粉化、空鼓、剥落现象
	拉伸黏结强度/MPa	≥0.10
吸水量/(g·m^{-2})		≤500
抗冲击性	二层及以上	3J 级
	首层	10J 级
水蒸气透过湿流密度/[g·(m^2·h)$^{-1}$]		≥0.85
耐冻融	外观	无可见裂缝,无粉化、空鼓、剥落现象
	拉伸黏结强度/MPa	≥0.10

胶黏剂的性能应符合表 8-3 的要求。

表 8-3　胶黏剂性能指标

项　目			性能指标
拉伸黏结强度/MPa（与水泥砂浆）		原强度	≥0.6
	耐水强度	浸水 48 h,干燥 2 h	≥0.3
		浸水 48 h,干燥 7 d	≥0.6
拉伸黏结强度/MPa（与模塑板）		原强度	≥0.10,破坏发生在模塑板中
	耐水强度	浸水 48 h,干燥 2 h	≥0.06
		浸水 48 h,干燥 7 d	≥0.10
可操作时间/h			1.5～4.0

(4) 模塑板。

模塑板的性能、允许偏差应分别符合表 8-4、表 8-5 的要求。

表 8-4　模塑板性能指标

项目	性能指标	
	039 级	033 级
导热系数/[W·(m·K)$^{-1}$]	≤0.039	≤0.033
表观密度/(kg·m^{-3})	18～22	
垂直于板面方向的抗拉强度/MPa	≥0.10	
尺寸稳定性/%	≤0.3	

（续表）

项目	性能指标	
	039 级	033 级
弯曲变形/mm	≥20	
水蒸气渗透系数/[ng·(Pa·m·s)$^{-1}$]	≤4.5	
吸水率(V/V)/%	≤3	
燃烧性能等级	不低于 B$_2$ 级	B$_1$ 级

表 8-5　模塑板允许偏差　　　　单位：mm

项目	允许偏差
厚度	1.5
	0.0
长度	±2
宽度	±1
对角线差	3
板边平直度	2
板面平整度	1

注：本表的允许偏差值以 1 200(长) mm×600(宽) mm 的模塑板为基准。

（5）抹面胶浆。

抹面胶浆的性能应符合表 8-6 的要求，水泥基抹面胶浆的产品形式同胶黏剂，非水泥基抹面胶浆的产品形式主要为膏状。

表 8-6　抹面胶浆性能指标

项　　目			性能指标
拉伸黏结强度/MPa（与模塑板）	原强度		≥0.10,破坏发生在模塑板中
	耐水强度	浸水 48 h,干燥 2 h	≥0.06
		浸水 48 h,干燥 7 d	≥0.10
	耐冻融强度		≥0.10
柔韧性	压折比(水泥基)		≤3.0
	开裂应变(非水泥基)/%		≥1.5
抗冲击性			3J 级
吸水量/(g·m^{-2})			≤500
不透水性			试样抹面层内侧无水渗透
可操作时间(水泥基)/h			1.5~4.0

（6）玻纤网。

玻纤网的主要性能应符合表 8-7 的要求。

表 8-7 玻纤网主要性能指标

项　　目	性能指标
单位面积质量/$(g \cdot m^{-2})$	≥130
耐碱断裂强力(经向、纬向)/$(N \cdot 50\ mm^{-1})$	≥750
耐碱断裂强力保留率(经向、纬向)/%	≥50
断裂伸长率(经向、纬向)/%	≤5.0

8.1.2　试验方法

1. 养护条件及试验环境

标准养护条件为空气温度(23±2)℃，相对湿度(50±5)%。试验环境为空气温度(23±5)℃，相对湿度(50±10)%。

2. 数值修约

在判定测定值或其计算值是否符合标准要求时，应将测试所得的测定值或其计算值与标准规定的极限数值作比较，比较的方法采用《数值修约规则与极限数值的表示和判定》(GB/T 8170—2008)中第 4.3 条规定的修约值比较法。

3. 测定操作

1）模塑板外保温系统性能

（1）耐候性。

① 试验仪器与设备。试验仪器与设备应符合下列要求。

a. 耐候性试验箱：控制范围符合试验要求，每件试样的测温点不应少于 4 个，每个测温点的温度与平均温度偏差不应大于 5 ℃，试验箱壁厚应为 0.10～0.15 m，试验箱能够自动控制和记录模塑板外保温系统表面温度。

b. 试验墙：混凝土或砌体墙，试验墙应足够牢固，并可安装到耐候性试验箱上。试验墙上角处应预留一个宽 0.4 m、高 0.6 m 的洞口，洞口距离边缘应为 0.4 m。试验墙尺寸应满足：面积不应小于 6.0 m²；宽度不应小于 2.5 m；高度不应小于 2.0 m。

② 试样。试样如图 8-1 所示，并应符合下列要求。

a. 试样由试验墙和受测保温系统组成，试样数量 1 个。

b. 模塑板厚度不宜小于 50 mm（或按设计要求），洞口四角模塑板的安装应符合相关规定。

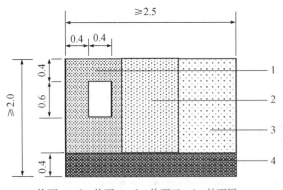

1—饰面一；2—饰面二；3—饰面三；4—抹面层。

图 8-1　耐候性试样(单位:m)

c. 在试验墙的两侧面和洞口四边也应安装相同的外保温系统,模塑板的厚度宜为20 mm。

d. 整个试样应使用同种抹面胶浆和玻纤网,并应连续,不得设置分割缝。

e. 饰面层应符合下列规定:

试样底部 0.4 m 高度以下不做饰面层,在此高度范围内应包含一条模塑板水平拼缝;

涂装饰面系统最多可做 3 种类型饰面层,并按竖直方向分布。

f. 制样完成后,应在空气温度 10～30 ℃,相对湿度不低于 50％的条件下养护 28 d 以上。

③ 试验过程。试验按下列规定进行。

a. 按下列规定组装试样:

试样应与耐候性试验箱开口紧密接触,试样外沿应与耐候性试验箱外沿齐平;

在试样表面按面积均布粘贴表面温度传感器。

b. 进行热雨循环 80 次,每 20 个热雨循环后,对抹面层和饰面层的外观进行检查并做记录。热雨循环条件如下:

· 加热 3 h,在 1 h 内将试样表面温度升至 70 ℃,并恒温在(70±5)℃,试验箱内空气相对湿度保持在 10％～20％范围内;

· 喷淋水 1 h,水温(15±5)℃,喷水量(1.0～1.5)L/(m² · min);

· 静置 2 h。

c. 试样完成热雨循环后,在空气温度 10～30 ℃、相对湿度不低于 50％条件下放置 2 d,然后进行热冷循环。

d. 进行热冷循环 5 次,在热冷循环结束后,对抹面层和饰面层的外观进行检查并做记录。热冷循环条件如下:

加热 8 h,在 1 h 内将试样表面温度升至 50 ℃,并恒温在(50±5)℃,试验箱内空气相对湿度保持在 10％～20％范围内;

制冷 16 h,在 2 h 内将试样表面温度降至 -20 ℃,并恒温在(-20±5)℃。

e. 试样完成热冷循环后,在空气温度 10～30 ℃、相对湿度不低于 50％条件下放置 7 d,然后进行外观检查与拉伸黏结强度测定。

f. 外观检查:目测检查试样有无可见裂缝、粉化、空鼓、剥落等现象。有裂缝、粉化、空鼓、剥落等情况时,记录其数量、尺寸和位置。

g. 按下列规定进行拉伸黏结强度测定:

按不同饰面分别进行测定,每组测点 6 个,尺寸为 100 mm×100 mm,测点应在试样表面均布,断缝切割至模塑板表层;

按 JGJ 110 进行测定,如饰面层与抹面层脱开,且拉伸黏结强度小于 0.10 MPa,应继续测定抹面层与模塑板的拉伸黏结强度,并应在记录中注明。

试验结果:外观试验结果为有无可见裂缝、粉化、空鼓、剥落等现象;每种饰面及无饰面部位拉伸黏结强度应分别计算,拉伸黏结强度试验结果为各自 6 个试验数据中 4 个中间值的算术平均值,精确到 0.01 MPa。

(2)吸水量。

① 试样。试样尺寸 200 mm×200 mm,数量 3 个。

试样在标准养护条件下养护 7 d 后,将试样四周(包括保温材料)做密封防水处理,然后按下列规定进行处理。

a. 将试样按下列步骤进行三次循环:

在试验环境条件下的水槽中浸泡 24 h,试样防护层朝下浸在水中,浸入深度为 3～10 mm;

在(50±5)℃的条件下干燥 24 h。

b. 完成循环后,试样应在试验环境下再放置,时间不应少于 24 h。

② 试验过程。将试样防护层朝下,平稳地浸入室温水中,浸入水中的深度为 3～10 mm,浸泡 3 min 后取出用湿毛巾迅速擦去试样表面明水,用天平称取试样浸水前的质量 m_0,然后再浸水 24 h 后测定浸水后试样质量 m_1。

③ 试验结果。吸水量应按式(8-1)计算,试验结果为 3 个试验数据的算术平均值,精确至 1 g/m²。

$$M = \frac{m_1 - m_0}{A} \tag{8-1}$$

式中　M——吸水量(g/m²);

　　　m_1——浸水后试样质量(g);

　　　m_0——浸水前试样质量(g);

　　　A——试样表面浸水部分的面积(m²)。

(3) 抗冲击性。

① 试验仪器。

钢球:符合《滚动轴承 第 1 部分:钢球》(GB/T 308.1—2013)的规格要求,分别为:公称直径 50.8 mm 的高碳铬轴承钢钢球;公称直径 63.5 mm 的高碳铬轴承钢钢球。

抗冲击仪:由落球装置和带有刻度尺的支架组成,分度值 0.01 m。

② 试样。

试样尺寸宜大于 600 mm×400 mm,每一抗冲击级别试样数量为 1 个。试样在标准养护条件下养护 14 d,然后在室温水中浸泡 7 d,饰面层向下,浸入水中的深度为 3～10 mm。试样从水中取出后,在试验环境下状态调节 7 d。

③ 试验过程。

将试样饰面层向上,水平放置在抗冲击仪的基底上,试样紧贴基底。分别用公称直径为 50.8 mm(其计算质量为 535 g)的钢球在球的最低点距被冲击表面的垂直高度为 0.57 m 上自由落体冲击试样(3J 级)和公称直径为 63.5 mm(其计算质量为 1 045 g)的钢球在球的最低点距被冲击表面的垂直高度为 0.98 m 上自由落体冲击试样(10J 级)。每一级别冲击 10 处,冲击点间距及冲击点与边缘的距离应不小于 100 mm,试样表面冲击点及周围出现裂缝视为冲击点破坏。

④ 试验结果。

3J 级试验 10 个冲击点中破坏点小于 4 个时,判定为 3J 级。10J 级试验 10 个冲击点中破坏点小于 4 个时,判定为 10J 级。

（4）水蒸气透过湿流密度。

① 试样。试样为外保温系统的防护层。按本标准 6.3.1 条规定制样并在标准养护条件下养护 28 d 后去除模塑板。试样直径宜小于试验盘上部口径 2～5 mm,试样数量 3 个。

② 试验过程及试验结果。按《建筑材料水蒸气透过性能试验方法》(GB/T 17146—1997)中干燥剂法的规定进行,结果取 3 个试验数据的算术平均值,精确至 0.01 g/(m² · h)。

（5）耐冻融。

① 试样。试样尺寸 600 mm×400 mm 或 500 mm×500 mm,数量 3 个。制样后在标准养护条件下养护 28 d,然后将试样四周(包括保温材料)做密封防水处理。

② 试验过程。试验按下列规定进行:

a. 进行 30 次冻融循环,每次浸泡结束后,取出试样,用湿毛巾擦去表面明水,按本标准第 6.3.2.3 条规定检查外观。当试验过程需中断时,试样应在(−20±2)℃条件下存放。冻融循环条件如下:

在室温水中浸泡 8 h,试样防护层朝下,浸入水中的深度为 3～10 mm;

在(−20±2)℃的条件下冷冻 16 h。

b. 冻融循环结束后,在标准养护条件下状态调节 7 d。

c. 外观检查:按本标准 6.3.2.3f)规定检查外观。

d. 按下列规定进行拉伸黏结强度测试:

在每个试样上距边缘不小于 100 mm 处各切割 2 个试件,试件尺寸为 50 mm×50 mm 或直径 50 mm,数量共 6 块。以合适的胶粘剂将试样粘贴在两个刚性平板或金属板上;

将试样安装到适宜的拉力机上,进行拉伸黏结强度测定,拉伸速度为(5±1)mm/min。记录每个试样破坏时的拉力值和破坏状态。破坏面在刚性平板或金属板胶结面时,测试数据无效。如饰面层与抹面层脱开,且拉伸黏结强度小于 0.10 MPa 时,应继续测定抹面层与模塑板的拉伸黏结强度,并应在记录中注明。

③ 试验结果。外观试验结果为有无可见裂缝、粉化、空鼓、剥落等现象。拉伸黏结强度试验结果为 6 个试验数据中 4 个中间值的算术平均值,精确至 0.01 MPa。

（6）试验报告。

① 耐候性。试验报告中应包括下列内容:

a. 系统组成材料说明,应说明名称、规格型号、主要性能参数等。

b. 耐候性试样制作过程简要说明,应说明胶浆类材料拌和配比、各层制样间隔时间、抹面层厚度以及养护时间及养护条件等。

c. 试样尺寸及饰面层分布情况说明,试样图像。

d. 试验结果,包括判断结果以及对破坏模式的描述和相关异常观察结果的照片。

② 其他性能。试验报告中应说明抹面层厚度、抹面胶浆产品形式、饰面材料类型以及必要的相关参数等内容。

2) 胶黏剂

（1）拉伸黏结强度。

① 试样。试样尺寸 50 mm×50 mm 或直径 50 mm,与水泥砂浆黏结和与模塑板黏结试样数量各 6 个。按生产商使用说明配制胶黏剂,将胶黏剂涂抹于模塑板(厚度不宜小于

40 mm)或水泥砂浆板(厚度不宜小于 20 mm)基材上,涂抹厚度为 3～5 mm,可操作时间结束时用模塑板覆盖。试样在标准养护条件下养护 28 d。

② 试验过程。以合适的胶黏剂将试样粘贴在两个刚性平板或金属板上,胶黏剂应与产品相容,固化后将试样按下述条件进行处理:

原强度:无附加条件。

耐水强度:浸水 48 h,到期试样从水中取出并擦拭表面水分,在标准养护条件下干燥 2 h。

耐水强度:浸水 48 h,到期试样从水中取出并擦拭表面水分,在标准养护条件下干燥 7 d。

将试样安装到适宜的拉力机上,进行拉伸黏结强度测定,拉伸速度为(5±1)mm/min。记录每个试样破坏时的拉力值,基材为模塑板时还应记录破坏状态。破坏面在刚性平板或金属板胶结面时,测试数据无效。

③ 试验结果。拉伸黏结强度试验结果为 6 个试验数据中 4 个中间值的算术平均值,精确至 0.01 MPa。模塑板内部或表层破坏面积在 50% 以上时,破坏状态为破坏发生在模塑板中,否则破坏状态为界面破坏。

(2)可操作时间。

① 试验过程。胶黏剂配制后,按生产商提供的可操作时间放置,生产商未提供可操作时间时,按 1.5 h 放置,然后按本标准 6.4.1 条规定测定拉伸黏结强度原强度。

② 试验结果。拉伸黏结强度原强度符合《模塑聚苯板薄抹灰外墙外保温系统材料》(GB/T 29906—2013)中表 3 要求时,放置时间即为可操作时间。

3)模塑板

(1)垂直于板面方向的抗拉强度。

① 试样。试样尺寸 100 mm×100 mm,数量 5 个。试样在模塑板上切割制成,其基面应与受力方向垂直,切割时应离模塑板边缘 15 mm 以上。试样在试验环境下放置 24 h 以上。

② 试验过程。以合适的胶黏剂将试样两面粘贴在刚性平板或金属板上,胶黏剂应与产品相容。将试样装入拉力机上,以(5±1)mm/min 的恒定速度加荷,直至试样破坏。破坏面在刚性平板或金属板胶结面时,测试数据无效。

③ 试验结果。垂直于板面方向的抗拉强度按式(8-2)计算,试验结果为 5 个试验数据的算术平均值,精确至 0.01 MPa。

$$\sigma = \frac{F}{A} \qquad (8\text{-}2)$$

式中　σ——垂直于板面方向的抗拉强度(MPa);

　　　F——试样破坏拉力(N);

　　　A——试样的横截面积(mm^2)。

(2)燃烧性能等级。燃烧性能等级按《建筑材料及制品燃烧性能分级》(GB 8624—2012)规定的方法进行试验。

（3）其他性能。其他性能按《绝热用模塑聚苯乙烯泡沫塑料》(GB/T 10801.1—2002)规定的方法进行试验。

（4）尺寸允许偏差。尺寸测量按《泡沫塑料与橡胶　线性尺寸的测定》(GB/T 6342—1996)的规定进行。厚度、长度、宽度尺寸允许偏差为测量值与规定值之差；对角线尺寸允许偏差为两对角线差值；板面平整度、板边平直度使用长度为 1 m 的靠尺进行测量，板材尺寸小于 1 m 的按实际尺寸测量，以板面或板边凹处最大数值为板面平整度、板边平直度。

4）抹面胶浆

（1）拉伸黏结强度。

试样由模塑板和抹面胶浆组成，抹面胶浆厚度为 3 mm，试样养护期间不需覆盖模塑板。原强度、耐水强度按本标准第 6.4.1 条规定进行测定，耐冻融强度按本标准第 6.3.6 条规定进行测定。

（2）压折比。

按生产商使用说明配制抹面胶浆，按《水泥胶砂强度检测方法(ISO 法)》(GB/T 17671—1999)规定制样，试样在标准养护条件下养护 28 d 后，按《水泥胶砂强度检测方法(ISO 法)》(GB/T 17671—1999)规定测定抗压强度、抗折强度，并按式(8-3)计算压折比，精确至 0.1。

$$T = \frac{R_c}{R_f} \tag{8-3}$$

式中　T——压折比；

　　　R_c——抗压强度（MPa）；

　　　R_f——抗折强度（MPa）。

（3）开裂应变。

开裂应变试验方法应符合附录 B 的规定。

（4）抗冲击性。

试样由模塑板和抹面层组成，抹面层厚度 3 mm，按本标准 6.3.4 规定测定 3J 级抗冲击性。

（5）吸水量。

试样由模塑板和抹面层组成，按本标准中 6.3.3 的规定进行测定，并应注明抹面层厚度。

（6）不透水性。

① 试样。试样尺寸 200 mm×200 mm，数量 3 个。试样由模塑板和抹面层组成，模塑板厚度不小于 60 mm，试样在标准养护条件下养护 28 d 后，去除试样中心部位的模塑板，去除部分的尺寸为 100 mm×100 mm。

② 试验过程。将试样周边密封，使抹面层朝下浸入水槽中，浸入水中的深度为 50 mm（相当于压强 500 Pa）。浸水时间达 2 h 时观察是否有水透过抹面层，为便于观察，可在水中添加颜色指示剂。

③ 试验结果。3 个试样均不透水时，试验结果为合格，并应注明抹面层厚度。

（7）可操作时间。

试样由系统用模塑板和抹面胶浆组成，抹面胶浆厚度为 3 mm。按本标准第 6.4.2.1 条的规定进行测定,拉伸黏结强度原强度符合表8-6要求时,放置时间即为可操作时间。

5) 玻纤网

(1) 单位面积质量。

按《增强制品试验方法 第3部分 单位面积质量的测定》(GB/T 9914.3—2001)规定的方法进行测定。

(2) 耐碱断裂强力及耐碱断裂强力保留率。

按《玻璃纤维网布耐碱性试验方法氢氧化钠溶液浸泡法》(GB/T 20102—2006)规定的方法进行测定(仲裁试验方法)。当需要进行快速测定时,可按附录C规定的方法进行测定。

(3) 断裂伸长率。

按《增强材料 机织物试验方法 第5部分玻璃纤维拉伸断裂强力和断裂伸长的测定》(GB/T 7689.5—2001)规定的方法进行测定。

8.2 现场检测

建筑围护结构节能现场检测标准主要有《居住建筑节能检测标准》(JGJ/T 132—2009)、《公共建筑节能检测标准》(JGJ/T 177—2009)、《双层玻璃幕墙热性能检测 示踪气体法》(GB/T 30594—2014)、《建筑门窗、幕墙中空玻璃性能现场检测方法》(JG/T 454—2014)、《建筑外窗气密、水密、抗风压性能现场检测方法》(JG/T 211—2007)等。下面以最具代表性的《居住建筑节能检测标准》(JGJ/T 132—2009)为例介绍现场建筑围护结构节能性能的检测。

本标准的主要技术内容是:"1.总则;2.术语和符号;3.基本规定;4.室内平均温度;5.外围护结构热工缺陷;6.外围护结构热桥部位内表面温度;7.围护结构主体部位传热系数;8.外窗窗口气密性能;9.外围护结构隔热性能;10.外窗外遮阳设施;11.室外管网水力平衡度;12.补水率;13.室外管网热损失率;14.锅炉运行效率;15.耗电输热比。"这里主要介绍围护结构方面的检测。

8.2.1 外围护结构热工缺陷

1. 检测方法

(1) 外围护结构热工缺陷检测应包括外表面热工缺陷检测、内表面热工缺陷检测。

(2) 外围护结构热工缺陷宜采用红外热像仪进行检测,检测流程宜符合本标准附录E的规定。

建筑物外围护结构热工缺陷是影响建筑物节能效果和热舒适性的关键因素之一。建筑物外围护结构热工缺陷,主要分外围护结构外表面和内表面热工缺陷。

(3) 红外热像仪及其温度测量范围应符合现场检测要求。红外热像仪设计适用波长范围应为8.0～14.0 μm,传感器温度分辨率(NETD)不应大于0.08 ℃,温差检测不确定度不应大于0.5 ℃,红外热像仪的像素不应少于76 800点。

(4) 检测前及检测期间,环境条件应符合下列规定:

① 检测前至少24 h内室外空气温度的逐时值与开始检测时的室外空气温度相比,其变

化不应大于 10 ℃。

② 检测前至少 24 h 内和检测期间，建筑物外围护结构内外平均空气温度差不宜小于 10 ℃。

③ 检测期间与开始检测时的空气温度相比，室外空气温度逐时值变化不应大于 5 ℃，室内空气温度逐时值变化不应大于 2 ℃。

④ 1 h 内室外风速（采样时间间隔为 30 min）变化不应大于 2 级（含 2 级）。

⑤ 检测开始前至少 12 h 内受检的外表面不应受到太阳直接照射，受检的内表面不应受到灯光的直接照射。

⑥ 室外空气相对湿度不应大于 75%，空气中粉尘含量不应异常。

红外检测结果准确与否，与发射率的选择、建筑物周边是否有障碍物或遮挡、距离系数的大小、气候因素、环境等因素有关。在气温或风力变化较明显时，都会对户外检测结果造成影响。环境中的粉尘、烟雾、水蒸气和二氧化碳会吸收红外辐射能量，影响测量结果，在户外检测应采取措施避开粉尘、烟雾，力求测距短，宜在无雨、无雾、空气湿度低于 75% 的情况下进行检测。

（5）检测前宜采用表面式温度计在受检表面上测出参照温度，调整红外热像仪的发射率，使红外热像仪的测定结果等于该参照温度；宜在与目标距离相等的不同方位扫描同一个部位，并评估临近物体对受检外围护结构表面造成的影响；必要时可采取遮挡措施或关闭室内辐射源，或在合适的时间段进行检测。

（6）受检表面同一个部位的红外热像图不应少于 2 张。当拍摄的红外热像图中，主体区域过小时，应单独拍摄 1 张以上（含 1 张）主体部位红外热像图。应用图说明受检部位的红外热像图在建筑中的位置，并应附上可见光照片。红外热像图上应标明参照温度的位置，并应随红外热像图一起提供参照温度的数据。

用红外热像仪对围护结构进行检测时，为了消除发射率设置误差，需要对实际发射率进行现场测定。测定发射率的方法很多。本标准推荐采用接触温度法，即采用表面式温度计在所检测的围护结构表面上测出参照温度，依此温度来调整红外热像仪的发射率。

（7）受检外表面的热工缺陷应采用相对面积（Ψ）评价，受检内表面的热工缺陷应采用能耗增加比（β）评价。二者应分别根据下列公式计算：

$$\Psi = \frac{\sum_{i=1}^{n} A_{2,i}}{\sum_{i=1}^{n} A_{1,i}}$$

$$\beta = \Psi \left| \frac{T_1 - T_2}{T_1 - T_0} \right| \times 100\%$$

$$T_1 = \frac{\sum_{i=1}^{n} (T_{1,i} \cdot A_{1,i})}{\sum_{i=1}^{n} A_{1,i}}$$

$$T_2 = \frac{\sum_{i=1}^{n}(T_{2,i} \cdot A_{2,i})}{\sum_{i=1}^{n}A_{2,i}}$$

$$T_{1,i} = \frac{\sum_{j=1}^{m}(A_{1,i,j} \cdot T_{1,i,j})}{\sum_{j=1}^{m}A_{1,i,j}}$$

$$T_{2,i} = \frac{\sum_{j=1}^{m}(A_{2,i,j} \cdot T_{2,i,j})}{\sum_{j=1}^{m}A_{2,i,j}}$$

$$A_{1,i} = \frac{\sum_{j=1}^{m}A_{1,i,j}}{m}$$

$$A_{2,i} = \frac{\sum_{j=1}^{m}A_{2,i,j}}{m} \tag{8-4}$$

式中　ψ——受检表面缺陷区域面积与主体区域面积的比值;

β——受检内表面由于热工缺陷所带来的能耗增加比;

T_1——受检表面主体区域(不包括缺陷区域)的平均温度(℃);

T_2——受检表面缺陷区域的平均温度(℃);

$T_{1,i}$——第 i 幅热像图主体区域的平均温度(℃);

$T_{2,i}$——第 i 幅热像图缺陷区域的平均温度(℃);

$A_{1,i}$——第 i 幅热像图主体区域的面积(m²);

$A_{2,i}$——第 i 幅热像图缺陷区域的面积,指与 T_1 的温度差大于等于 1 ℃的点所组成的面积(m²);

T_0——环境温度(℃)

i——热像图的幅数,$i=1\sim n$;

j——每一幅热像图的张数,$j=1\sim m$。

在本标准中,将所检围护结构热工缺陷以外的面积称为主体区域。围护结构外表面缺陷在本标准中,是采用主体区域平均温度与缺陷区域平均温度之差 ΔT 来判定的,其原因在于,外表面红外检测受到气候因素及环境因素影响较大,要消除这些因素的影响,往往给检测带来很多限制,影响检测的效率。如果不采用温度,而采用温差来作为评价的依据,则可以消除气候因素及环境因素的影响。

2. 合格指标与判定方法

(1)受检外表面缺陷区域与主体区域面积的比值应小于 20%,且单块缺陷面积应小于 $0.5 \ \mathrm{m}^2$。

围护结构外表面热工缺陷检测是建筑热工缺陷检测第一个环节,主要是为了查出严重影响建筑能耗和使用的缺陷建筑,因此将 Ψ 定的范围较宽。由于圈梁、过梁、构造柱等容易形成热工缺陷的部位所占的相对面积在 $20\%\sim26\%$,所以,将外表面热工缺陷区域与受检表面面积的比例限值定为 20%。

(2) 受检内表面因缺陷区域导致的能耗增加比值应小于 5%,且单块缺陷面积应小于 $0.5\ \mathrm{m}^2$。

尽管围护结构内表面热工缺陷部位所占面积较小,但对热舒适影响较大。所以,规定因缺陷区域导致的能耗增加值应小于 5%;为了防止单块缺陷面积过大对用户舒适性造成影响,与外表面一样,取单块缺陷面积 $0.5\ \mathrm{m}^2$ 作为限值。

(3) 热像图中的异常部位,宜通过将实测热像图与受检部分的预期温度分布进行比较确定。必要时可采用内窥镜、取样等方法进行确定。

(4) 当受检外表面的检测结果满足本标准第5.2.1条规定时,应判为合格,否则应判为不合格。

(5) 当受检内表面的检测结果满足本标准第5.2.2条规定时,应判为合格,否则应判为不合格。

8.2.2 外围护结构热桥部位内表面温度

1. 检测方法

(1) 热桥部位内表面温度宜采用热电偶等温度传感器进行检测,检测仪表应符合本标准第7.1.4条的规定。

由于热电偶反应灵敏、成本低、易制作和适用性强,在表面温度的测量中应用最广,所以,本标准优先推荐使用热电偶。

(2) 检测热桥部位内表面温度时,内表面温度测点应选在热桥部位温度最低处,具体位置可采用红外热像仪确定。室内空气温度测点布置应符合本标准第4.1.2条的规定。室外空气温度测点布置应符合本标准附录F的规定。

红外热像仪具有测温功能,且属于非接触测量,使用十分方便。尽管红外热像仪在用于温度测量时常因受环境条件和操作人员技术水平的影响,存在 $\pm2\ ℃$ 左右的误差,不过,利用红外热像仪协助确定热桥部位温度最低处则是十分恰当的,因为测量表面相对温度分布状况恰恰是红外热像仪得以广泛应用的优势所在。

(3) 内表面温度传感器连同 $0.1\ \mathrm{m}$ 长引线应与受检表面紧密接触,传感器表面的辐射系数应与受检表面基本相同。

(4) 热桥部位内表面温度检测应在采暖系统正常运行后进行,检测时间宜选在最冷月,且应避开气温剧烈变化的天气。检测持续时间不应少于 $72\ \mathrm{h}$,检测数据应逐时记录。

(5) 室内外计算温度条件下热桥部位内表面温度应按式(8-5)计算:

$$\theta_i = t_{di} - \frac{t_{rm} - \theta_{im}}{t_{rm} - t_{em}}(t_{di} - t_{de}) \tag{8-5}$$

式中 θ_i——室内外计算温度条件下热桥部位内表面温度($℃$);

t_{rm}——受检房间的室内平均温度(℃);

θ_{im}——检测持续时间内热桥部位内表面温度逐时值的算术平均值(℃);

t_{di}——检测持续时间内室外空气温度逐时值的算术平均值(℃);

t_{em}——冬季室内计算温度(℃),应根据具体设计图纸确定或按《民用建筑热工设计规范》(GB 50176—1993)中第 4.1.1 条的规定采用;

t_{de}——围护结构冬季室外计算温度(℃),应根据具体设计图纸确定或按《民用建筑热工设计规范》(GB 50176—1993)中第 2.0.1 条的规定采用。

2. 合格指标与判定方法

(1) 在室内外计算温度条件下,围护结构热桥部位的内表面温度不应低于室内空气露点温度,且在确定室内空气露点温度时,室内空气相对湿度应按 60% 计算。

(2) 当受检部位的检测结果满足本标准第 6.2.1 条的规定时,应判为合格,否则应判为不合格。

8.2.3 围护结构主体部位传热系数

1. 检测方法

(1) 围护结构主体部位传热系数的检测宜在受检围护结构施工完成至少 12 个月后进行。

本条对受检墙体的干燥状态从时间上进行了定量规定。在围护结构主体刚施工完成时,无论是混凝土围护结构还是空心黏土砖墙体,都会因潮湿而影响最终的检测结果。

(2) 围护结构主体部位传热系数的现场检测宜采用热流计法。

(3) 热流计及其标定应符合《建筑用热流计》(JG/T 3016—1994)的规定。

(4) 热流和温度应采用自动检测仪检测,数据存储方式应适用于计算机分析。温度测量不确定度不应大于 0.5 ℃。

(5) 测点位置不应靠近热桥、裂缝和有空气渗漏的部位,不应受加热、制冷装置和风扇的直接影响,且应避免阳光直射。

(6) 热流计和温度传感器的安装应符合下列规定:

① 热流计应直接安装在受检围护结构的内表面上,且应与表面完全接触。

② 温度传感器应在受检围护结构两侧表面安装。内表面温度传感器应靠近热流计安装,外表面温度传感器宜与热流计相对应的位置安装。温度传感器连同 0.1 m 长引线应与受检表面紧密接触,传感器表面的辐射系数应与受检表面基本相同。

(7) 检测时间宜选在最冷月,且应避开气温剧烈变化的天气。对设置采暖系统的地区,冬季检测应在采暖系统正常运行后进行;对未设置采暖系统的地区,应在人为适当地提高室内温度后进行检测。在其他季节,可采取人工加热或制冷的方式建立室内外温差。围护结构高温侧表面温度应高于低温侧 10 ℃以上,且在检测过程中的任何时刻均不得等于或低于低温侧表面温度。当传热系数小于 1 W/(m²·K)时,高温侧表面温度宜高于低温侧(10/U)℃以上[注:U 为围护结构主体部位传热系数,单位为 W/(m²·K)]。检测持续时间不应少于 96 h。检测期间,室内空气温度应保持稳定,受检区域外表面宜避免雨雪侵袭和阳光直射。

(8) 检测期间,应定时记录热流密度和内、外表面温度,记录时间间隔不应大于 60 min。

可记录多次采样数据的平均值,采样间隔宜短于传感器最小时间常数的 1/2。

(9) 数据分析宜采用动态分析法。当满足下列条件时,可采用算术平均法:

① 围护结构主体部位热阻的末次计算值与 24 h 之前的计算值相差不大于 5%。

② 检测期间内第一个 INT(2×DT/3)天内与最后一个同样长的天数内围护结构主体部位热阻的计算值相差不大于 5%(DT 为检测持续天数,INT 表示取整数部分)。

(10) 当采用算术平均法进行数据分析时,应按式(8-6)计算围护结构主体部位的热阻,并应使用全天数据(24 h 的整数倍)进行计算:

$$R = \frac{\sum_{j=1}^{n}(\theta_{ij}-\theta_{ej})}{\sum_{j=1}^{n}(q_j)} \tag{8-6}$$

式中　R——围护结构主体部位的热阻($m^2 \cdot K/W$);

　　θ_{ij}——围护结构主体部位内表面温度的第 j 次测量值(℃);

　　θ_{ej}——围护结构主体部位外表面温度的第 j 次测量值(℃);

　　q_j——围护结构主体部位热流密度的第 j 次测量值(W/m^2)。

(11) 当采用动态分析方法时,宜适用于本标准配套的数据处理软件进行计算。

(12) 围护结构主体部位传热系数应按式(8-7)计算:

$$U = 1/(R_i + R + R_e) \tag{8-7}$$

式中　U——围护结构主体部位传热系数[$W/(m^2 \cdot K)$];

　　R_i——内表面换热阻,应按《民用建筑热工设计规范》(GB 50176—1993)中附录二附表 2.2 的规定采用;

　　R_e——外表面换热阻,应按《民用建筑热工设计规范》(GB 50176—1993)中附录二附表 2.3 的规定采用。

2. 合格指标与判定方法

(1) 受检围护结构主体部位传热系数应满足设计图纸的规定;当设计图纸未作具体规定时,应符合国家现行有关标准的规定。

本条规定了合格指标的选取次序。本标准规定应优先采用设计图纸中的设计值作为合格指标,当设计图纸中未具体规定时,才采用现行有关标准的规定值。这样规定的理由在于设计图纸是施工的第一依据。

(2) 当受检围护结构主体部位传热系数的检测结果满足本标准第 7.2.1 条规定时,应判为合格,否则应判为不合格。

8.2.4　外窗窗口气密性能

1. 检测方法

(1) 外窗窗口气密性能的检测应在受检外窗几何中心高度处的室外瞬时风速不大于 3.3 m/s的条件下进行。

为了保证检测过程中受检外窗内外压差的稳定,对室外风速提出了规定。

(2) 外窗窗口气密性能检测操作程序应符合本标准附录 G 的规定。

本条规定在于增加现场检测的可操作性,当窗户的形状不规则时,可以将整个房间作为一个整体来检测,前提是要将外墙和内墙上的其他孔洞,例如电线管、采暖管、生活水管、空调冷媒管、通风管等形成的孔洞,采用各种方式进行严密封堵,以保证除受检外窗外,其他任何地方不漏风。

(3) 对室内外空气温度、室外风速和大气压力等环境参数应进行同步检测。

环境参数要求进行同步检测的原因主要考虑有两点:其一,对室外风速环境状态进行检测,以确定检测数据的有效性;其二,环境数据要参与检测结果的计算。

(4) 在开始正式检测前,应对检测系统的附加渗透量进行一次现场标定。标定用外窗应为受检外窗或与受检外窗相同的外窗。附加渗透量不应大于受检外窗窗口空气渗透量的 20%。

本条的规定主要是为了将检测数据的误差控制在一定范围内。如果在正式检测开始前,不对附加渗透量进行标定,所得的检测结果就缺乏一定的可比性。

(5) 在检测装置、人员和操作程序完全相同的情况下,在检测装置的标定有效期内,当检测其他相同外窗时,检测系统本身的附加渗透量不宜再次标定。

从理论上讲,对每一樘外窗进行检测前,均应该进行附加渗透量的标定,以保证所有检测数据均能真正地控制在允许的误差范围内。但客观现实是做不到的。一层以上的外窗要想从外侧进行密封,这本身就是不可操作的,因为不可能为了检测外窗的窗口气密性而专门架设脚手架,所以,在理论和实际的权衡下,本标准作了如是规定。

(6) 每樘受检外窗的检测结果应取连续三次检测值的平均值。

(7) 差压表、大气压力表、环境温度检测仪、室外风速计和长度尺的不确定度分别不应大于 2.5 Pa, 200 Pa, 1 ℃, 0.25 m/s 和 3 mm。空气流量测量装置的不确定度不应大于测量值的 13%。

(8) 现场检测条件下且受检外窗内外压差为 10 Pa 时,检测系统的附加渗透量(Q_{fa})和总空气渗透量(Q_{za})应根据回归方程计算,回归方程应采用下列形式:

$$Q = a(\Delta P)^c \tag{8-8}$$

式中　Q——现场检测条件下检测系统的附加渗透量或总空气渗透量(m^3/h);

　　　ΔP——受检外窗的内外压差(Pa);

　　　a, c——拟合系数。

(9) 外窗窗口单位空气渗透量应按式(8-9)计算:

$$q_a = \frac{Q_{st}}{A_w}$$

$$Q_{st} = Q_z - Q_f$$

$$Q_z = \frac{293}{101.3} \times \frac{B}{(t + 273)} \times Q_{za}$$

$$Q_f = \frac{293}{101.3} \times \frac{B}{(t+273)} \times Q_{fa} \qquad (8-9)$$

式中　q_a——外窗窗口单位空气渗透量[$m^3/(m^2 \cdot h)$]；

$\quad\quad Q_{fa}$，Q_f——现场检测条件和标准空气状态下，受检外窗内外压差为10 Pa时，检测系统的附加渗透量（m^3/h）；

$\quad\quad Q_{za}$，Q_z——现场检测条件和标准空气状态下，受检外窗内外压差为10 Pa时，受检外窗窗口（包括检测系统在内）的总空气渗透量（m^3/h）；

$\quad\quad Q_{st}$——标准空气状态下，受检外窗内外压差为10 Pa时，受检外窗窗口本身的空气渗透量（m^3/h）；

$\quad\quad B$——检测现场的大气压力（kPa）；

$\quad\quad t$——检测装置附近的室内空气温度（℃）；

$\quad\quad A_w$——受检外窗窗口的面积（m^2），当外窗形状不规则时应计算其展开面积。

2. 合格指标与判定方法

（1）外窗窗口墙与外窗本体的结合部应严密，外窗窗口单位空气渗透量不应大于外窗本体的相应指标。

建筑工程质量鉴定实践表明：由于我国工程施工质量监管机制有待完善，所以，外窗的安装质量堪忧，主要表现在外窗洞口和外窗边框的结合部的处理上，施工不规范、偷工减料、密封不实导致窗洞墙与外窗本体外框的结合部透气漏风，严重影响外围护结构的热工性能。

（2）当受检外窗窗口单位空气渗透量的检测结果满足本标准第8.2.1条的规定时，应判为合格，否则应判为不合格。

8.2.5　外围护结构隔热性能

1. 检测方法

（1）居住建筑的东（西）外墙和屋面应进行隔热性能现场检测。

（2）隔热性能检测应在围护结构施工完成12个月后进行，检测持续时间不应少于24 h。

检测实践表明：在建筑物土建工程施工完成一年后，围护结构已基本干透，其含湿量已基本稳定，检测结果具有代表性，所以本标准作了如是规定。

（3）检测期间室外气候条件应符合下列规定：

① 检测开始前2天应为晴天或少云天气。

② 检测日应为晴天或少云天气，水平面的太阳辐射照度最高值不宜小于国家标准《民用建筑热工设计规范》（GB 50176—1993）中附录三的附表3.3给出的当地夏季太阳辐射照度最高值的90%；

③ 检测日室外最高逐时空气温度不宜小于国家标准《民用建筑热工设计规范》（GB 50176—1993）中附录三的附表3.2给出的当地夏季室外计算温度最高值2.0 ℃。

④ 检测日工作高度处的室外风速不应超过5.4 m/s。

本条对天气条件的规定，目的是为了使实际检测条件接近或满足《民用建筑热工设计规范》(GB 50176—1993)中规定的计算条件。

（4）受检外围护结构内表面所在房间应有良好的自然通风环境，直射到围护结构外表面的阳光在白天不应被其他物体遮挡，检测时房间的窗应全部开启。

《民用建筑热工设计规范》(GB 50176—1993)对围护结构隔热性能的规定是在自然通风条件下提出的，所以现场检测理应在房间具有良好的自然通风条件下进行。

（5）检测时应同时检测室内外空气温度、受检外围护结构内外表面温度、室外风速、室外水平面太阳辐射照度。室内空气温度、内外表面温度和室外气象参数的检测应分别符合本标准第 4.1 节、第 7.1 节和附录 F 的规定。白天太阳辐射照度的数据记录时间间隔不应大于 15 min，夜间可不记录。

（6）内外表面温度传感器应对称布置在受检外围护结构主体部位的两侧，与热桥部位的距离应大于墙体（屋面）厚度的 3 倍以上。每侧温度测点应至少各布置 3 点，其中一点应布置在接近检测面中央的位置。

由于测点的布置常常受到现场条件的限制，所以要因现场条件而定。隔热性能的检测应该以围护结构的主体部位为限，存在热桥的部位不能客观地反映整体的情况。

（7）内表面逐时温度应取内表面所有测点相应时刻检测结果的平均值。

因为围护结构各测点的温度不可避免地会存在差异，故采用平均值来评估更为客观合理。

2. 合格指标与判定方法

（1）夏季建筑东（西）外墙和屋面的内表面逐时最高温度均不应高于室外逐时空气温度最高值。

本条对夏季建筑物屋顶和东（西）外墙内表面温度提出了限制，这种限制的目的是要保证围护结构应有的隔热性能。

（2）当受检部位的检测结果满足本标准第 9.2.1 条的规定时，应判为合格，否则应判为不合格。

8.2.6 外窗外遮阳设施

1. 检测方法

（1）对固定外遮阳设施，检测的内容应包括结构尺寸、安装位置和安装角度。对活动外遮阳设施，还应包括遮阳设施的转动或活动范围以及柔性遮阳材料的光学性能。

（2）用于检测外遮阳设施结构尺寸、安装位置、安装角度、转动或活动范围的量具的不确定度应符合下列规定：

① 长度尺，应小于 2 mm；

② 角度尺，应小于 2°。

（3）活动外遮阳设施转动或活动范围的检测应在完成 5 次以上的全程调整后进行。

本条规定目的在于检测前必须确认受检外遮阳设施的工作状态，只有能正常工作的外遮阳设施才能进入下一步的检测。

（4）遮阳材料的光学性能检测应包括太阳光反射比和太阳光直接透射比。太阳光反射比和太阳光直接透射比的检测应按现行国家标准《建筑玻璃 可见光透射比、太阳光直接透射比、太阳能总透射比、紫外线透射比及有关窗玻璃参数的测定》(GB/T 2680—1994)的规定执行。

2. **合格指标与判定方法**

(1) 受检外窗外遮阳设施的结构尺寸、安装位置、安装角度、转动或活动范围以及遮阳材料的光学性能应满足设计要求。

(2) 受检外窗外遮阳设施的检测结果均满足本标准第 10.2.1 条的规定时,应判为合格,否则应判为不合格。

参考文献

[1] 司小雷.我国的建筑能耗现状及解决对策[J].建筑节能,2008,36(2):71-75.

[2] 赵东来,胡春雨,柏德胜,等.我国建筑节能技术现状与发展趋势[J].建筑节能,2015(3):116-121.

[3] 贾哲,姜波,程光旭,等.建筑节能材料简述[J].建筑节能,2007,35(6):32-35.

[4] 崔琪,姚燕,李清海.新型墙体材料[M].北京:化学工业出版社,2005.

[5] 谭宪顺.谈古论今话门窗中国钢、木门窗行业发展历程与现状[J].中国建筑金属结构,2012(2):28-46.

[6] 徐昕玉.我国建筑门窗技术标准现状与发展研究[J].安徽建筑,2020,27(1):105-107,170.

[7] 侯毅男.门窗与建筑节能[J].建筑节能,2007(7):39-42.

[8] 黄晓研,万正先,彭春艳.建筑节能玻璃在我国未来的发展前景[J].玻璃,2013,40(9):38-41.

[9] 刘佳.节能玻璃在建筑节能设计中的应用[J].山西建筑,2019,45(8):167-168.

[10] 何水清,魏德林.节能玻璃品种及选择与节能玻璃评价主要参数分析[J].门窗,2007(8):11-17.

[11] 董炳荣,宋惠平,吴广宁,等.新型节能玻璃的概况及发展[C]//2017年全国玻璃科学技术年会论文集.
中国硅酸盐学会玻璃分会:中国硅酸盐学会,2017:72-77.

[12] 蔡新艳.新型建筑墙体节能材料以及检测情况[J].中国建材科技,2016,25(6):1-2.

[13] 杨虎,易俊,田耿东,等.常用有机保温材料在建筑中的应用及性能分析[J].节能,2020,39(5):18-21.

[14] 吴蓁.硬质聚氨酯泡沫塑料结构及其性能的研究[J].建筑材料学报,2009,12(4):453-454.

[15] 刘建麟,陈少东,黎明煌.高效保温隔热节能、防火阻燃聚氨酯材料的相关技术研究[J].企业科技与发
展,2020(5):47-48,53.

[16] 王立雄,党睿.建筑节能[M].北京:中国建筑工业出版社,2015.

[17] 龙惟定,武涌.建筑节能技术[M].北京:中国建筑工业出版社,2009.

[18] 李德英.建筑节能技术[M].北京:机械工业出版社,2017.

[19] 宋德萱,赵秀玲.节能建筑设计与技术[M].北京:中国建筑工业出版社,2015.

[20] 邹瑜,郎四维,徐伟,等.中国建筑节能标准发展历程及展望[J].建筑科学,2016,32(12):1-5,12.